T. Heide, G. Stachel

BASICS Physik

Tobias Heide, Georg Stachel
Fachliche Unterstützung: Prof. Dr. Wolfgang Dünnweber

BASICS
Physik

ELSEVIER
URBAN & FISCHER

URBAN & FISCHER München

Zuschriften und Kritik bitte an:
Elsevier GmbH, Urban & Fischer Verlag, Lektorat Medizinstudium, Hackerbrücke 6, 80335 München
E-Mail: medizinstudium@elsevier.de

Wichtiger Hinweis für den Benutzer
Die Erkenntnisse in der Medizin unterliegen laufendem Wandel durch Forschung und klinische Erfahrungen. Die Autoren dieses Werkes haben große Sorgfalt darauf verwendet, dass die in diesem Werk gemachten therapeutischen Angaben (insbesondere hinsichtlich Indikation, Dosierung und unerwünschter Wirkung) dem derzeitigen Wissensstand entsprechen. Das entbindet den Nutzer dieses Werkes aber nicht von der Verpflichtung, anhand der Beipackzettel zu verschreibender Präparate zu überprüfen, ob die dort gemachten Angaben von denen in diesem Buch abweichen, und seine Verordnung in eigener Verantwortung zu treffen.

Bibliografische Information der Deutschen Nationalbibliothek
Die Deutsche Nationalbibliothek verzeichnet diese Publikation in der Deutschen Nationalbibliografie; detaillierte bibliografische Daten sind im Internet unter http://dnb.d-nb.de abrufbar.

1. Auflage 2009

Der Urban & Fischer Verlag ist ein Imprint der Elsevier GmbH.

09 10 11 12 13 5 4 3 2 1

Programmleitung: Dr. Dorothea Hennessen
Planung: Katja Weimann
Lektorat: Karolin Dospil
Redaktion: Dr. Andreas Bender
Herstellung: Elisabeth Märtz, Andrea Mogwitz
Zeichnungen: Stefan Dangl
Satz: Kösel, Krugzell
Druck und Bindung: L.E.G.O. S.p.A., Lavis, Italien
Covergestaltung: Spieszdesign, Büro für Gestaltung, Neu-Ulm
Bildquelle: © DigitalVision/GettyImages

Printed in Italy
ISBN13: 978-3-437-42656-8

Vorwort

Von vielen Kommilitoninnen und Kommilitonen wird die Physik in der Medizin als unnötiges Randfach oder als Belastung empfunden und schier reflexartig abgelehnt.
Kennt man allerdings die physikalischen Grundlagen einer ärztlichen Disziplin, vereinfacht das ihr Verständnis erheblich. So erscheinen Sonografiebilder auf den ersten Blick unübersichtlich, werden jedoch sofort verständlich, wenn man bei der Betrachtung die Reflexionseigenschaften von Wellen im Hinterkopf hat. Auch kommt man in der Ophthalmologie nicht ohne die Gesetze der Optik aus. Besonders für die Physiologie bietet die Physik entscheidende Grundlagen, beispielsweise zum Verständnis der Vorgänge beim Gasaustausch oder des Zustandekommens des EKG-Bildes.
Im Studium mag für Physikklausuren oder Praktika die genaue Kenntnis diverser Formeln oder Ähnlichem vonnöten sein, bedeutender für den Alltag des Mediziners erscheint es uns aber, einige grundlegende Theorien verstanden zu haben und dabei den Überblick zu bewahren.
Allerdings bieten viele Physikbücher, von Physikern verfasst, eine Flut von Informationen und neigen dazu, sich in Details zu verlieren.
Als Medizinstudenten haben wir uns im Gegensatz dazu bemüht, uns auf die für die Medizin relevanten Inhalte zu konzentrieren. So hoffen wir, dass wir den Stoff auch für diejenigen Kommilitonen, die der Physik bisher eher ablehnend gegenüberstanden, verständlich vermitteln. Das Konzept der Basics-Reihe, sich bei der Abhandlung eines Themas auf eine (maximal zwei) Doppelseiten zu beschränken, erscheint uns hierfür als gute Grundlage.
Dabei war es für uns durchaus interessant, auch einmal auf der Seite des „Lehrenden“ zu stehen und zu versuchen, die – häufig unbegründete – Angst vieler Kommilitonen vor der Physik abzubauen.
Unser Dank gilt Frau Dr. K. Weimann und Frau K. Dospil vom Elsevier Verlag für die gute Zusammenarbeit.
Insbesondere möchten wir uns auch bei Herrn Prof. Dr. W. Dünnweber vom Department für Physik der LMU für die fachliche Überprüfung des Textes und seine hilfreichen Anmerkungen zur Korrektur bedanken.

München, im Frühjahr 2009

Inhalt

Physikalische Größen

a	Beschleunigung
A	Fläche, numerische Apertur, Nukleonenzahl (Massenzahl), Aktivität
A_r	relative Atommasse
Ä	Elektrochemisches Äquivalent
ATPS	Ambient Temperature Pressure Saturated
b	Bildweite, Molalität
B	magnetische Flussdichte, Bildgröße
BTPS	Body Temperature Pressure Saturated
c	Lichtgeschwindigkeit im Medium, Konzentration, spezifische Wärmekapazität, Stoffmengenkonzentration
c_0	Lichtgeschwindigkeit im Vakuum
C	Kapazität, Wärmekapazität
C_m	molare Wärmekapazität
CT	Computertomographie
d	Distanz, Schichtdicke
d_H	Halbwertsdicke
D	Federstärke, Brechwert, Diffusionskoeffizient, Energiedosis
e	Elementarladung
e^-	Elektron
e^+	Positron
E	Elektrische Feldstärke, Elastizitätsmodul, Energie, Beleuchtungsstärke
f	Frequenz, Brennweite, Freiheitsgrade
f_{abs}	absolute Luftfeuchtigkeit
f_{rel}	relative Luftfeuchtigkeit
f_{max}	maximale Luftfeuchtigkeit
F	Kraft, Faradaykonstante, Brennpunkt
g	Fallbeschleunigung, Gegenstandsweite
g_0	konventionelle Sehweite
G	Torsionsmodul, Gegenstandsgröße
h	Höhe, Planck'sches Wirkungsquantum
H	Magnetische Feldstärke, Äquivalentdosis
I	Volumenstromstärke, Stromstärke, Intensität, Wärmestrom, Ionendosis
I_V	Lichtstärke
J	Trägheitsmoment
k	Boltzmann-Konstante
K	Kompressionsmodul
l	Länge, Nebenquantenzahl
L	Drehimpuls, Induktivität
m	Masse, magnetisches Dipolmoment, magnetische Quantenzahl
M	Drehmoment
n	beliebige ganze Zahl, Anzahl, Brechzahl, Neutron, Hauptquantenzahl, Stoffmenge
N	Neutronenzahl, Teilchenzahl
N_A	Avogadro-Konstante
p	Impuls, Druck
p^+	Proton
P	Leistung, Permeabilitätskoeffizient
q	Ladung, Bewertungsfaktor
Q	Ladung, Wärmemenge
r	Radius
R	Widerstand, allgemeine Gaskonstante
Re	Reynolds-Zahl
s	Weg, Standardabweichung, Spinquantenzahl
S	Entropie
SPL	Schalldruckpegel
STPD	Standard Temperatur Pressure Dry
t	Zeit, Temperatur und Temperaturdifferenz (in °C)
T	absolute Temperatur (in Kelvin), Schwingungsdauer, Umlaufzeit
$T_{1/2}$	Halbwertszeit
u	atomare Masseneinheit
U	Spannung, innere Energie
v	Geschwindigkeit
V	Volumen, Vergrößerung
W	Arbeit
$\bar{x}$	arithmetischer Mittelwert
Z	Impedanz, Ordnungszahl (Protonenzahl), Zählrate
α	Winkel im Kreis, Winkelbeschleunigung, Einfallswinkel, Beugungswinkel, Drehwinkel, Längenausdehnungs koeffizient
β	Brechungswinkel, Massenkonzentration
γ	Scherungsstärke, Volumenausdehnungskoeffizient
Δ	Veränderung einer Größe
ε	Dehnung, Sehwinkel
ε_0	elektrische Feldkonstante
ε_R	Dielektrizitätszahl
η	Viskosität
ϑ	Temperatur (in °C)
λ	Wellenlänge, Wärmeleitzahl, Zerfallskonstante
μ	Querkontraktionsfaktor, Schwächungskoeffizient
μ_0	Magnetische Feldkonstante
μ_R	Permeabilitätszahl
μ_{abs}	Absorptionskoeffizient
μ_{streu}	Streukoeffizient
υ_e	Neutrino
$\bar{\upsilon}_e$	Antineutrino
π	„Kreiszahl"
ρ	Dichte, spezifischer Widerstand
σ	Spannung (mech.), Oberflächenspannung, Stefan-Boltzmann-Konstante
τ	Schubspannung, Zeitkonstante, mittlere Lebensdauer eines Atomkerns
φ	Potential, Winkel im Kreis, Phasenverschiebung
Φ	magnetischer Fluss, Lichtstrom
ω	Kreisfrequenz, Winkelgeschwindigkeit

A Grundlagen

A Grundlagen

Mathematische und physikalische Grundlagen

Physikalische Größen

Die Idee aller Naturwissenschaften ist es, Naturvorgänge zu beobachten und dann Theorien über deren Ablauf aufzustellen, um damit Vorhersagen über ähnliche Vorgänge treffen zu können. Insbesondere in der Medizin wird auch versucht, anhand der aufgestellten Theorien auf die Abläufe im menschlichen Körper Einfluss zu nehmen.
Zur quantitativen Beschreibung der Vorgänge wurden **physikalische Größen** (z. B. Druck, Kraft, Strom) eingeführt. Eine physikalische Größe muss irgendwie **messbar** sein. Sie besteht immer aus einem **Zahlenwert** (z. B. 20), der die Stärke oder Ausprägung angibt, und einer **Einheit** (z. B. Newton für Kraft), die zeigt, wovon die Rede ist.
Die erwähnten Theorien über Naturvorgänge lassen sich im Idealfall in **Formeln** ausdrücken (z. B. Kraft ist Masse mal Beschleunigung). Für die einzelnen Größen werden statt der Namen (Kraft, Masse, Beschleunigung) ihre **Formelzeichen** (F, m, a) verwendet.
Da es wesentlich mehr physikalische Größen als Buchstaben gibt, wurden griechische, kyrillische und andere Zeichen eingeführt, und einige **Buchstaben mehrfach belegt.**
Man sollte also bei Formeln **mitdenken,** was gefragt ist (wenn es um Dehnung geht, wird E vermutlich Elastizitätsmodul und nicht elektrische Feldstärke bedeuten). Eine Hilfe können die **Einheiten** der Größen sein: Man kann sie – wie Zahlen – aus Brüchen rauskürzen usw., und am Ende sollte in einer Formel die Einheit stehen, die das Ergebnis auch haben soll.
Es gibt **sieben Basiseinheiten**, die nach dem Système International d'Unités definiert sind. Sie heißen **SI-Einheiten** (▌Tab. 1). Aus ihnen lassen sich (mit Ausnahme einiger älterer) **alle anderen Einheiten ableiten,** z. B.

$$1\,\text{N} \mathrel{\hat{=}} 1\,\frac{\text{kg} \cdot \text{m}}{\text{s}^2}$$

Mathematische Funktionen

Sinus und Cosinus

Sinus und Cosinus sind am Einheitskreis definiert, also dem Kreis mit dem Radius 1 (hier handelt es sich um eine mathematische Größe, daher keine Einheit). Die Definition ist in ▌Abbildung 1 dargestellt: Der **Sinus** eines **Winkels α** ist der **y-Wert** der **„Zeigerspitze"** auf dem Kreis und der **Cosinus** ihr **x-Wert,** wenn Zeiger und x-Achse den **Winkel α** einschließen. Bewegt sich der Zeiger gegen den Uhrzeigersinn, und trägt man Sinus bzw. Cosinus gegen den Winkel α auf, ergibt sich die bekannte Kurve. Den Winkel kann man statt in Grad auch als **Länge des Kreisbogens** auf dem Einheitskreis angeben **(Bogenmaß).** Er wird meist als Vielfaches von π angegeben. Ein vollständiger Umlauf sind 2π.
Steht der **Taschenrechner** im Modus **„DEG",** muss man die **Winkel in Grad** angeben, im Modus **„RAD"** im **Bogenmaß.**
Sind zwei Sinuskurven **phasenverschoben**, bedeutet das, dass der Zeiger der einen Kurve dem der anderen vorauseilt. „Zeiger", Sinuswert und Cosinuswert bilden ein rechtwinkliges Dreieck. Die Hypotenuse (lange Seite) ist der Zeiger, die Katheten (kurze Seiten, zwischen denen der rechte Winkel ist) sind Sinus- und Cosinuswert. Daher gilt für **alle rechtwinkligen Dreiecke** (z. B. in der Optik)

$$\sin\alpha = \frac{Gegenkathete}{Hypotenuse} \quad (1)$$

$$\cos\alpha = \frac{Ankathete}{Hypotenuse} \quad (2)$$

(**Gegenkathete:** dem Winkel gegenüberliegende Seite; **Ankathete:** dem Winkel anliegende Seite).

Vektoren

Vektoren sind **gerichtete Größen** (z. B. Kraft oder Weg). Sie haben **Betrag** (ihre Länge) und **Richtung.** Ihr Gegenteil sind **Skalare,** die ungerichtet sind (z. B. Masse, Zeit). Zur Markierung befindet sich über den Formelzeichen von Vektoren ein Pfeil ($\vec{F}$). Steht **nur das Formelzeichen** eines Vektors da, ist sein **Betrag** gemeint.
Mediziner müssen eigentlich nie „richtig" mit Vektoren rechnen, sie sollten nur folgende Regeln kennen:

Basisgröße	Basiseinheit
Strecke l	Meter (m)
Masse m	Kilogramm (kg)
Zeit t	Sekunde (s)
Elektrischer Strom I	Ampere (A)
Temperatur T	Kelvin (K)
Stoffmenge n	Mol (mol)
Lichtstärke I	Candela (cd)

▌Tab. 1: SI-Einheiten

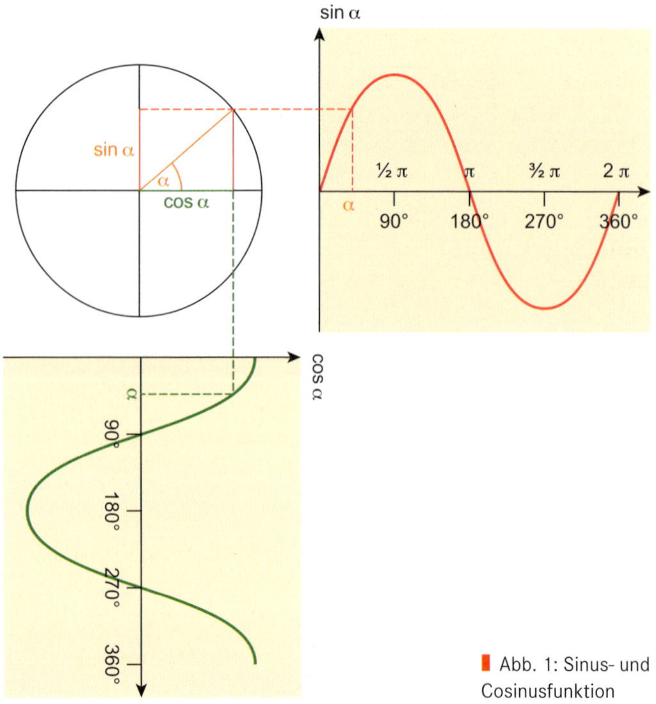

▌Abb. 1: Sinus- und Cosinusfunktion

Multiplikation mit Skalaren

Einen Vektor multipliziert man mit einem Skalar, in dem man seinen Betrag mit ihm multipliziert. Die **Richtung ändert sich nicht.** Häufigster Fall für Mediziner (z. B. Kraft als Produkt von Beschleunigung und Masse).

Addition von Vektoren

Grafisch kann man Vektoren einfach addieren. Man malt beide als Pfeile auf, hängt das **Ende von $\vec{A}$** an die **Spitze von $\vec{B}$**, und das Ergebnis der Addition ist der Vektor, der vom Anfang von $\vec{B}$ bis zum Ende von $\vec{A}$ zieht.
Rechnerisch kann man die Beträge nur addieren, falls beide **parallel** sind. Wenn sie in **entgegengesetzte Richtungen** zeigen, muss man die Beträge **voneinander abziehen**.

Skalarprodukt

Manchmal ergibt das **Produkt zweier Vektoren** einen **Skalar** (z. B. Kraft mal Weg ergeben Energie). Dann steht zwischen den Vektoren ein **Malpunkt.**
Der Wert des Skalarprodukts zweier Vektoren, die den Winkel α einschließen, beträgt:

$$\vec{A} \cdot \vec{B} = A \cdot B \cdot \cos\alpha \qquad (3)$$

Vektorprodukt

In anderen Fällen ergibt die **Multiplikation zweier Vektoren** einen **dritten Vektor,** der dann **senkrecht auf beiden** steht. Das wird durch ein **Malkreuz** gekennzeichnet. Das Vektorprodukt ist **nicht kommutativ,** man darf also ersten und zweiten Vektor nicht vertauschen!
Mediziner müssen meistens den **Betrag des dritten Vektors** ausrechnen. Er beträgt, wenn α der eingeschlossene Winkel ist:

$$|\vec{A} \times \vec{B}| = A \cdot B \cdot \sin\alpha \qquad (4)$$

Differentialrechnung

Bewegt sich ein Körper, verändert sich sein Ort. Subtrahiert man den Startpunkt (z. B. 2 m von einem Referenzpunkt entfernt) vom Zielpunkt (z. B. 6 m entfernt), erhält man die Änderung des Ortes während der Bewegung.
Die **Änderung einer Größe** wird mit einem **großen Delta vor dem Formelzeichen** gekennzeichnet, z. B. $\Delta s = 4$ m. Währenddessen vergeht Zeit. Stand eine Stoppuhr bei Beginn auf $t_1 = 0$ s, und steht nach der Bewegung auf $t_2 = 10$ s, beträgt also die Änderung der Zeit $\Delta t = 10$ s.
Bildet man jetzt den **Quotienten** aus Änderung des Ortes und Änderung der Zeit, erhält man die **zeitliche Änderung des Ortes.**

$$\frac{\Delta s}{\Delta t} = v \qquad (5)$$

Die Größe ist hier die Geschwindigkeit v. Ist die Geschwindigkeit nicht konstant (der Körper hat für die ersten 3 m 2 s gebraucht und für den letzten Meter 8 s), erhält man so nur die Durchschnittsgeschwindigkeit. Es wäre also sinnvoll, **Messungen in kürzeren Abständen** durchzuführen. Dabei würde man **immer kleinere Differenzen** von Ort und Zeit erhalten. Um auszudrücken, dass die **Differenzen sehr klein** sind, schreibt man nicht mehr Δt, sondern **d**t oder **d**s. Es lässt sich allerdings kein absoluter Wert angeben, ab dem Differenzen „klein" sind. Es kommt hauptsächlich auf den Vergleich zur zu messenden Größe an.

Ableitung

Allgemein heißt ein Quotient dx/dy **Differentialquotient.** Er wird auch als **Ableitung x'** bezeichnet:

$$\frac{dx}{dy} = x' \qquad (6)$$

Ist die Variable im Nenner die Zeit, spricht man von zeitlicher Ableitung oder **zeitlicher Änderung.** Statt einem Strich verwendet man dann einen Punkt. Die Geschwindigkeit ist also die zeitliche Änderung des Ortes oder Weges:

$$v = \frac{ds}{dt} = \dot{s} \qquad (7)$$

Würde man alles in ein Diagramm eintragen, den Weg auf die y-Achse und die Zeit auf die x-Achse (umgekehrt wie in Formel 6), wäre die Geschwindigkeit die **Steigung** der Linie. Bei einer Geraden ist die Steigung überall gleich. Bei einer Parabel ist dann die Geschwindigkeit an diesem Punkt des Weges die Steigung in einem Punkt der Parabel.
Die **zweite** oder dritte **Ableitung** (mit mehreren Strichen bzw. Punkten) ist dann die **Änderung der Änderung** usw.

Integration

Das Gegenteil der Ableitung ist die **Integration.** Bildet man das Integral von v nach dt, erhält man wieder s.
Im Diagramm ist das Integral die **Fläche unter der Kurve.** Man kann sie graphisch bestimmen, indem man Rechtecke einmalt und ihre Flächen addiert.
Im GK Physik für Mediziner muss man nicht integrieren, aber die Kenntnis des Prinzips „Fläche unter der Kurve" hilft, vor allem in der Physiologie.

Zusammenfassung

- Sinus und Cosinus sind y- und x-Werte einer „Zeigerspitze", die sich auf einem Kreis gegen den Uhrzeigersinn bewegt.
- Vektoren (z. B. Kraft, Weg) haben Betrag und Richtung, Skalare (z. B. Masse, Energie) haben nur einen Wert.
- Die Ableitung beschreibt die Änderung einer Größe im Verhältnis zur Änderung einer anderen, z. B. zeitliche Änderung des Weges. Graphisch ist sie die Steigung der Kurve.
- Die Integration ist das Gegenteil der Ableitung: Integriert man eine Ableitung, erhält man die ursprüngliche Größe. Graphisch ist sie die Fläche unter der Kurve.

Fehlerrechnung

Messfehler

Die Erkenntnisse der Physik beruhen hauptsächlich auf geplanten Experimenten. Zur quantitativen Beschreibung solcher Vorgänge benutzt man physikalische Messgrößen (▮ Kap. A 2). Messergebnisse können jedoch den wahren Wert einer Größe nie beliebig genau angeben – reale Messverfahren sind stets mit einem Abweichen des Messwertes vom wahren Wert der Größe verbunden.

> Abweichungen der Messwerte vom tatsächlichen Wert einer Größe bezeichnet man als Messfehler.

Messfehler werden hierbei in zwei Kategorien unterteilt – in systematische und statistische (zufällige) Fehler.

Systematische Fehler

Systematische Fehler entstehen aufgrund von mangelhaften Messverfahren. Hierzu zählen z. B. falsche Eichung oder Verwendung eines defekten Messgerätes, Fehler in der Versuchsplanung oder fehlendes Berücksichtigen von Störgrößen. Systematische Fehler sind **reproduzierbar,** d. h. bei erneutem Messen unter gleichen Bedingungen wird der Messfehler stets wieder auftreten: Der gemessene Wert weicht stets in einer Richtung um den gleichen Betrag vom wahren Wert ab. Wird der Fehler gefunden, kann er berücksichtigt und evtl. korrigiert werden.

Statistische Fehler

Statistische Fehler entstehen dagegen völlig **zufällig:** Sie werden z. B. durch ungenaues Ablesen oder Schwankungen im Messgerät hervorgerufen. Bei mehreren Messungen können die Abweichungen unterhalb oder oberhalb des wahren Wertes liegen, d. h. es treten stets andere Messergebnisse auf. Diese Fehler können nie ganz unterdrückt werden – es handelt sich um unbeeinflussbare statistische Schwankungen. Trotzdem kann man die Messgenauigkeit erhöhen, indem man mehrere Messungen bei unveränderten Bedingungen durchführt.

Statistische Fehlerrechnung

Arithmetischer Mittelwert

Führt man eine Messreihe durch, so schwanken (streuen) die einzelnen Messwerte um einen Mittelwert. Diesen sog. **arithmetischen Mittelwert** $\overline{x}$ kann man berechnen, indem man die Summe aller Messwerte x_{1-n} durch die Anzahl n der Messwerte teilt:

$$\overline{x} = \frac{x_1 + x_2 + ... + x_n}{n} = \frac{1}{n}(x_1 + x_2 + ... + x_n) = \frac{1}{n}\sum_{i=1}^{n} x_i$$

Der Index i kennzeichnet die Einzelwerte und läuft von 1 bis n.

Mithilfe dieser Mittelwertsbestimmung ist eine genauere Eingrenzung des tatsächlichen Wertes möglich. Hierbei muss man jedoch festhalten, dass der Mittelwert nicht automatisch mit dem wahren Wert der Größe übereinstimmen muss – erst wenn die Anzahl n der Messwerte gegen Unendlich geht (und keine systematischen Fehler auftreten), stimmt $\overline{x}$ mit dem tatsächlichen Wert überein.

> Beim Fehlen systematischer Fehler steigt mit wachsender Anzahl n der Messwerte die Wahrscheinlichkeit, den wahren Wert zu ermitteln.

Gaußsche Verteilung

Teilt man die Einzelmesswerte in Intervalle (Abweichungen vom Mittelwert) ein und trägt sie auf einer X-Achse, ihre Häufigkeit auf einer Y-Achse ein, so erhält man ein sog. **Histogramm.** In diesem wird deutlich, dass die Messwerte im Bereich des Mittelwertes am häufigsten auftreten. Je weiter man sich vom Mittelwert weg bewegt, desto weniger Messwerte treten auf. Lässt man die Anzahl n der Messwerte gegen Unendlich laufen und teilt sie in immer kleinere Intervalle ein, ergibt sich, für den Fall, dass nur statistische Fehler auftreten, eine symmetrische glockenähnliche Kurve – die **Gaußsche Verteilung.** Man spricht auch von „normalverteilten" Messwerten und analog von einer **Normalverteilung** (▮ Abb. 1).
Da in der Praxis jedoch nicht unendlich viele Versuchsreihen durchgeführt werden können, begnügt man sich mit der Untersuchung von **Stichproben.** Hierbei gilt analog: Je größer die Anzahl n der Stichproben, desto näher rückt der daraus ermittelte Mittelwert an den sog. **Erwartungswert** heran. Der Erwartungswert spiegelt dabei den Mittelwert wider, der sich bei unendlich vielen Versuchsreihen ergeben würde.

Varianz und Standardabweichung

Neben der Anzahl n an Messergebnissen ist für die Genauigkeit des Mittelwertes jedoch die **Streuung um den Mittelwert** entscheidend. Die Streuung gibt die jeweiligen Differenzen der Einzelmesswerte vom Mittelwert an. Da deren Summen jedoch laut Definition des Mittelwertes genau gleich

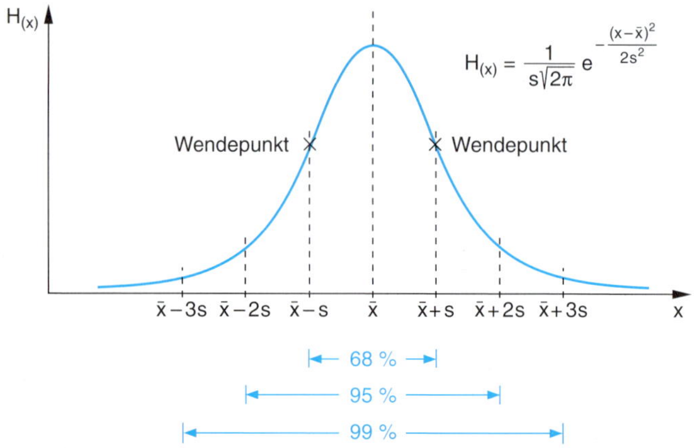

▮ Abb. 1: Gaußsche Verteilung (Normalverteilung) mit Konfidenzintervallen [24]

sind und somit der Term $\sum_{i=1}^{n}(x_i - \bar{x})$ stets Null ergeben würde, ist zur Maßangabe der Streuung ein Quadrieren des Terms nötig. Ein solches Maß für die Streuung stellt die **Varianz** dar. Sie liefert die mittlere quadratische Abweichung der Einzelwerte x_i vom Mittelwert $\bar{x}$:

$$Varianz = \frac{1}{n-1}\sum_{i=1}^{n}(x_i - \bar{x})^2$$

n ist dabei die Anzahl der Messwerte. Die Varianz stellt jedoch eine unanschauliche Größe dar, weshalb bei üblichen Angaben der Streuung auch immer die **Standardabweichung s** angeführt wird. Sie ergibt sich aus der Wurzel der Varianz. Es gilt:

$$s = \sqrt{Varianz} = \sqrt{\frac{1}{n-1}\sum_{i=1}^{n}(x_i - \bar{x})^2}$$

Die Standardabweichung s lässt sich im Gegensatz zur Varianz gut graphisch veranschaulichen. Sie stellt sozusagen ein Maß für die Breite der Wahrscheinlichkeitsverteilung (▮ Abb. 1) dar – s definiert die Lage der Wendepunkte der Kurve. Bei der Gaußschen Verteilung lässt sich diese Wahrscheinlichkeit der Größe und somit Lage von Messfehlern genau angeben:

- Ca. 68% aller Messwerte liegen im Intervall $[\bar{x} \pm s]$
- Ca. 95% aller Messwerte liegen im Intervall $[\bar{x} \pm 2s]$
- Ca. 99,7% aller Messwerte liegen im Intervall $[\bar{x} \pm 3s]$

Diese Intervalle sind auch als sog. **Konfidenzintervalle** bekannt.

Standardabweichung des arithmetischen Mittelwertes

Meist ist nicht die Streuung der Messwerte um den Mittelwert, sondern die Verlässlichkeit dieses Mittelwertes von Interesse, denn auch dieser Mittelwert weicht durch statistische Fehler vom tatsächlichen Wert einer Größe ab. Dieser **Standardfehler** $\Delta\bar{x}$ (Standardabweichung des Mittelwertes), errechnet sich aus dem Quotienten der Standardabweichung s und der Wurzel aus der Anzahl n der Messwerte einer Messreihe:

$$\Delta\bar{x} = \frac{s}{\sqrt{n}} = \sqrt{\frac{1}{n(n-1)}\sum_{i=1}^{n}(x_i - \bar{x})^2}$$

Auch dieser Fehler ist also umso kleiner, je größer die Anzahl n an Messwerten der Messreihe und somit der Stichprobenumfang ist.

Messunsicherheit

Aufgrund solcher Messfehler ist zur vollständigen Angabe einer Messung zusätzlich zur Angabe des Zahlenwertes x_0 und der Maßeinheit eine Angabe der Messunsicherheit (des Messfehlers) Δx nötig. Da der gesuchte wahre Wert höchstwahrscheinlich im Fehlerintervall $[x_0 - \Delta x, x_0 + \Delta x]$ liegt, schreibt man das Ergebnis dann vollständig wie folgt:

- Bei Angabe des **absoluten Fehlers** Δx: $(x_0 \pm \Delta x)$*Maßeinheit* also z.B. 5,0 kg ± 0,1 kg
- Bei Angabe des **relativen Fehlers** $\Delta x_{rel} = \Delta x / x_0$: $(x_0 \pm {}^{\Delta x}/_{x_0})$*Maßeinheit* also z.B. 5,0 kg ± 0,1 kg/5,0 kg = 5,0 kg ± 0,02 = 5,0 kg ± 2%

Wie aus den Beispielen ersichtlich ist, trägt der absolute Fehler die Maßeinheit des Messwertes. Hingegen ist die Einheit des relativen Fehlers dimensionslos – er wird oft in Prozent (%) oder Promille (‰) angegeben.
Diese Angaben sind hierbei als Fehlergrenzen (maximale Fehler) anzusehen.

Mithilfe der Berechnung von Mittelwert, Standardabweichung und Standardfehler lässt sich die Messunsicherheit **abschätzen.** Durch Erhöhung der Anzahl n an Messwerten lässt sich die Messunsicherheit vermindern.
Die Messunsicherheit muss auch bei der Anzahl der Dezimalstellen beim Angeben eines Ergebnisses Berücksichtigung finden. So ist die Angabe von Dezimalen, die im Bereich unterhalb des möglichen Messfehlers liegen, nicht sinnvoll.

Fehlerfortpflanzung

Falls man für das Endergebnis einer Messung mehrere Variablen (Messgrößen) benötigt, so ist zu berücksichtigen, dass jeder der Messwerte mit einem Messfehler behaftet ist. Der **Gesamtfehler** lässt sich, vorausgesetzt die Messfehler sind klein gegenüber den Messwerten, aus den Einzelfehlern errechnen. Für die oben genannten statistischen Standardfehler gelten folgende Regeln:

- Den Fehler von **Summen** oder **Differenzen** verschiedener Messgrößen erhält man, indem man die einzelnen **absoluten** Fehler quadriert, summiert und dann die Wurzel zieht.
- Bei **Produkten** und **Quotienten** verschiedener Messgrößen verfährt man entsprechend mit den einzelnen **relativen** Fehlern.

Zusammenfassung

- ✖ Messergebnisse können den wahren Wert einer Größe nie beliebig genau angeben.
- ✖ Bei systematischen Fehlern bleibt das Fehlerintervall konstant.
- ✖ Statistische Messfehler streuen um einen Mittelwert. Sie lassen sich statistisch abschätzen und durch Erhöhung der Anzahl an Messungen verringern.
- ✖ Bei der Fehlerangabe muss man zwischen absolutem und relativem Fehler unterscheiden.
- ✖ Falls mehrere Messgrößen zu einem Endergebnis führen, ist die Fehlerfortpflanzung zu berücksichtigen.

B Mechanik

B Mechanik

Bewegung I: Geradlinige Bewegungen

Geradlinig gleichförmige Bewegungen

Wenn sich ein Körper auf einer **geraden Strecke** mit **gleich bleibender Geschwindigkeit** bewegt, bezeichnet man das als geradlinig gleichförmige Bewegung. Bewegungen entlang einer Strecke werden auch als **Translationsbewegungen** bezeichnet. Eine Translationsbewegung ist damit das Gegenteil einer **Rotationsbewegung.**
Im Experiment zeigt sich, dass der **Quotient** aus **zurückgelegtem Weg und** dafür benötigter **Zeit** für diese Art der Bewegung **konstant** ist.

Der Quotient aus der in einem Zeitraum Δt zurückgelegten Strecke Δs und diesem Zeitraum heißt Geschwindigkeit v

$$v = \frac{\Delta s}{\Delta t} \quad (1)$$

Das Weg-Zeit-Gesetz beschreibt die zu einem Zeitpunkt t zurückgelegte Strecke s(t) und lautet für die geradlinig gleichförmige Bewegung:

$$s(t) = v \cdot t \quad (2)$$

Einheit der Geschwindigkeit ist **Meter pro Sekunde** ($[v] = 1 \frac{m}{s}$).
Die **Geschwindigkeit** ist die **Steigung der Weg-Zeit-Geraden** (▮ Abb. 1).
Man kann sie also auch als **Ableitung** des Weges nach der Zeit angeben:

$$v(t) = \frac{ds}{dt} = \dot{s}(t) \quad (3)$$

Für die geradlinig gleichförmige Bewegung ist **v(t)** immer **konstant,** bei der beschleunigten Bewegung ändert sie sich mit der Zeit.

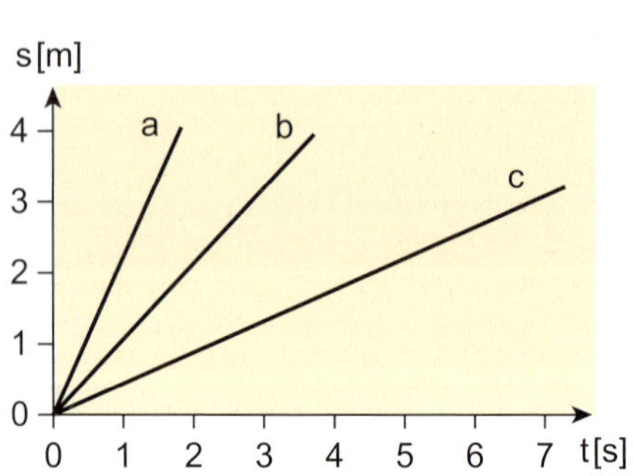

▮ Abb. 1: Weg-Zeit-Diagramm mehrerer geradlinig gleichförmiger Bewegungen mit unterschiedlichen Geschwindigkeiten: (a) v = 2 m/s; (b) v = 1 m/s; (c) v = 0,5 m/s. Die Ordinate ist die zurückgelegte Strecke s in Metern, die Abszisse die verstrichene Zeit t in Sekunden.

Geradlinig gleichmäßig beschleunigte Bewegungen

Eine **Änderung** der **Geschwindigkeit** oder der **Richtung** der Geschwindigkeit eines Körpers heißt **Beschleunigung.** Abbremsen ist dabei nichts anderes als negative Beschleunigung.
Bei der geradlinig gleichförmigen Bewegung (s. o.) stieg die zurückgelegte Strecke s proportional zur verstrichenen Zeit t an, während die Geschwindigkeit v konstant blieb. Bei der geradlinig gleichmäßig beschleunigten Bewegung hingegen steigt die **Geschwindigkeit v proportional zur Zeit t an.**
Ein **Maß für die Stärke des Anstiegs** ist die **Beschleunigung a,** die bei der geradlinig gleichmäßig beschleunigten Bewegung nach **Betrag** und **Richtung konstant bleibt.** Es ändert sich also nur die Geschwindigkeit, nicht die Bewegungsrichtung.
Um die zurückgelegte Strecke s abhängig von der Zeit t berechnen zu können, muss man die Gleichung (3) integrieren, was für Mediziner aber nicht zum verpflichtenden Stoff gehört.

Bei einer geradlinig gleichmäßig beschleunigten Bewegung gilt für die zum Zeitpunkt t herrschende Geschwindigkeit v(t):

$$v(t) = a \cdot t \quad (4)$$

Für die zum Zeitpunkt t zurückgelegte Strecke s(t) gilt folgendes Weg-Zeit-Gesetz:

$$s(t) = \tfrac{1}{2} a \cdot t^2 \quad (5)$$

Einheit der Beschleunigung ist **Meter pro Sekunde zum Quadrat** ($[a] = 1 \frac{m}{s^2}$).
Grafisch ist die **Beschleunigung** die **Steigung der Geschwindigkeits-Zeit-Kurve** sowie die **Krümmung der Weg-Zeit-Kurve** (▮ Abb. 2). Man kann sie auch als erste Ableitung der Geschwindigkeit sowie als zweite Ableitung des Weges nach der Zeit angeben:

$$a(t) = \frac{dv}{dt} = \dot{v}(t) = \ddot{s}(t) \quad (6)$$

Mann kann auch bei bekannter Beschleunigung die nach einer bestimmten zurückgelegten Strecke s herrschende Geschwindigkeit v(s) berechnen. Dazu muss man Formel (5) nach t auflösen und in (4) einsetzen:

$$v(s) = \sqrt{2as} \quad (7)$$

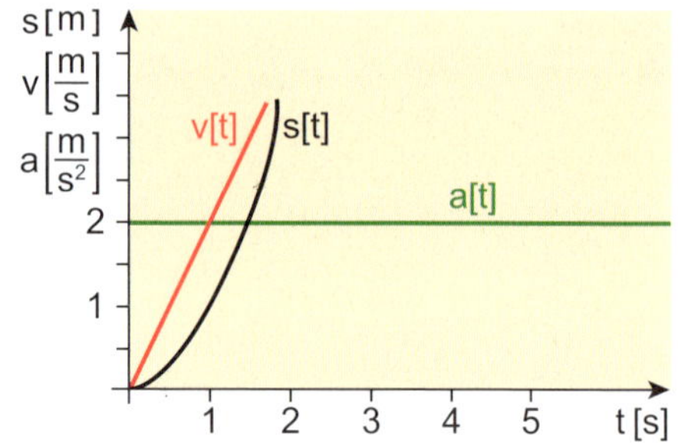

▮ Abb. 2: Weg-Zeit-Diagramm (schwarz), Geschwindigkeits-Zeit-Diagramm (rot) und Beschleunigungs-Zeit-Diagramm (grün) einer geradlinig gleichmäßig beschleunigten Bewegung

Der freie Fall

Ein **Sonderfall der geradlinig gleichmäßig beschleunigten Bewegung** ist der freie Fall. Wir werden nur den freien Fall **im Vakuum** betrachten, da so der Luftwiderstand als Einflussgröße entfällt und die Rechnung vereinfacht wird. Im Experiment benutzt man ein luftleeres Glasrohr, in dem sich eine Kugel befindet. Mithilfe von Lichtschranken kann man die Fallzeit genau bestimmen.
Für die Beschleunigung der Kugel nach unten sorgt die **Erdanziehungskraft.** Die Beschleunigung wird auch als **Gravitationsbeschleunigung g** bezeichnet und ist **abhängig** von der **geografischen Breite** (da die Erde keine perfekte Kugel ist) und von der **Höhe über dem Meeresspiegel** (je weiter man vom Erdmittelpunkt entfernt ist, desto geringer ist sie). Sie ist **unabhängig** vom **fallenden Körper.** So fallen im Vakuum eine Feder und eine Bleikugel gleich schnell, während bei normalem Luftdruck die Bleikugel aufgrund des anderen Verhältnisses zwischen Gewicht und Luftwiderstand schneller fällt.
Die Gravitationsbeschleunigung beträgt in Meereshöhe bei etwa 45° nördlicher Breite $g = 9{,}81\ m/s^2$. Dieser Wert wird auch meistens in den Aufgaben benutzt.

Für den freien Fall im Vakuum gelten damit die Bewegungsgesetze der geradlinig gleichmäßig beschleunigten Bewegung. Die Strecke s ersetzt man häufig durch die Höhe h.

$a = g = const.$ (8)

$v(t) = g \cdot t$ (9)

$h(t) = \frac{1}{2} g \cdot t^2$ (10)

Überlagerung von Bewegungen

Wir betrachten folgendes Gedankenexperiment: Eine Kugel bewegt sich reibungsfrei auf einer ebenen Fläche im Vakuum mit konstanter Geschwindigkeit. Jetzt hört die Fläche plötzlich auf und die Kugel fällt zu Boden. Aus – häufig leidvollen – alltäglichen Beobachtungen wissen wir, dass Körper in solchen Fällen nicht senkrecht zu Boden fallen, sondern noch weiter in die ursprüngliche Richtung segeln. Wie kann man eine solche Bewegung nun physikalisch beschreiben?
Es handelt sich hier um eine Überlagerung zweier Bewegungen, nämlich einer **geradlinig gleichförmigen Bewegung** nach **vorne** und einer **geradlinig gleichmäßig beschleunigten Bewegung** nach **unten.**

Diese beiden Bewegungen laufen **unabhängig** voneinander ab, das bedeutet, dass wir die **Entfernung der Kugel von der Kante** ‚in x-Richtung' rein nach **Formel (2)** und die ‚in y-Richtung' **gefallene Strecke nach unten** nach **Formel (10)** berechnen können. Das gilt aber nur für die oben angegebenen „Idealbedingungen". In der Realität müsste man auch diverse Reibungskräfte und den Luftwiderstand in die Berechnung einbeziehen.
Man könnte auch **Formel (2) in Formel (10) einsetzen** und so berechnen, nach wie viel Metern die Kugel auf dem Boden aufschlägt. Dann darf man allerdings auf keinen Fall das s aus (2), welches die Strecke nach vorne angibt und das s aus (10), welches die Strecke nach unten darstellt, verwechseln.
Das führt uns zu einem bisher vernachlässigten Thema:
Die **Strecke s** und alle **Größen, in denen sie enthalten ist** (also Geschwindigkeit v und Beschleunigung a) sind **Vektoren** (s. S. 2). Bisher haben wir uns nur mit geradlinigen Bewegungen beschäftigt, bei denen alle Größen in dieselbe Richtung zeigten und damit nur ihre Beträge von Bedeutung waren. Generell sollte man aber, insbesondere bei Bewegungen, die aus der Überlagerung zweier Bewegungen entstehen, beachten, dass alle diese Größen Vektoren sind und sich überlegen, in welche Richtung sie zeigen.

Zusammenfassung

- Bewegungen eines Körpers mit konstanter Geschwindigkeit und Richtung heißen geradlinig gleichförmige Bewegungen.
- Bewegungen eines Körpers mit konstanter Beschleunigung und Richtung und sich ändernder Geschwindigkeit heißen geradlinig gleichmäßig beschleunigte Bewegungen.
- Geschwindigkeit ist die Änderung des Ortes pro Zeit, Beschleunigung ist die Änderung der Geschwindigkeit pro Zeit.
- Der freie Fall ist der Fall eines Körpers im luftleeren Raum. Er ist eine geradlinig gleichmäßig beschleunigte Bewegung. Seine Beschleunigung ist die Gravitationsbeschleunigung, die von der Position auf der Erdoberfläche abhängt, aber für alle Körper an diesem Punkt gleich ist.
- Einzelne Teilbewegungen eines Körpers laufen unabhängig voneinander ab.

Bewegung II: Kreisbewegung, Impuls

Kreisbewegung

Die **Kreisbewegung** ist **charakterisiert** durch die **Umlaufzeit T,** also die Zeit, die für einen **kompletten Umlauf** benötigt wird (▮ Abb. 3).

Die Umlaufzeit T ist der Quotient aus der für n Umläufe benötigten Zeit t und der Anzahl n der Umläufe.

$$T = \frac{t}{n} \quad (1)$$

Der Kehrwert der Umlaufzeit ist die Frequenz f

$$f = \frac{1}{T} \quad (2)$$

Einheit der Frequenz ist **Hertz** ($[f] = 1/s = 1Hz$).
Eine Kreisbewegung heißt **gleichförmig,** wenn **Umlaufzeit** bzw. **Frequenz konstant sind**.

Geschwindigkeit

Bezüglich der Geschwindigkeit muss man zwischen **Winkelgeschwindigkeit** und **Bahngeschwindigkeit** unterscheiden.

Winkelgeschwindigkeit

Die Winkelgeschwindigkeit ω ist **unabhängig vom Radius r.** Sie ist der **Quotient** aus dem in einer Zeitspanne Δt vom Radiusvektor (▮ Abb. 1) **überstrichenen Winkel Δφ** und dieser **Zeitspanne.** Wenn wir als Zeitspanne Δt die Zeit T einsetzen, welche nach Definition die Zeit ist, in der der gesamte Kreisbogen überstrichen wird, ergibt sich für die Winkelgeschwindigkeit ω, da ein Winkel von 360° im Bogenmaß 2π entspricht

$$\omega = \frac{\Delta\varphi}{\Delta t} = \frac{2\pi}{T} = 2\pi f \quad (3)$$

Anmerkung: Für solche Rechnungen muss man grundsätzlich die Winkel im Bogenmaß angeben. Man muss dafür seinen Taschenrechner auf den Modus „RAD" einstellen. Die Umrechnungsformel zwischen Grad- (DEG) und Bogenmaß (RAD) lautet allgemein:

$$\varphi(DEG) = \frac{180°}{\pi} \cdot \varphi(RAD)$$

Winkel im Bogenmaß haben keine Einheit.

Bahngeschwindigkeit

Die Bahngeschwindigkeit wird mit v bezeichnet und ist die **Geschwindigkeit, die ein Punkt im Abstand r zur Kreismitte aufweist.** Der **Geschwindigkeitsvektor,** also die Richtung der Geschwindigkeit, zeigt dabei in Richtung der **Tangente zum Kreis.** Diese Tatsache wird deutlich, wenn man eine Kreissäge beobachtet: Die Sägespäne fliegen tangential zur Drehrichtung weg. Die Länge einer Kreisbahn mit dem Radius r ist Δs = 2πr. Wenn man den Ausdruck zusammen mit Δt = T in Formel (1) von S. 8 einsetzt, ergibt sich als Bahngeschwindigkeit v:

$$v = 2\pi rf \quad (4)$$

Der Unterschied wird anschaulich, wenn man ein Karussell betrachtet, das eine Reihe Sitze außen und eine Reihe Sitze innen hat. In jeder Reihe sitzt ein Kind, beide also nebeneinander. Beide Kinder haben dieselbe Winkelgeschwindigkeit, da sie über den Boden fest miteinander verbunden sind. Das Kind, das außen sitzt, legt aber mit jeder Umdrehung in derselben Zeit einen viel weiteren Weg zurück, da es ganz außen herum befördert werden muss, während das Kind innen nur um die Säule in der Mitte bewegt wird. Das Kind außen hat also eine größere Bahngeschwindigkeit.

Zentripetalbeschleunigung

Der die Bahngeschwindigkeit beschreibende Vektor $\vec{v}$ zeigt, wie aus ▮ Abb. 1 ersichtlich, tangential von der Kreisbahn weg. Damit der sich bewegende Körper auf der Kreisbahn bleibt, ist also eine **ständige Richtungsänderung** nötig. Aus dem vorherigen Kapitel (s. S. 8) wissen wir, dass eine Richtungsänderung eines Körpers immer eine Beschleunigung erfordert. Die Kreisbewegung ist also eine beschleunigte Bewegung, auch wenn die Bahngeschwindigkeit konstant bleibt. Da der Körper sich tangential weiterbewegen will, muss die **Beschleunigung radial,** also in Richtung des Kreismittelpunkts wirken, um den Körper auf der Bahn zu halten.
Die Beschleunigung in radiale Richtung, die den Körper auf seiner Bahn hält, bezeichnet man als Zentripetalbeschleunigung.
Wie wir im folgenden Kapitel (s. S. 12) noch erfahren werden, wird eine **Beschleunigung immer durch eine Kraft verursacht.** Im Fall der Zentripetalbeschleunigung ist das die Kraft, die den Körper auf der Kreisbahn hält, also beispielsweise die Muskelkraft eines Hammerwerfers, der seinen Hammer schwingt oder die Reibung der Reifen auf dem Asphalt bei einem Auto in der Kurve. Im Gegensatz dazu ist die

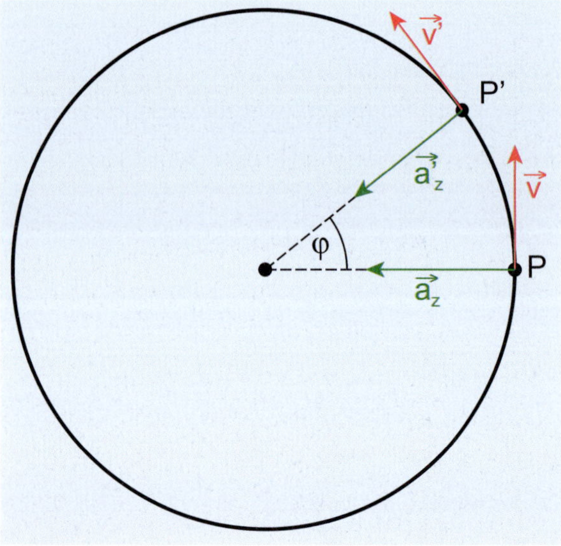

▮ Abb. 3: Schema einer Kreisbewegung: P: sich bewegender Punkt. Er befindet sich an Stelle P zum Zeitpunkt 0; wenn die Zeit Δt verstrichen ist, befindet er sich an der Stelle P'. φ: in Zeit Δt überstrichener Winkel; $\vec{v}$: Bahngeschwindigkeit; $\vec{r}$: Radiusvektor; $\vec{a}_z$: Zentripetalbeschleunigung

Zentrifugalkraft eigentlich **gar nicht existent** (versucht mal, das jemandem zu erklären, der gerade mit seinem Auto aus der Kurve geflogen ist …). Sie ist keine Kraft, die irgendwie erzeugt wird, sondern nur das Bestreben des sich bewegenden Körpers, auf einer geraden Bahn zu bleiben. Wenn die Zentripetalkraft nicht ausreicht, um ihn auf der Kreisbahn zu halten, verlässt der Körper sie eben (z. B. wenn die Reibungskraft der Reifen auf regennasser Fahrbahn vermindert ist).

> Der Betrag der Zentripetalbeschleunigung einer gleichförmigen Kreisbewegung ist
>
> $a_z = \frac{v^2}{r}$ (5) oder $a_z = \omega^2 r$ (6)
>
> Der Vektor der Zentripetalbeschleunigung zeigt stets auf den Kreismittelpunkt.

Impuls

Zu Beginn ein Praxisbeispiel: Angenommen, in der Bibliothek fällt euch aus einem hohen Regal ein dickes Anatomie-Standardwerk oder ein Anatomie-Kurzlehrbuch auf den Kopf. Da beide Bücher nebeneinander im Regal stehen, ist die Fallhöhe und damit die Endgeschwindigkeit, mit der sie aufschlagen, gleich. Dennoch sagt der gesunde Menschenverstand, dass das dickere Buch schwerere Verletzungen verursachen wird, eine Tatsache, die nicht mit der Geschwindigkeit, sondern auch mit dem Gewicht zusammenhängt.
Um die ‚Wucht', die ein sich bewegender Körper hat, physikalisch zu beschreiben, wird der **Impuls** benutzt.

> Der Impuls eines Körpers ist das Produkt aus seiner Masse m und seiner Geschwindigkeit v. Er ist eine vektorielle Größe in Richtung der Geschwindigkeit.
>
> $\vec{p} = m \cdot \vec{v}$ (7)

Einheit des Impulses ist $[p] = 1^{kg \cdot m}/_s$.

Impulserhaltung

Für die folgenden Überlegungen wollen wir uns auf den **zentralen Stoß** beschränken. Ein Stoß heißt zentral, wenn sich die beiden stoßenden Objekte mit ihren Schwerpunkten **auf einer Geraden aufeinander zu** bewegen. Beim schrägen Stoß würden die Rechnungen bedeutend komplizierter, und da er für Mediziner nicht zum Curriculum gehört, wird er hier vernachlässigt.
Es müssen daher wieder nur die Beträge und Vorzeichen der Geschwindigkeiten/Impulse betrachtet werden müssen, wobei generell vereinbart ist, dass bei Bewegungen von **rechts nach links** das Vorzeichen der Geschwindigkeit **negativ** ist und bei Bewegungen von **links nach rechts positiv**.

> Ein Stoß heißt elastisch, wenn sich die Stoßpartner nach dem Stoß wieder trennen, ohne sich verändert zu haben, und unelastisch, wenn sie nach dem Stoß verbunden bleiben.

Zwei Körper 1 und 2 mit den Massen m_1 und m_2 haben, wenn sie die Geschwindigkeiten v_1 und v_2 aufweisen, vor dem Stoß die Impulse

$p_1 = m_1 \cdot v_1$ und $p_2 = m_2 \cdot v_2$

Nach einem elastischen Stoß haben sie die veränderten Geschwindigkeiten v_1' und v_2' und damit die Impulse

$p_1' = m_1 \cdot v_1'$ und $p_2' = m_2 \cdot v_2'$

Man muss beachten, dass sich die Körper jetzt voneinander abgestoßen haben und in die entgegengesetzte Richtung laufen, also ein umgekehrtes Vorzeichen haben. Für die Impulse p_1 und p_2 sowie p_1' und p_2' gilt dabei der **Impulserhaltungssatz:**

> Die Summe der Impulse vor dem Stoß ist gleich der Summe der Impulse nach dem Stoß, oder etwas allgemeiner: In einem abgeschlossenen System ist die Summe aller Impulse konstant.

Dadurch ergibt sich für das obige Beispiel:

$$m_1 \cdot v_1 + m_2 \cdot v_2 = m_1 \cdot v_1' + m_2 \cdot v_2' \quad (8)$$

Das gilt auch für den unelastischen Stoß, nur dass dabei die Geschwindigkeiten der Stoßpartner nach dem Stoß gleich sind (sie bleiben aneinander und bewegen sich zusammen weiter). Daher lautet in diesem Fall die Formel mit der gemeinsamen Endgeschwindigkeit v':

$$m_1 \cdot v_1 + m_2 \cdot v_2 = (m_1 + m_2) \cdot v' \quad (9)$$

Wenn der eine Stoßpartner eine Wand oder Ähnliches ist, setzt man seine Masse als ‚unendlich' ein. Es ergibt sich dann beim elastischen Stoß, dass der andere Stoßpartner wieder mit derselben Geschwindigkeit wegfliegt.

Zusammenfassung

- ✖ Eine Kreisbewegung ist charakterisiert durch die Umlaufzeit T. Daraus ableiten lassen sich Kreisfrequenz f sowie Winkelgeschwindigkeit ω und Bahngeschwindigkeit v.
- ✖ Eine Kreisbewegung ist stets eine beschleunigte Bewegung. Die Zentripetalbeschleunigung sorgt dafür, dass der sich bewegende Körper auf seiner Kreisbahn bleibt. Die Zentrifugalkraft ist eine Scheinkraft.
- ✖ Der Impuls hängt von Masse und Geschwindigkeit ab. In einem abgeschlossenen System ist die Summe der Impulse immer konstant.
- ✖ Es gibt elastische und unelastische Stöße, die Summe der Impulse bleibt beim Stoß erhalten.

Kräfte

Die Newtonschen Axiome

Kraft ist die **Wechselwirkung zwischen** einem **Körper** und seiner **Umgebung**.

> Wenn keine äußeren Kräfte auf einen Körper wirken, bleibt er in Ruhe oder im Zustand der geradlinigen gleichförmigen Bewegung (erstes Newtonsches Axiom, Trägheitsprinzip).

Daher wird auch für die Kreisbewegung eine Zentripetalkraft benötigt, die den sich bewegenden Körper auf der Kreisbahn hält.
Der Umkehrschluss, dass, solange sich ein Körper nicht bewegt, keine Kräfte auf ihn wirken, ist falsch. Wenn die Summe aller von außen wirkenden Kräfte 0 ist, bewegt sich der Körper ebenfalls nicht (bzw. seine geradlinige gleichförmige Bewegung bleibt unverändert).
Zur Quantifizierung der **Kraft** $\vec{F}$ wird die **Beschleunigung** $\vec{a}$ verwendet, die ein Körper der **Masse m** durch sie erfährt.

> Grundgleichung der Mechanik:
>
> $\vec{F} = m \cdot \vec{a}$ (1)

Einheit der Kraft ist **Newton** ($[F] = 1 \,{}^{kg \cdot m}/_{s^2} = 1N$).
Kraft ist eine **vektorielle Größe.** Wir Mediziner benötigen meist nur den Betrag der Kraft, also keine Vektorpfeile. Newton definierte Kraft über die Impulsänderung, die sie hervorruft. Man kann herleiten, dass die Kraft $\vec{F}$ gleich dem Quotienten aus der **Änderung des Impulses** $\Delta\vec{p}$ und der dafür benötigten **Zeit** Δt ist **(zweites Newtonsches Axiom):**

$$\vec{F} = \frac{\Delta\vec{p}}{\Delta t} \quad (2)$$

Eine weitere Eigenschaft von Kräften zwischen Körpern ist, dass sie nie einzeln, sondern **immer paarweise** auftreten. Ein Beispiel dafür: Man sitzt auf einem beweglichen Stuhl und versucht, sich an einem Kommilitonen, der auf einem ähnlichen Stuhl sitzt, vorzuziehen. Dabei bewegt man sich nicht nur selbst, sondern der andere nähert sich ebenfalls, obwohl er passiv bleibt. Diesen Effekt hat Newton folgendermaßen erklärt:

> Wenn ein Körper A eine Kraft $\vec{F}_A$ auf einen Körper B ausübt, so übt auch der Körper B die Gegenkraft $\vec{F}_B$ auf A aus, wobei gilt:
>
> $\vec{F}_A = -\vec{F}_B$ (3)
>
> Dieses Prinzip wird auch als actio = reactio zusammengefasst (drittes Newtonsches Axiom).

Kraft und Gegenkraft wirken **nie am selben Körper.** Münchhausen log also, als er behauptete, sich an seinen eigenen Haaren aus dem Sumpf gezogen zu haben. Hätte er z. B. an einem Ast gezogen, hätte der Ast auf ihn Gegenkraft ausgeübt, die ihn aus dem Sumpf gezogen hätte.

Gewichtskraft

Im **freien Fall** fällt ein Körper mit der **Beschleunigung g** (s. S. 8). Nach Formel (1) muss diese Beschleunigung durch eine **Kraft** F_G verursacht sein, die auf einen Körper aufgrund seiner **Masse m** bei einer **Gravitationsbeschleunigung g** wirkt:

$$F_G = m \cdot g \quad (4)$$

F_G bezeichnet man als **Gewichtskraft.** Diese Kraft spüren wir, wenn wir z. B. eine schwere Tasche heben. Wäre die Gravitationsbeschleunigung kleiner (z. B. Mond), würde sich die Tasche zwar leichter heben lassen, ihre **Masse m** bliebe aber immer **konstant.**

Reibungskraft

Man unterscheidet die **Haftreibungskraft** F_{Haft} und die **Gleitreibungskraft** F_{Gleit}. Reibungskräfte sind **proportional zur Normalkraft** F_N, also der Kraft, mit der der Körper senkrecht auf die Unterlage drückt. Ist die Unterlage horizontal, ist $F_N = F_G$.
Der Proportionalitätsfaktor für Haft- bzw. Gleitreibung ist die **Haftreibungszahl** f_H bzw. die **Gleitreibungszahl** f_G. Diese Zahlen sind **Materialkonstanten.**

Solange die Antriebskraft, die einen Körper bewegen will, die Haftreibungskraft nicht übersteigt, bewegt sich der Körper nicht. Wenn sich der Körper in Bewegung setzt, muss die Antriebskraft größer sein als die Gleitreibungskraft, damit er nicht zum Stillstand kommt.
Die **Haftreibungskraft** ist in der Regel **größer als** die **Gleitreibungskraft.** Bei einem rollenden Rad werden diese beiden Kräfte in Rollrichtung durch die wesentlich kleinere **Rollreibung** ersetzt. (In Rollrichtung kann man das Rad dann einfach bewegen, zu den Seiten müsste man die Haftreibung überwinden, was wesentlich mehr Aufwand bedeutet.)

Rotation starrer Körper

Wir betrachten jetzt die Rotation ausgedehnter (also nicht punktförmiger) starrer Körper. Starre Körper verändern ihre Form bei Belastungen o. Ä. nicht. Ein einfaches Beispiel für einen solchen Körper wäre ein Metallzylinder.
Nochmal: Hier geht es um **Körper, die sich selbst drehen** und nicht um Körper, die um etwas kreisen. (Diese werden auf S. 10 behandelt.)

Drehmoment

Um einen starren Körper in Rotation zu versetzen, wird eine Kraft benötigt, die

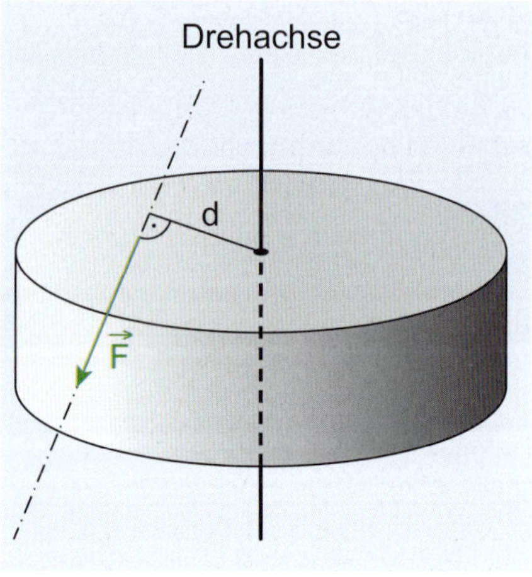

Abb. 1: Rotierender starrer Körper. Die Drehachse ist durchgezogen dargestellt, die Linie, auf der die Kraft wirkt, besteht aus Punkten und Strichen. Der Winkel zwischen dieser Linie und d beträgt 90°.

außerhalb der Rotationsachse angreift. Zum Vergleich: Um den Körper bei einer Translationsbewegung zu beschleunigen, muss die Kraft im Schwerpunkt angreifen. Zur Charakterisierung der „Stärke der Drehung“, in die der Körper versetzt wird, wird das **Drehmoment M** verwendet.

> Das Drehmoment M ist das Produkt aus der Kraft F und dem senkrechten Abstand d der Linie, auf der die Kraft wirkt, von der Drehachse des Körpers. (▮ Abb. 1)
>
> $M = d \cdot F$ (5)

Einheit des Drehmoments ist **Newtonmeter** ($[M] = 1N \cdot m$).
Greifen mehrere Drehmomente an einem Körper an, muss man diese addieren. Rechtsherum drehende Drehmomente werden positiv gezählt und linksherum drehende Drehmomente negativ.

Hebelgesetz

Ein **Sonderfall des Drehmoments** ist das Hebelgesetz, bei dem eine Kraft auf einer Seite eines an einem Drehpunkt gelagerten Hebels und eine Last (also eine Gewichtskraft) auf der anderen Seite des Hebels angreifen. Der Hebel ist dabei ein rotierender Körper, der allerdings nur Bruchteile einer Drehung ausführt.

> Hängt an einem Hebel eine Last der Gewichtskraft F_L eine Strecke l vom Drehpunkt entfernt und greift auf der anderen Seite des Drehpunkts eine Kraft F_K eine Strecke k vom Drehpunkt entfernt an, gilt für den Gleichgewichtszustand:
>
> $F_L \cdot l = F_K \cdot k$ (6)

Trägheitsmoment

Genauso, wie die **Beschleunigung** a zur Änderung der Geschwindigkeit v bei der Translationsbewegung führt (s. S. 8), gibt es bei der Rotationsbewegung die **Winkelbeschleunigung α,** die die Winkelgeschwindigkeit ω (s. S. 10) nach den gleichen Gesetzmäßigkeiten wie bei der beschleunigten Translationsbewegung verändert.

> Bei der gleichmäßig beschleunigten Rotationsbewegung gelten für Drehwinkel φ, Winkelgeschwindigkeit ω und Winkelbeschleunigung **α**:
>
> $\alpha = const.$ (7)
>
> $\omega(t) = \alpha \cdot t$ (8)
>
> $\varphi(t) = \frac{1}{2}\alpha \cdot t^2$ (9)

Der Drehwinkel wird im **Bogenmaß** angegeben.
Wirkt bei Translationsbewegungen eine Kraft auf den Körper, verursacht sie eine Beschleunigung abhängig von der Masse des Körpers. Bei der Rotationsbewegung tritt an die Stelle der **Masse** das **Trägheitsmoment.**
Daraus ergibt sich das **Grundgesetz der Rotation:**

> Wirkt auf einen starren Körper ein Drehmoment M, so erfährt dieser eine Winkelbeschleunigung **α**, die von seinem Trägheitsmoment J abhängig ist:
>
> $M = J \cdot \alpha$ (10)

(s. Grundgleichung der Mechanik)
Das Trägheitsmoment ist unter anderem davon abhängig, wie bei einem rotierenden Körper die Masse verteilt ist. Es **steigt** mit **steigendem Abstand** der Masse **von der Drehachse** (z. B. massiver vs. ausgehöhlter Zylinder).

Drehimpuls

Analog zum **Impuls** bei Translationsbewegungen gibt es bei Rotationsbewegungen den **Drehimpuls.**

> Der Drehimpuls J eines um eine feste Achse rotierenden Körpers ist abhängig von seinem Trägheitsmoment J und der Winkelgeschwindigkeit ω.
>
> $L = J \cdot \omega$ (11)

Der gleiche Zusammenhang wie in Formel (2) gilt auch für Drehmoment M und Änderung des Drehimpulses ΔL in der Zeit Δt.
Der Drehimpuls ändert sich also nicht, solange keine Drehmomente wirken.

> In einem abgeschlossenen System bleibt der Gesamtdrehimpuls konstant, solange keine äußeren Drehimpulse wirken (Drehimpulserhaltungssatz).

Zur Überprüfung der Gültigkeit des Gesetzes setze man sich auf einen Schreibtischstuhl und drehe sich um die eigene Achse. Wenn man die Beine ausstreckt, wird man langsamer, wenn man sie anzieht, wieder schneller.
Durch das Ausstrecken der Beine entfernt sich Masse von der Drehachse und das Trägheitsmoment steigt. Da der Drehimpuls konstant bleibt, sinkt die Winkelgeschwindigkeit.

Zusammenfassung

- ✖ Wirken keine Kräfte auf einen Körper, ändert er weder Bewegungsrichtung noch Geschwindigkeit.
- ✖ Kraft ist Masse mal Beschleunigung.
- ✖ Eine Kraft zwischen zwei Körpern tritt immer zusammen mit einer Gegenkraft auf.
- ✖ Es gibt folgende Analogien zwischen der Kraft bei der Translationsbewegung und bei der Rotation starrer Körper:
  - Kraft – Drehmoment
  - Masse – Trägheitsmoment
  - Impuls – Drehimpuls

Energie, Arbeit, Leistung

Energie und Arbeit

Energieerhaltungssatz

Es ist quasi unmöglich, eine kurze, sozusagen IMPP-taugliche, Definition von Energie zu liefern. Grob gesagt, befähigt Energie ein System dazu, **Arbeit zu verrichten.**
Energie tritt in verschiedenen Formen auf, die jeweils ineinander umgewandelt werden können. Dabei gilt ein fundamentaler Grundsatz der Physik:

> In einem abgeschlossenen System ist die Summe aller Energien konstant (Energieerhaltungssatz).

Umgekehrt kann man den Begriff **„abgeschlossenes System"** auch über die Energie definieren: Ein System ist dann abgeschlossen, wenn **keine Energien mit der Umgebung ausgetauscht** werden.

Arbeit

Arbeit kann man als **Energiedifferenz** sehen. Arbeit wird an einem System geleistet, wenn eine **Kraft** entlang eines **Weges** auf es wirkt. Die Energie dieses Systems erhöht sich dann um die geleistete Arbeit (Achtung: Es handelt sich NICHT um ein geschlossenes System, sonst könnte keine Arbeit „von außen" an ihm verrichtet werden).
Mit anderen Worten: Hängt ein Stein (System) an einem Kran und wird hochgezogen (Zugkraft entlang eines Weges), so wird Arbeit an ihm verrichtet. Seine Energie (in diesem Fall: potentielle Energie) hat sich um die an ihm verrichtete Arbeit erhöht.
Umgekehrt kann wiederum ein System mit der Energie, die es „hat", Arbeit verrichten.
Wird der Stein losgelassen, verwandelt sich durch die Beschleunigung im Gravitationsfeld der Erde die potentielle Energie in kinetische Energie. Unten angekommen, kann der Stein Verformungsarbeit am Boden leisten. (Mediziner dürfen sich hier nicht verwirren lassen: Sollte sich unter dem Stein zufällig ein Bauarbeiter befinden, passt die ärztliche Arbeit, die man aufwenden muss, um die vom Stein verrichtete Arbeit rückgängig zu machen, nicht ganz in das Schema …)
Bei der Berechnung der verrichteten Arbeit muss man berücksichtigen, dass Kraft und Weg Vektoren sind, während Arbeit ein Skalar ist.

> Wenn entlang eines Weges $\vec{s}$ eine konstante Kraft $\vec{F}$ wirkt, ist die verrichtete Arbeit das Produkt aus den Beträgen von Kraft und Weg und dem Cosinus des von ihnen eingeschlossenen Winkels α (Skalarprodukt).
>
> $W = \vec{F} \cdot \vec{s} = F \cdot s \cdot \cos\alpha \quad (1)$

Daraus ergibt sich, dass die verrichtete Arbeit maximal ist, wenn die **Kraft parallel zum Weg** wirkt. Die Arbeit ist null, wenn Kraft und Weg senkrecht aufeinanderstehen. Damit ist das Tragen eines Koffers – nach anfänglicher Beschleunigung – parallel zum Boden, also senkrecht zur Schwerkraft, keine Arbeit mehr im physikalischen Sinne.
Ist die wirkende Kraft nicht konstant, muss Kraft nach Weg integriert werden, also die Fläche unter dem Kraft-Weg-Graphen bestimmt werden (im GK für Mediziner nicht vorgesehen).

Formelzeichen

Formelzeichen der **Energie** ist **E,** Formelzeichen der **Arbeit** ist **W.** In diesem Buch (und auch sonst verhältnismäßig häufig) wird in Formeln für **Energie ebenfalls W** verwendet. Genau genommen ist das nicht ganz korrekt, aber auf dem physikalischen Niveau, auf dem wir uns bewegen, noch zulässig.
Einheit sowohl von Energie als auch von Arbeit ist **Joule** ($[E] = [W] = 1J$).

Formen von Energie und Arbeit

Kinetische Energie

Die kinetische Energie oder **Bewegungsenergie** wurde bereits im obigen Beispiel mit dem Stein erwähnt.

> Die kinetische Energie W_{Kin} eines Körpers ist abhängig von seiner Masse m und seiner Geschwindigkeit v.
>
> $W_{kin} = \frac{1}{2} m v^2 \quad (2)$

Die Arbeit, die notwendig ist, um einen Körper mit kinetischer Energie zu „versehen", wird als **Beschleunigungsarbeit** bezeichnet.

Potentielle Energie

In der Mechanik ist mit potentieller Energie in der Regel die **Lageenergie** gemeint, die ein Körper aufgrund seiner Position in einem Gravitationsfeld besitzt (etwas profaner ausgedrückt: Wenn irgendeine Sache auf einem hohen Schrank liegt, hat sie mehr Lageenergie als eine Sache auf einem Stuhl). Diese potentielle Energie kann dann in andere Energieformen (z. B. kinetische Energie, wenn der Körper sich dem Ursprung der Gravitation annähert) umgewandelt werden. Analog dazu hat auch z. B. eine **Ladung** in einem elektrischen Feld durch die Distanz zur felderzeugenden Ladung potentielle Energie (s. S. 25).
In diesem Kapitel konzentrieren wir uns allerdings auf die mechanische potentielle Energie.

> Wenn in einem Schwerefeld mit der Gravitationsbeschleunigung g ein Körper der Masse m um die Höhe h angehoben wird, hat er zu seiner ursprünglichen Lage die potentielle Energie
>
> $W_{Pot} = m \cdot g \cdot h \quad (3)$

Die Formel lässt sich auch herleiten, wenn man in Formel (1) für die Kraft F die Formel für die Gewichtskraft (s. Formel (4) auf S. 12) einsetzt.
Wie aus der Definition schon hervorgeht, ist die potentielle Energie immer **relativ zu einem frei wählbaren Ausgangspunkt** zu sehen. Beim Vergleich potentieller Energien mehrerer Körper muss man also auf diesen Ausgangspunkt achten.

Druck-Volumen-Arbeit

Das Herz leistet sowohl Beschleunigungsarbeit (Beschleunigung des Blutes) als auch Druck-Volumen-Arbeit, wobei Letztere den weitaus bedeutenderen Teil der Herzarbeit ausmacht (s. S. 16).

Energieumwandlung

Wie bereits weiter oben erwähnt, können verschiedene Energieformen ineinander umgewandelt werden. Ein beliebtes Beispiel dafür ist das Fadenpendel:

- ▶ Wenn es aus der Ruhelage von Hand ausgelenkt wird, wird ihm potentielle Energie zugeführt.
- ▶ Wird das Pendel losgelassen, nimmt seine potentielle Energie ab, während seine kinetische Energie zunimmt.
- ▶ Beim Durchgang durch die Ruhelage ist es an seinem tiefsten Punkt. In diesem Moment hat es keine potentielle Energie mehr, dafür aber maximale Geschwindigkeit und damit maximale kinetische Energie.
- ▶ Nun geht es auf der anderen Seite wieder hoch. Damit steigt seine potentielle Energie, während die kinetische Energie abnimmt.
- ▶ Im Umkehrpunkt bleibt das Pendel stehen, es hat also keine kinetische Energie mehr, seine potentielle Energie hingegen ist wieder maximal, und der Vorgang beginnt von neuem.

Leistung

Es gibt Verengungen der Koronargefäße, die in Ruhe die Versorgung des Herzens nicht beeinträchtigen, aber dennoch behandlungs- oder zumindest kontrollbedürftig sind. Störungen der Sauerstoffversorgung des Herzens sind dann allerdings im Ruhe-EKG nicht zu entdecken, so dass man das Herz – unter EKG-Überwachung – belasten muss, um zu sehen, wann im EKG Zeichen von Versorgungsstörungen auftreten. Dazu verwendet man in der Regel ein Fahrradergometer.
Wie kann man allerdings die Belastbarkeit des Herzens quantifizieren? Die Arbeit, die der Patient verrichtet hat, eignet sich nur bedingt. Ein Patient, der sich lange nur kaum anstrengt, wird kaum erschöpfen oder Ischämiezeichen zeigen, während er, wenn er kurz maximal in die Pedale tritt, im schlechtesten Fall reanimationspflichtig wird. Im Endeffekt hat er aber in beiden Fällen die gleiche Arbeit geleistet. Daher muss eine neue Größe eingeführt werden: die **Leistung.**

> Die Leistung P ist der Quotient aus der in einem Zeitraum Δt geleisteten Arbeit ΔW und diesem Zeitraum.
>
> $$P = \frac{\Delta W}{\Delta t} \quad (4)$$

Einheit der Leistung ist **Watt** ($[P] = 1 \, J/s = 1 W$).
Bei Autos wird die Leistung des Motors auch heute noch in der **alten Einheit Pferdestärke** (1 PS) angegeben. Dabei sind 1 PS etwa 735 W.

Zusammenfassung

- ✖ In einem abgeschlossenen System ist die Summe aller Energien konstant.
- ✖ Arbeit wird an einem System verrichtet, wenn entlang eines Weges Kraft wirkt. Die Energie des Systems wird um die geleistete Arbeit erhöht.
- ✖ Formelzeichen der Energie ist E, der Arbeit W (in diesem Buch für beides: W). Einheit von beidem ist Joule.
- ✖ Kinetische Energie hat ein Körper aufgrund seiner Geschwindigkeit, potentielle Energie aufgrund seiner Lage in einem Kraftfeld.
- ✖ Leistung ist Arbeit pro Zeit, Formelzeichen der Leistung ist P, Einheit ist Watt.

Verformung I: Druck, Dehnung, Biegung

Druck

Wenn irgendwo ein bestimmter Druck herrscht, wird dort auf alle Oberflächen eine bestimmte Kraft ausgeübt.

> Wird auf eine Fläche A die Kraft F, die senkrecht zu der Fläche steht, ausgeübt, so herrscht der Druck p
>
> $$p = \frac{F}{A} \quad (1)$$

Die offizielle **SI-Einheit** des Druckes ist **Pascal** ($[p] = 1 \frac{N}{m^2} = 1 Pa$).
Häufig wird die Einheit **bar** verwendet (1 bar ≙ 100 kPa). Der Luftdruck in Meereshöhe beträgt 1013 hPa = 1,013 bar. atm ist das Vielfache des Umgebungsluftdruckes (z. B. gilt auf Meereshöhe 1 atm = 1013 hPa).
In der Medizin wird auch die Einheit **torr** (entspricht **mmHg**) verwendet (1 torr = 1,33 hPa).
Will man Druck oder Volumen verändern, muss man **Druck-Volumen-Arbeit** aufwenden.

> Bei konstantem Druck p erfordert eine Volumenänderung Δp die Arbeit W.
>
> $$W = p \cdot \Delta V \quad (2)$$

Ist der Druck variabel (wie im Herzen), muss man integrieren (im GK nicht vorgesehen).
Der Großteil der vom Herz geleisteten Arbeit ist Druck-Volumen-Arbeit, nur ein kleiner Teil ist Beschleunigungsarbeit.
Ein wichtiges Gesetz ist das Boyle-Mariottesche Gesetz (s. S. 72).

Schweredruck

Der Wasserdruck wird durch die **Gewichtskraft des Wassers** erzeugt. Eine Wassersäule lastet auf der Oberfläche und erzeugt so den **hydrostatischen Druck** oder Schweredruck. Der Druck ist dabei nicht von der Form des Gefäßes (Badewanne, Meer …), sondern nur von der Eintauchtiefe abhängig.
Flüssigkeiten sind **inkompressibel:** Die unteren Wasserschichten werden nicht durch das Gewicht der oberen Schichten zusammengedrückt. Die **Dichte** von Wasser bleibt daher unabhängig vom Druck weitgehend **konstant.** Damit steigt der Druck proportional zur Eintauchtiefe.

> In einer Flüssigkeit herrscht in der Tiefe h der Schweredruck p. Der Druck ist also vom spezifischen Gewicht ρ · g der Flüssigkeit abhängig. g ist dabei die Fallbeschleunigung.
>
> $$p(h) = \rho \cdot g \cdot h \quad (3)$$

Der hydrostatische Druck überlagert sich mit anderen Drücken. So kann es sein, dass bei einer pAVK Ruheschmerzen in den Akren zuerst nur im Liegen auftreten. Im Stehen wird der Blutdruck des Herzens durch den hydrostatischen Druck der Blutsäule verstärkt und so die Perfusion aufrechterhalten.

Druck in Gasen

Gase sind im Gegensatz zu Flüssigkeiten **kompressibel.** Ihre Dichte ändert sich mit dem Umgebungsdruck.
Der Luftdruck ändert sich nicht proportional zur Höhe der Luftsäule, sondern nimmt mit steigender Höhe über dem Erdboden, also abnehmender Luftsäule, **exponentiell** ab.
Als Faustformel kann gelten, dass sich der Luftdruck alle 5,55 km halbiert, was als **Halbwertshöhe** bezeichnet wird (allerdings nicht uneingeschränkt, da mit steigender Höhe auch die Temperatur abnimmt und Dichte auch temperaturabhängig ist).
Für **geringe Höhen** (Skigebiete) reicht es, mit einer **proportionalen Abnahme** von etwa 0,1 bar pro 1000 Höhenmeter zu rechnen.

Kolbendruck

Innerhalb eines abgeschlossenen Flüssigkeitsvolumens herrscht **überall der gleiche Druck.** Wenn man daher mit einem großen Kolben (Fläche A groß) eine relativ kleine Kraft auf die Flüssigkeit ausübt, kann die Flüssigkeit auf einen kleinen Kolben (A klein) eine relativ hohe Kraft ausüben.
Das ist das Prinzip der hydraulischen Presse.

Auftrieb

Da der Schweredruck in Flüssigkeiten oder Gasen mit der Tiefe zunimmt, wirkt von unten ein höherer Druck als von oben. Dadurch kommt der **Auftrieb** zustande. Aus der Tiefenabhängigkeit des Schweredrucks (s. Gleichung (3)) kann man auch die Stärke des Auftriebs herleiten:
Die auf einen Körper wirkende Auftriebskraft F_A ist gleich der **Gewichtskraft der von ihm verdrängten Flüssigkeit (Archimedisches Prinzip).** Sie ist der Gewichtskraft F_G des Körpers entgegengerichtet.

> Auf einen Körper mit dem Volumen V_K wirkt in einer Flüssigkeit/einem Gas der Dichte ρ_F die Auftriebskraft F_A. Sie ist gleich der Masse m_F des verdrängten Volumens.
>
> $$F_A = m_F \cdot g = \rho_F \cdot V_K \cdot g \quad (4)$$

Ein Beispiel: Eine Milchtüte hat ein Volumen von einem Liter. Vollständig eingetaucht verdrängt sie also 1 l Wasser (m_{Wasser} = 1 kg). Sie erfährt eine Auftriebskraft von ca. 1 kg · 9,81 m/s² = 9,8 N.

- ▶ Ist die Auftriebskraft größer als die Gewichtskraft, wird der Körper nach oben gedrückt. Er steigt solange, bis Auftriebs- und Gewichtskraft gleich sind, bis also das verdrängte Wasservolumen dieselbe Masse wie der Körper hat. Daher spricht man bei Schiffen auch von „Wasserverdrängung“ statt von Masse.
- ▶ Ist die Auftriebskraft gleich der Gewichtskraft, schwebt der Körper unter Wasser.
- ▶ Wenn die Gewichtskraft größer ist als die Auftriebskraft, sinkt der Körper.

Verformung starrer Körper

Wirkt auf einen beliebigen Körper, beispielsweise einen Metallstab oder einen Knochen, eine Kraft, wird er im Allgemeinen nicht nur beschleunigt, sondern auch gebogen oder gestaucht.
Das Wissen um die Reaktion von Körpergewebe auf Krafteinwirkung wird beispielsweise in der Rechtsmedizin

angewendet, um Unfallhergänge zu rekonstruieren.
Kehrt ein Körper nach der Verformung wieder in den Ausgangszustand zurück, wird der Vorgang als **elastische Verformung** bezeichnet. Bleibt er dauerhaft verändert, wurde er **plastisch verformt.** Typischerweise werden Körper durch geringe Kräfte zunächst elastisch verformt. Wirken größere Kräfte, kommt es zu einer plastischen Verformung und schließlich zu einem Bruch des Materials.
Reagiert ein Körper auf Belastungen aus jeder Richtung gleich, wird er als **isotrop** bezeichnet. Reagiert er auf Belastungen aus verschiedenen Richtungen unterschiedlich, heißt das **anisotrop.** Ein anisotroper Körper lässt sich z. B. in Längsrichtung leichter biegen als in Querrichtung.

Kompression

Wirkt von allen Seiten ein Druck p auf einen Körper, wird er komprimiert. Er ändert sein ursprüngliches Volumen V um ΔV. Diese Volumenänderung hängt von seinem **Volumenelastizitätsmodul** (oder **Kompressionsmodul**) **K** ab:

$$p = K \cdot \frac{\Delta V}{V} \quad (5)$$

Der Kehrwert von K heißt **Kompressibilität κ.**

Dehnung und Stauchung

Zieht man an einem Stab, wird er gedehnt. Das Verhältnis zwischen Zugkraft F und Querschnittsfläche des Stabes A bezeichnet man als **Spannung σ.**

$$\sigma = \frac{F}{A} \quad (6)$$

Durch die Kraft wird er um die Länge Δl verlängert. Das Verhältnis zwischen seiner ursprünglichen Länge l und der Änderung Δl heißt **Dehnung ε.**

$$\varepsilon = \frac{\Delta l}{l} \quad (7)$$

Wie stark sich ein Körper unter Einwirkung einer bestimmten Kraft verlängert, wird durch das **Elastizitätsmodul E,** einen materialabhängigen Wert, bestimmt. Das Elastizitätsmodul ist der Quotient aus Spannung und Dehnung.

$$E = \frac{\sigma}{\varepsilon} = \frac{F \cdot l}{A \cdot \Delta l} \quad (8)$$

Für kleine Verformungen ist E konstant. Es gilt dann das **Hookesche Gesetz:**

> Die Dehnung ist zur Spannung proportional.

Diese Gesetze gelten natürlich für Stauchung ebenso wie für Dehnung.
Wird ein Gegenstand gedehnt, so nimmt sein Querschnitt ab, wird der Gegenstand gestaucht, nimmt er zu. Diese Tatsache ist von der Muskulatur bekannt. Bei kleinen Stauchungen/Dehnungen ist die Längenveränderung Δl/l zur Querschnittsveränderung ΔA/A proportional. Die Proportionalitätskonstante μ wird **Poisson-Zahl** oder **Querkontraktionsfaktor** genannt:

$$\frac{\Delta A}{A} = -\mu \cdot \frac{\Delta l}{l} \quad (9)$$

Biegung

Wirkt eine Kraft **senkrecht zur Längsachse eines Körpers,** verursacht sie eine Biegung des Körpers. Auf der Seite, auf der die Kraft angreift, wird er gestaucht, auf der anderen Seite wird er gedehnt. In der Mitte des Körpers befindet sich die **neutrale Faser.** Sie verändert ihre Länge nicht.
Die Dehnung oder Stauchung des Materials wird umso stärker, je weiter es von der neutralen Faser entfernt ist. Die langen Röhrenknochen sind daher innen, wo die Belastung nicht stark ist, mit Knochenmark und Spongiosa gefüllt, während sich außen die harte Compacta befindet.
Wird ein Stab an beiden Enden nicht ganz achsengerecht zusammengedrückt, kommt es zur **Knickung,** also quasi einer beidseitigen Biegung. Diesen Effekt kennt man von der distalen Radiusfraktur: Stützt man sich beim Sturz auf den Handballen ab, wird der Radius etwas außerhalb seiner Achse belastet und somit geknickt. Ist die Belastungsgrenze des Knochens erreicht, kommt es zur Fraktur.

Zusammenfassung

- Druck ist Kraft pro Fläche, SI-Einheit ist Pascal.
- Flüssigkeiten sind nicht kompressibel. Der hydrostatische Druck nimmt proportional zur Tiefe zu.
- Gase sind kompressibel. Der Druck nimmt exponentiell zur „Tiefe“ zu.
- Die Auftriebskraft ist der Gewichtskraft eines Körpers entgegengerichtet. Sie ist gleich der Gewichtskraft der verdrängten Flüssigkeitsmenge.
- Elastische Verformungen bilden sich zurück, plastische Verformungen bleiben.
- Körper, die aus allen Richtungen gleich auf Kräfte reagieren, sind isotrop, solche, die unterschiedlich reagieren, sind anisotrop.
- Der Elastizitätsmodul ist der Quotient aus Spannung und Dehnung. Für kleine Verformungen ist er konstant.
- Die Faser eines Stabes, die ihre Länge bei Biegebeanspruchung nicht verändert, heißt neutrale Faser. Die Stauchung/Dehnung des Materials bei Biegung nimmt mit zunehmendem Abstand von der neutralen Faser zu.

Verformung II: Scherung, Torsion, Kräfte an Grenzflächen

Verformung starrer Körper

Scherung

Greift eine Kraft **tangential** an einem unbeweglichen Körper an, kommt es zur Scherung (▮ Abb. 1).
Die Ausschüttung etlicher Mediatoren aus dem Gefäßendothel wird über die Scherkräfte des Blutes an den Zellen reguliert. Eventuell wird auch Knorpelwachstum über Scherung an Gelenkflächen induziert.
Man kann sich einen Körper als aus mehreren parallelen Schichten aufgebaut vorstellen, die gegeneinander verschoben werden, wenn eine Scherkraft auf ihn wirkt. Ihre Größe verändern die Schichten dabei nicht.
Die **Schubspannung** τ wird dabei als Quotient aus **Scherkraft F** und ihrer **Angriffsfläche A** definiert.

$$\tau = \frac{F}{A} \quad (1)$$

Die **Stärke** γ **der Scherung** entspricht dem Tangens des Scherwinkels α, der sich aus Höhe l des Körpers und Verschiebung in Kraftrichtung Δx errechnet.

$$\gamma = \tan\alpha = \frac{\Delta x}{l} \quad (2)$$

Das Verhalten des Körpers bei Scherung wird von seinem **Schub- oder Torsionsmodul G** bestimmt.

$$G = \frac{\tau}{\gamma} = \frac{F \cdot l}{A \cdot \Delta x} \quad (3)$$

Der Schubmodul ist für kleine Scherwinkel konstant.

Torsion

Verdrillt man bei einem Stab ein Ende gegen das andere, wird das als **Torsion** bezeichnet (▮ Abb. 1). Die Torsion ist auf die Scherung rückführbar: Man kann sich den Stab als aus mehreren ineinander gesteckten Röhren aufgebaut vorstellen. Ähnlich wie die parallelen Schichten in einem scherenden Körper verschieben sich diese Röhren gegeneinander.
Für kleine Torsionswinkel π gilt: Ein Drehmoment M führt an einem Stab der Länge l und des Radius r zu einer Verdrehung beider Enden gegeneinander um den Winkel φ, wenn der Schubmodul des Materials G beträgt.

$$\varphi = \frac{2 \cdot M \cdot l}{\pi \cdot G \cdot r^4} \quad (4)$$

Viskoelastizität

Manche Körper werden, wenn eine Kraft angreift, nicht sofort maximal verformt, sondern nähern sich der Endstellung langsam an. Die Dauer, bis sie die endgültige Form erreicht haben, ist für das jeweilige Material typisch. Dieses Verhalten wird als **viskoelastisch** bezeichnet.
Sehnen und Knorpel zeigen viskoelastisches Verhalten, was für Federung und Stoßdämpfung enorm wichtig ist.

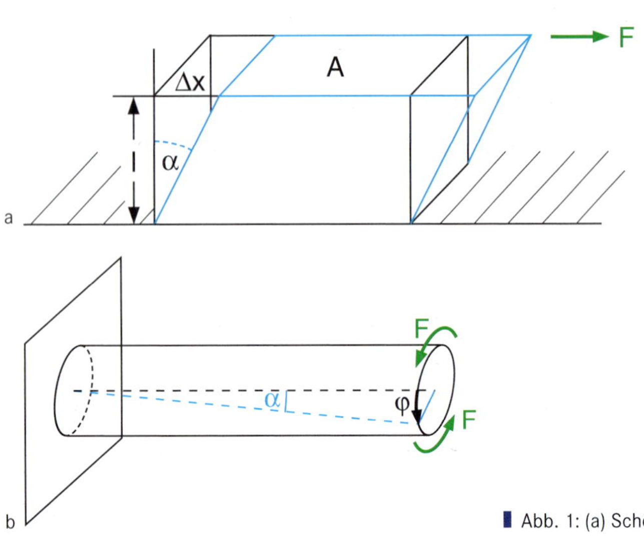

▮ Abb. 1: (a) Scherung; (b) Torsion [24]

Kräfte an Grenzflächen

Kohäsion

Moleküle, beispielsweise in Flüssigkeiten, ziehen sich gegenseitig an. Die Anziehungskräfte bezeichnet man als **Kohäsionskräfte.**
Innerhalb der Flüssigkeit heben sich die Kräfte gegenseitig auf. An der Oberfläche wirken die Kohäsionskräfte nur in Richtung der Flüssigkeit. Es herrscht also ein Zug auf die oberste Molekülschicht zum Zentrum der Flüssigkeit hin. Dieser Zug führt dazu, dass eine Flüssigkeit immer die Form mit der kleinsten Oberfläche bei vorgegebenem Volumen einnehmen will: die **Kugel.**
Kohäsionskräfte sind beispielsweise für kleine Insekten tödlich: sind sie in einem Wassertropfen gefangen, reicht ihre Kraft nicht mehr aus, die Oberfläche zu durchbrechen, und sie ertrinken.
Um die Oberfläche einer Flüssigkeitsmenge zu vergrößern, muss man gegen diese Kraft arbeiten, also Energie aufwenden.

> Das Verhältnis von aufgewendeter Energie W zur erreichten Oberflächenvergrößerung A wird als Oberflächenspannung σ bezeichnet.
>
> $$\sigma = \frac{W}{A} \quad (5)$$

Bei Stoffen mit großer **Oberflächenspannung** wird also viel Energie für eine geringe Oberflächenvergrößerung benötigt.
Die Oberflächenspannung heißt auch **Grenzflächenspannung** und ist eine **Materialkonstante.** Sie nimmt mit steigender Temperatur ab.
Zieht sich eine Flüssigkeitsmenge zur Kugel zusammen, wird das Volumen etwas kleiner und der Druck steigt. Das geht solange, bis Oberflächenspannung und Druck ein Gleichgewicht erreicht haben. Der Druck p in einer Kugel einer Flüssigkeit mit der Oberflächenspannung σ beträgt bei einem Kugelradius r:

$$p = \frac{2 \cdot \sigma}{r} \quad (6)$$

Für Gasblasen gelten natürlich dieselben Gesetze.
Oberflächenaktive Substanzen setzen die Oberflächenspannung herab. Für Mediziner wichtig ist das in der Lunge gebildete **Surfactant**, ein Phospholipid. Es setzt die Oberflächenspannung der Alveolen herab. Daher muss man weniger Energie aufwenden, um die Oberfläche der Alveolen zu vergrößern, wie das bei jeder Inspiration geschieht.
Aufgrund der Kohäsionskräfte kann man Medikamente auch als Tropfen dosieren: Die Flüssigkeit muss, um von der Flasche abzufallen, ihre Oberfläche um den Querschnitt der Flaschenöffnung vergrößern. Der Tropfen wird also solange größer, bis seine Gewichtskraft dazu ausreicht. Daher wird man bei konstanter Flaschenöffnung und gleicher Flüssigkeit immer eine vergleichbare Tropfengröße erhalten.

Adhäsion

Es herrschen auch Kräfte zwischen den Molekülen der obersten Flüssigkeitsschicht und der festen Oberfläche, auf der sich die Flüssigkeit befindet. Die Kraft zwischen Flüssigkeit und Oberfläche wird als Adhäsion bezeichnet.
Ist die Adhäsion stärker als die Kohäsion, **benetzt** die Flüssigkeit die Oberfläche. Überwiegt die Kohäsion, **perlt** sie ab.
Ob eine Flüssigkeit benetzt, erkennt man an der Stelle, wo die Flüssigkeit mit Oberfläche in Kontakt steht: Läuft die Flüssigkeit auseinander, ist sie benetzend, bildet sich ein Spalt, benetzt sie nicht (▮ Abb. 2).
Bei einer vollständig benetzenden Flüssigkeit würde der Winkel zwischen Flüssigkeitsoberfläche und Materialoberfläche gegen 0 streben. In der Realität bleibt immer ein Restwinkel.
Oberflächenaktive Stoffe verbessern die Benetzung: Die Flüssigkeit perlt nicht mehr in dicken Tropfen ab, sondern läuft auch in kleine Zwischenräume.
Gibt man Spülmittel in Wasser, auf dem eine Ente schwimmt, ertrinkt die Ente, da Wasser zwischen die gefetteten Federn läuft und ihre Luftpolster verschwinden. Eine Spülmittelfirma machte deswegen sogar mit einer Ente Werbung!
Im Labor wird zur Herabsetzung der Oberflächenspannung Tween benutzt: Will man Blot-Membranen oder histologische Schnitte waschen, setzt man es der Waschlösung zu. Histologische Schnitte können durch die Oberflächenspannung bei unvollständiger Benetzung sogar regelrecht zerrissen werden.

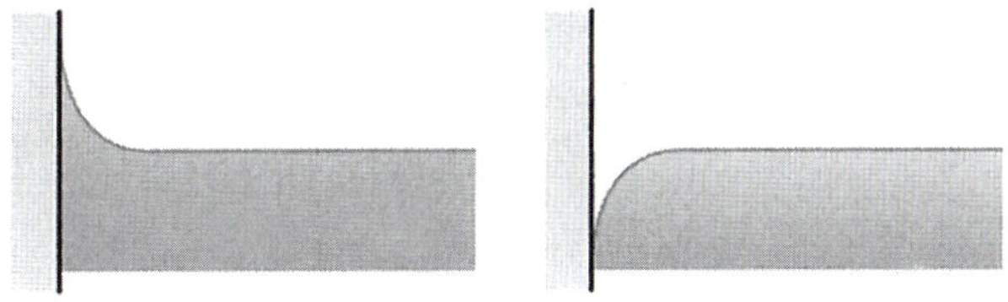

a b

▮ Abb. 2 (a) benetzende, (b) nicht benetzende Flüssigkeit [13]

Kapillarkräfte

Eine Flüssigkeit wird also durch Kohäsionskräfte an einer festen Oberfläche hochgezogen. Umgibt man die Substanz jetzt komplett mit Oberflächen, tut sie also in ein Rohr, hangelt sie sich so in dem Rohr hoch.

> Eine Flüssigkeit der Dichte ρ und der Oberflächenspannung σ kann in einem Rohr mit dem Radius r maximal bis zur Höhe h steigen.
>
> $$h \leq \frac{2 \cdot \sigma}{r \cdot \rho \cdot g} \quad (7)$$

Eine vollständig benetzende Flüssigkeit wird bis zur Höhe h aufsteigen. In der Realität benetzt die Flüssigkeit nicht vollständig und die Steighöhe ist etwas kleiner.

- ▶ Taucht man ein Kapillarröhrchen also in eine benetzende Flüssigkeit, steigt sie in dem Röhrchen auf, und man spricht von **Kapillaraszension.**
- ▶ Taucht man es in eine nicht benetzende Flüssigkeit, wird die Flüssigkeit in dem Röhrchen hinuntergedrückt. Das Phänomen heißt **Kapillardepression.**

Zusammenfassung

- ✖ Greift eine Kraft tangential an einem unbeweglichen Körper an, kommt es zur Scherung, greift sie an einem unbeweglichen Stab an, zur Torsion.
- ✖ Viskoelastische Körper erreichen den Endzustand der Verformung erst nach einiger Zeit.
- ✖ Zwischen Molekülen einer Flüssigkeit wirken Kohäsionskräfte, zwischen Flüssigkeit und fester Oberfläche Adhäsionskräfte.
- ✖ Innerhalb der Flüssigkeit kompensieren sich die Kohäsionskräfte, an der Oberfläche ziehen sie die Moleküle ins Innere. Daher erfordert die Vergrößerung der Oberfläche Energie.
- ✖ Oberflächenspannung (Materialkonstante) ist der Quotient aus dieser Energie und der Flächenänderung.
- ✖ Überwiegt auf einer Oberfläche die Adhäsion, benetzt die Flüssigkeit die Oberfläche, überwiegt die Kohäsion, perlt sie ab.
- ✖ In Rohren können Flüssigkeiten aufgrund ihrer Oberflächenspannung aufsteigen (Kapillaraszension) bzw. heruntergedrückt werden (Kapillardepression).

Strömung

Strömungen werden durch **Stromlinien** veranschaulicht. Sie zeigen die Bahn der sich bewegenden Wasser- oder Gasmoleküle an. Je dichter sie zusammenliegen, desto höher ist die Strömungsgeschwindigkeit. Man kennt sie von Bildern aus dem Windkanal, wo Rauch zur Darstellung der Stromlinien verwendet wird.
Haben an jedem Ort in der Strömung alle Teilchen, die diesen Ort nacheinander passieren, die gleiche Geschwindigkeit, spricht man von **stationärer Strömung.**

> Wird durch die Strömung in einem Zeitintervall Δt ein Volumen ΔV transportiert, hat sie die Volumenstromstärke I.
>
> $$I = \frac{\Delta V}{\Delta t} \quad (1)$$

SI-Einheit der **Volumenstromstärke** ist m^3/s. In der Medizin ist l/min gebräuchlicher. Das Herzminutenvolumen ist also eine Volumenstromstärke.

Kontinuitätsbedingung

Im Folgenden betrachten wir eine ideale, inkompressible Flüssigkeit. Ideal bedeutet, dass sich die einzelnen Teilchen nicht gegenseitig beeinflussen, es tritt also keine Reibung in der Flüssigkeit auf. Inkompressibel bedeutet, dass die Dichte druckunabhängig ist.
In einem Rohr muss überall die gleiche Volumenstromstärke herrschen **(Kontinuitätsbedingung).**
Man kann Volumenstromstärke auch als Geschwindigkeit mal Fläche ausdrücken:

$$I = \frac{\Delta V}{\Delta t} = \frac{A \cdot \Delta s}{\Delta t} = A \cdot v \quad (2)$$

In einem Rohr ist A der Rohrquerschnitt. Da I konstant bleibt, gilt bei einer Änderung des Querschnitts von A_1 zu A_2 für die herrschenden **Flussgeschwindigkeiten** v_1 bzw. v_2:

$$A_1 \cdot v_1 = A_2 \cdot v_2 \quad (3)$$

Nimmt also durch Stenosen der Blutgefäßquerschnitt ab, steigt die Flussgeschwindigkeit. Da diese sonografisch messbar ist, kann man so Stenosen nachweisen.
Gase sind zwar nicht inkompressibel, zeigen aber (zumindest bei Geschwindigkeiten, die klein gegenüber der Schallgeschwindigkeit sind) ähnliches Verhalten.

Bernoulli-Gleichung

Die Energie eines Mediums besteht aus **kinetischer Energie** und **innerer Energie** (oder Druck-Volumen-Energie, s. S. 16). Durch die Beschleunigung nimmt die kinetische Energie an Engstellen zu. Die innere Energie – und damit der Druck – muss also aufgrund der Energieerhaltung abnehmen.
Steigt also die Strömungsgeschwindigkeit an, sinkt der Druck eines Mediums **(Venturi-Effekt).**
Der Gesamtdruck p eines Mediums hängt also vom **statischen Druck p_0** (dem Druck, den das Medium auch ohne Geschwindigkeit hätte, z. B. der Umgebungsdruck) und vom **dynamischen Druck** (oder Staudruck) $\mathbf{p_{dyn}}$ ab. Letzterer ergibt sich aus der Strömungsgeschwindigkeit.
So lässt sich die Bernoulli-Gleichung herleiten:

> Der Gesamtdruck p_{ges} eines Mediums der Dichte ρ und der Strömungsgeschwindigkeit v beträgt bei einem statischen Druck von p_0
>
> $$p_{ges} = p_0 + p_{dyn} = p_0 + \frac{1}{2}\rho \cdot v^2 \quad (4)$$

Bei Flugzeugen ist durch das Tragflächenprofil die Geschwindigkeit der Luftströmung an der Oberseite der Tragfläche höher als an der Unterseite. Damit entsteht an der Oberseite ein Unterdruck, der das Flugzeug nach oben zieht.

Viskosität

Honig und Wasser sind beides Flüssigkeiten, aber der Versuch, Honig durch einen Strohhalm zu trinken, zeigt, dass sich die Fließeigenschaften deutlich unterscheiden. Quantifizieren lässt sich dieser Unterschied durch die Viskosität. Sie entsteht durch die Reibung der einzelnen Flüssigkeitsteilchen aneinander, und **nimmt mit steigender Temperatur ab.** Je visköser ein Medium, desto zäher ist es.
Formelzeichen der Viskosität ist η (Eta).
$[\eta] = 1 \frac{kg}{m \cdot s} = 1 Pa \cdot s$
Die ältere Einheit ist **Poise** (10 P = 1 Pa · s).
Ist die Viskosität einer Flüssigkeit unabhängig von Druck und Strömungsgeschwindigkeit konstant, spricht man von einer **newtonschen Flüssigkeit.**
Blut ist eine Nicht-Newton-Flüssigkeit, da die Viskosität unter anderem vom Anteil der korpuskulären Bestandteile, der Flussgeschwindigkeit und dem Gefäßdurchmesser abhängt. Je höher der Hämatokrit ist, desto visköser wird das Blut.
Ist der Zellgehalt zu hoch (beispielsweise im Rahmen einer Polycythämia vera, einer Leukämie oder durch Doping), kommt es zum **Hyperviskositätssyndrom:** Durch die gesteigerte Viskosität wird das Gewebe nicht mehr gut durchblutet. Es kommt zu Kopfschmerzen und Somnolenz sowie zu Myokardinfarkten und Lungenembolien.

Laminare und turbulente Strömung

Bei der **laminaren Strömung** bewegt sich das Medium, als wäre es aus einzelnen Schichten aufgebaut, die ohne größere Durchmischung nebeneinander fließen. Zwischen den Schichten besteht allerdings **Reibung.**
Herrscht in einem Rohr eine laminare Strömung, bewegen sich nicht alle Schichten gleich schnell: Durch die Reibung der äußersten Schicht an der Rohrwand wird diese stark gebremst. Die nächstinnere Schicht wird wiederum durch Reibung an der äußeren Schicht abgebremst. Dadurch entwickelt sich eine parabelförmige (genauer: **rotationsparaboloidförmige**) Geschwindigkeitsverteilung. (▮ Abb. 1).
Bei einer idealen Flüssigkeit wäre die Geschwindigkeit überall gleich.
Bilden sich Verwirbelungen, geht die laminare in eine **turbulente Strömung** über. Die einzelnen Schichten gleiten nicht mehr aneinander vorbei. Die Volu-

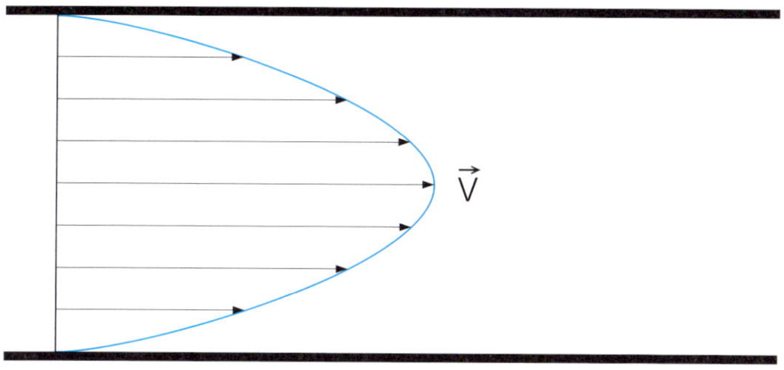

Abb. 1: Geschwindigkeitsprofil bei laminaren Strömungen [4]

menstromstärke nimmt deutlich ab. Wirbel bilden sich bevorzugt an scharfen Biegungen oder Unebenheiten.

Bildet sich im Blutkreislauf eine turbulente Strömung, kann man über dem Gefäß häufig Strömungsgeräusche auskultieren.

Ob eine Strömung laminar oder turbulent ist, kann man anhand der dimensionslosen **Reynoldszahl Re** bestimmen. Sie ist abhängig von Viskosität η, Flußgeschwindigkeit v und Dichte ρ. In einem starren Rohr mit dem Radius r beträgt sie:

$$Re = \frac{l \cdot v \cdot \rho}{\eta} \quad (5)$$

Übersteigt Re einen bestimmten Wert, tritt eine turbulente Strömung auf. Ab welcher Zahl genau man Turbulenzen sieht, ist nur experimentell zu bestimmen. Für Re <1000 kann man jedoch sicher von einer laminaren Strömung ausgehen.

Strömungwiderstand

Wie im elektrischen Stromkreis (s. S. 28) gibt es für Strömungen ebenfalls einen **Strömungswiderstand.** Das **Ohmsche Gesetz** gilt analog.

> Ruft ein Druckunterschied Δp zwischen den Enden eines Rohres eine Strömung der Volumenstromstärke I hervor, hat das Rohr den Strömungswiderstand R.
>
> $$R = \frac{\Delta p}{I} \quad (6)$$

Für newtonsche Flüssigkeiten ist R konstant. Abbildung 2 zeigt Druckdifferenz/Stromstärke-Beziehung einer Newtonschen Flüssigkeit und Blut verschiedener Hämatokritwerte. Die Steigung der Graphen ist dabei der Strömungswiderstand.

In einem starren Rohr gilt:

> Strömt ein Medium mit der Viskosität η laminar durch ein starres zylindrisches Rohr der Länge l und des Radius r, gilt für den Strömungswiderstand R des Rohres (Hagen-Poiseuille-Gesetz):
>
> $$R = 8 \cdot \frac{\eta \cdot l}{\pi} \cdot \frac{1}{r^4} \quad (7)$$

Der Widerstand hängt also von der vierten Potenz des Radius ab. Wenn sich z. B. der Radius halbiert, versechzehnfacht sich der Widerstand.

Für **Parallel- und Reihenschaltungen** gelten dieselben Gesetze wie in der Elektrotechnik: In Reihenschaltungen addieren sich die Widerstände, bei Parallelschaltung ist der Kehrwert des Gesamtwiderstands gleich der Summe der Kehrwerte der Einzelwiderstände.

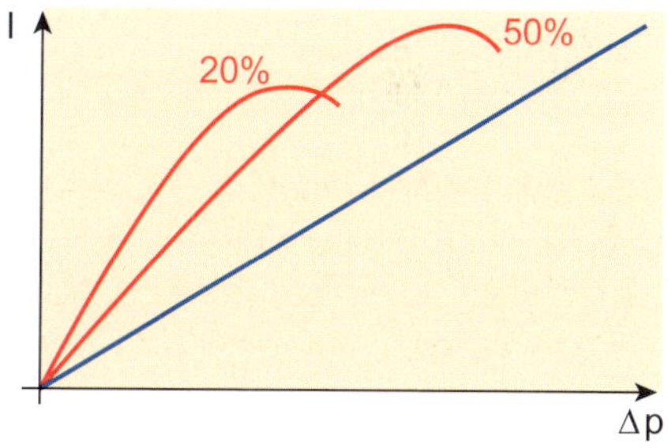

Abb. 2: Volumenstromstärke-Druckdifferenz-Beziehungen von Blut und newtonschen Flüssigkeiten. Blauer Graph: Newtonsche Flüssigkeit, rote Graphen: Blut (mit Angabe des Hämatokrits)

Zusammenfassung

- Die Volumenstromstärke I einer Strömung ist der Quotient aus transportiertem Volumen und dafür benötigter Zeit.
- Das Produkt aus Strömungsgeschwindigkeit und durchflossenem Querschnitt ist konstant.
- Medien höherer Geschwindigkeit haben einen niedrigeren Druck.
- Viskosität beschreibt die Zähigkeit eines Mediums: Je zäher desto visköser.
- Blut ist eine Nicht-Newton-Flüssigkeit.
- Ein laminar strömendes Medium verhält sich, als wäre es aus nebeneinander fließenden Schichten aufgebaut.
- Bei turbulenter Strömung ist bei gleicher Druckdifferenz die Volumenstromstärke geringer als bei laminarer Strömung.
- Bei gegebenem Druckunterschied hängt die Stromstärke vom Strömungswiderstand ab.
- In starren Rohren ist der Strömungswiderstand proportional zur vierten Potenz des Radius.

C Elektrizitätslehre

C Elektrizitätslehre

Ladung und Strom

Elektrische Ladung

Eigenschaften elektrischer Ladung

Einheit der Ladung ist das **Coulomb** (1 C).

> 1 Coulomb ist die Ladung, die in 1 Sekunde durch einen Leiter transportiert wird, durch den ein Strom von 1 Ampere fließt. Das Formelzeichen der Ladung ist Q.

Häufig als Formelzeichen anzutreffen ist auch **q** für eine sog. **Probeladung,** eine Ladung, die so klein ist, dass sie das umgebende elektrische Feld nicht nennenswert beeinflusst.
Es gibt positive und negative Ladungen. Gleichnamige Ladungen stoßen sich ab, ungleichnamige ziehen sich an. Materie im Allgemeinen ist äußerlich neutral, da in ihr genauso viele positive wie negative Ladungen vorkommen. Geladene Atome oder Moleküle heißen Ionen. Deren Ladung entsteht immer durch das Fehlen oder den Überschuss von Elektronen. Negativ geladene Ionen weisen einen Elektronenüberschuss auf und werden als **Anionen** bezeichnet, positiv geladene Ionen haben weniger Elektronen um den Atomkern als Protonen im Kern und werden **Kationen** genannt.
Ladung ist immer gebunden an das Vorhandensein von Ladungsträgern, beispielsweise **Elektronen** (negativ geladen), **Protonen** (positiv geladen) oder **Ionen.** Auch die Ladung eines „makroskopischen" Objektes, z. B. einer Metallkugel kommt durch einen Überschuss von Elektronen (negative Ladung) oder einen Mangel von Elektronen (positive Ladung) zustande.
Dadurch ist auch zu erklären, dass Ladung nur **gequantelt** auftritt, was bedeutet, dass die Ladung eines Objektes immer ein ganzzahliges Vielfaches der **Elementarladung e** ($= 1{,}602 \cdot 10^{-19}$ C) ist. Der Effekt kommt dadurch zustande, dass die Ladung jedes Objektes aus der Ladung der Protonen und Elektronen besteht. Elektronen haben eine negative, Protonen eine positive Elementarladung. Die Gesamtladung des Objektes ergibt sich nun, indem man die einzelnen Ladungen addiert.
Beispielsweise hat ein Na^+ 11 Protonen und nur 10 Elektronen. Für die Gesamtladung ergibt sich also $11 \cdot 1{,}602 \cdot 10^{-19}\,C + 10 \cdot (-1{,}602 \cdot 10^{-19}\,C) = 1{,}602 \cdot 10^{-19}\,C$.

Elektrischer Strom

Elektrischer Strom ist nichts anderes als **bewegte Ladung,** also zum Beispiel Elektronen, die durch einen Leiter fließen.
Die elektrische **Stromstärke I** beschreibt, wie viel Ladung Q sich in einer bestimmten Zeit Δt bewegt hat, also die **Änderung der Ladung pro Zeiteinheit.** Die Formel für die Stromstärke ist:

$$I = \frac{\Delta Q}{\Delta t} \quad (1)$$

Einheit der Stromstärke ist **Ampere** ($[I] = 1 \tfrac{C}{s} = 1A$).
Ampere ist eine SI-Basiseinheit. Die offizielle Definition beruht auf der magnetischen Kraft, die zwei stromdurchflossene Leiter aufeinander ausüben (s. S. 36).
Die bei bekannter Stromstärke in einer bestimmten Zeit geflossene Ladung lässt sich durch Umstellung der Formel errechnen. Bei konstanter Stromstärke vereinfacht sich Formel (1) zu:

$$Q(t) = I \cdot t \quad (2)$$

Man kann die Stromstärke auch als Ableitung der Ladung beschreiben. Das ist insbesondere bei sich schnell ändernder Stromstärke (und damit kleinem Δt) hilfreich.

$$I(t) = \dot{Q}(t) \quad (3)$$

Zur Veränderlichkeit des Stromes über die Zeit s. S. 40.

Das elektrische Feld

Kraft im elektrischen Feld

Ein elektrisches Feld ist ein Raumzustand, in dem auf eine elektrische Ladung eine Kraft ausgeübt wird. Es wird durch elektrische Ladungen erzeugt.
Zur Beschreibung des Feldes nutzt man Betrag und Richtung der Kraft, die auf eine Probeladung an verschiedenen Stellen im Raum wirkt.
Abschirmen lässt sich das Feld durch einen Faraday-Käfig, also einen Metallkäfig.
Zur Veranschaulichung des elektrischen Felds dienen die **Feldlinien.** Die **Richtung** der in einem beliebigen Punkt des Feldes auf eine positive Probeladung wirkenden Kraft ist gleich der Richtung der Tangente an die Feldlinien in diesem Punkt. Die **Stärke** des Feldes korreliert mit der **Dichte** der Feldlinien.

Richtung der Feldlinien

Feldlinien stehen immer senkrecht auf der Oberfläche von Leitern und schneiden sich nie. Die Richtung der Feldlinien ist, da sie die Richtung einer auf eine **positive** Ladung wirkenden Kraft beschreiben, von Plus nach Minus.
Die Feldlinien in einem elektrischen Feld zeigen charakteristische Muster, von denen Beispiele in Abb. 1 dargestellt sind.

Betrag der Kraft

Die in einem Feld auf ein geladenes Objekt wirkende Kraft ist seiner Ladung proportional. Also wurde zur Beschreibung der Stärke des Feldes der Quotient aus der auf ein geladenes Objekt wirkender Kraft und dessen Ladung gewählt.

> Die elektrische Feldstärke $\vec{E}$ an einem Ort des elektrischen Feldes ist der Quotient aus dort auf eine positive Probeladung wirkender Kraft $\vec{F}$ und der Probeladung q:
>
> $$\vec{E} = \frac{\vec{F}}{q} \quad (4)$$

Wir Mediziner brauchen für unsere Rechnungen meist nur die Beträge der Größen, d. h. keine Vektorpfeile.
Ein Feld, in dem Richtung und Betrag der Feldstärke überall gleich groß sind (z. B. zwischen zwei gleich großen ungleichnamig geladenen Platten, Abb. 1 (d)), heißt **homogenes Feld.**
Die Feldstärke kann man nicht nur über ihre Kraftwirkung berechnen, sondern

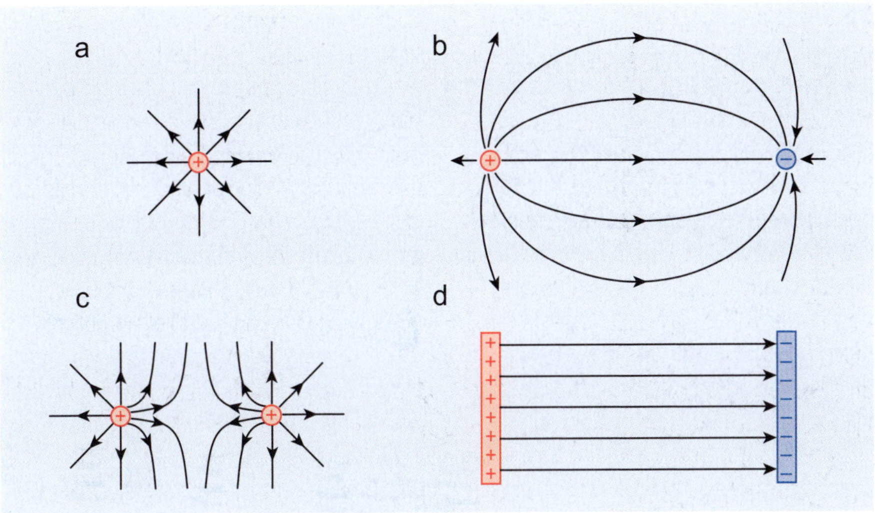

▮ Abb. 1: Feldlinienbilder. (a) geladene Kugel (sog. radialsymmetrisches Feld); (b) zwei ungleichnamig geladene Kugeln; (c) zwei gleichnamig geladene Kugeln; (d) zwei ungleichnamig geladene parallele Platten (diese Anordnung heißt „Plattenkondensator", s. S. 32)

auch über die felderzeugende Ladung, hier werden wir das am einfachen Fall des Feldes zwischen zwei ungleichnamig geladenen Platten tun (▮ Abb. 1 (d)).
Die Feldstärke E zwischen zwei Platten hängt von Plattenladung Q und Plattenfläche A ab. Dazu kommt die elektrische Feldkonstante $\varepsilon_0 = 8{,}8542 \cdot 10^{-12}$ C/Vm, eine Naturkonstante, die durch Messungen bestimmt wurde, und die Dielektrizitätszahl ε_R, eine Materialkonstante des Stoffes, in dem sich das Feld befindet. Für Vakuum ist $\varepsilon_R = 1$. (Für Luft gilt: $\varepsilon_{R,\text{Luft}} \approx 1$.) Für das **homogene Feld zwischen zwei Platten** gilt:

$$E = \frac{Q}{\varepsilon_r \varepsilon_0 A} \quad (5)$$

Die Kraft, die zwei geladene Körper aufeinander ausüben, lässt sich mithilfe des von ihnen erzeugten elektrischen Feldes erklären und berechnen.

> Die Kraft, die zwei Ladungen q und Q, die sich im Abstand r voneinander befinden, aufeinander ausüben, ist proportional zu den Ladungen und umgekehrt proportional zum Quadrat ihres Abstandes (Coulombsches Gesetz):
>
> $$F = \frac{1}{4\pi\varepsilon_r\varepsilon_0}\frac{qQ}{r^2} \quad (6)$$

Diese Kraft heißt **Coulomb-Kraft.** Zur Berechnung der **Feldstärke** im **radialsymmetrischen Feld** im Abstand r von der felderzeugenden Ladung Q muss man diese Formel in Formel (4) einsetzen.

Energie im elektrischen Feld

Wir betrachten im Folgenden nur das **homogene elektrische Feld.**
Energie wird im elektrischen Feld aufgewendet oder erhalten, wenn man eine Ladung von einem Ort zum anderen bewegt. Der Energieaufwand ist notwendig, weil im elektrischen Feld ständig eine Kraft auf die Ladung wirkt. Um die Ladung dann gleichförmig zu bewegen, muss man eine Kraft aufwenden, die die durch das Feld erzeugte Kraft kompensiert.
Wenn man (4) in die Grundformel für Energie (s. S. 14) einsetzt ergibt sich:

$$W = q \cdot \vec{E} \cdot \vec{s} \quad (7)$$

Jeder beliebige Weg $\vec{s}$, den eine Ladung nehmen kann, lässt sich zerlegen in Abschnitte senkrecht und parallel zu den Feldlinien. Es zählen für die Berechnung der Energie aber **nur die Abschnitte parallel zu den Feldlinien.**

> Um eine Ladung q in einem Feld, dessen Feldstärke den Betrag E hat, eine Strecke zu befördern, bei der die parallel zu den Feldlinien zurückgelegte Distanz d ist, wird die Energie W benötigt:
>
> $$W = q \cdot E \cdot d \quad (8)$$

Dabei muss man der Distanz d ein negatives Vorzeichen geben, wenn sie in Richtung der Feldlinien geht.
Zur Berechnung der Energie im radialsymmetrischen Feld muss, da die Kraft nicht konstant ist, Formel (6) über den Weg integriert werden.

Zusammenfassung

- Formelzeichen der Ladung ist Q, Einheit Coulomb.
- Ladung ist gequantelt.
- Elektrischer Strom sind bewegte Ladungsträger, Formelzeichen I, Einheit Ampere.
- Ruhende elektrische Ladungen erzeugen ein elektrisches Feld. Dort wird auf Ladungen eine Kraft ausgeübt, deren Betrag und Richtung das Feld beschreiben.
- Elektrische Ladungen üben die Coulomb-Kraft aufeinander aus.
- Energie im elektrischen Feld ist abhängig von Feldstärke, Größe der bewegten Ladung und der parallel zu den Feldlinien zurückgelegten Entfernung.

Spannung und Potenzial

Spannung im Stromkreis

Ein Stromkreis besteht mindestens aus einer Stromquelle und einem Verbraucher, z. B. einer Glühlampe. Damit die Glühlampe leuchtet, muss Strom fließen, was bedeutet, dass Ladungen bewegt werden müssen (s. S. 24).
Dabei ist elektrische **Spannung** das, was diese Ladungen durch den Stromkreis drückt.
In der Stromquelle liegen die Ladungen getrennt vor. Das bedeutet, dass am Minuspol der Stromquelle ein Überfluss an Elektronen herrscht, am Pluspol ein Mangel. Da Elektronen alle negativ geladen sind, stoßen sie sich gegenseitig ab und werden gleichzeitig von den positiven Ladungen am Pluspol, die dort in den Atomkernen festsitzen, angezogen. Das erzeugt die Spannung und damit den Elektronenfluss vom Minuspol zum Pluspol.
Die **Einheit** der Spannung ist das **Volt** (1 V), **Formelzeichen** ist **U.**
Befinden sich mehrere Stromquellen in einem Stromkreis, hängt die Gesamtspannung von der Verschaltung der einzelnen Stromquellen ab:

- **Gegeneinander:** Wenn man den Pluspol der einen Stromquelle mit dem Pluspol der anderen verbindet, und den Verbraucher mit den jeweiligen Minuspolen, arbeiten beide Spannungen gewissermaßen gegeneinander: Um die Spannung zu berechnen, die beim Verbraucher ankommt, muss man beide Spannungen voneinander subtrahieren.
- **In Reihe:** Wenn man den Pluspol der einen mit dem Minuspol der anderen Stromquelle verbindet und den Verbraucher anschließt, addieren sich beide Spannungen.
- **Parallel:** Die Spannung bleibt gleich.

Potenzial im elektrischen Feld

Spannung gibt es jedoch nicht nur in einem geschlossenen Stromkreis, sondern auch im elektrischen Feld. Dort wird aber eine verallgemeinerte Definition des Begriffs Spannung benötigt. Sie ist mit dem Begriff des **Potenzials** verbunden, der im Folgenden erläutert wird.
Zur Bewegung von Ladungen im elektrischen Feld ist Energie erforderlich (s. S. 25). Daher kann man einen Punkt P_i im elektrischen Feld durch die Menge der Energie $W_{0,i}$ kennzeichnen, die benötigt wird, um in einem elektrischen Feld mit der Stärke E von einem Bezugspunkt P_0 aus eine Ladung q zu diesem Punkt P_i zu bewegen, wenn die Entfernung der beiden Punkte (parallel zu den Feldlinien) $d_{0,i}$ beträgt.

Die Formel dafür lautet:

$$W_{0,i} = q \cdot E \cdot d_{0,i} \quad (1)$$ (Erläuterungen s. S. 25)

Um einen Term zu erhalten, der von der Größe der bewegten Ladung unabhängig ist, dividieren wir einfach durch q:

$$\frac{W_{0,i}}{q} = E \cdot d_{0,i} \quad (2)$$

Damit können wir jeden beliebigen Punkt im Feld in Abhängigkeit von einem festen Bezugspunkt beschreiben. Das führt uns zu folgender Definition:

> Das Potenzial $\varphi_{0,i}$ eines Punktes P_i gegenüber einem Bezugspunkt P_0 ist der Quotient aus der Energie $W_{0,i}$, die nötig ist, um eine Ladung q vom Punkt P_0 zum Punkt P_i zu bewegen und dieser Ladung:
>
> $$\varphi_{0,i} = \frac{W_{0,i}}{q} \quad (3)$$

Einheit des Potenzials ist **Volt** ($[\varphi] = 1 \frac{J}{C} = 1V$).
Beispiel: Das Zellinnere eines Neurons hat ein Potenzial von –70 mV gegenüber dem Interstitium. Das heißt, dass man, um ein Elektron (Ladung $q = -1{,}602 \cdot 10^{-19}$ C) in die Zelle hinein zu befördern, eine Energie von $1{,}12 \cdot 10^{-20}$ J aufbringen müsste.
Nochmal: Das Potenzial ist eine Größe, die ein Punkt nur gegen einen Bezugspunkt haben kann. Wenn ein anderer Bezugspunkt gewählt wird, ändert sich auch das Potenzial.
Die Ebene, die man durch alle Punkte, die einem Bezugspunkt gegenüber das gleiche Potenzial haben, aufstellen kann, heißt **Äquipotenzialfläche** (▮ Abb. 1).
Den Bezugspunkt P_0 kann man ebenfalls frei wählen. Die Äquipotenzialflächen bleiben dann zwar per se am selben Ort, es ergeben sich aber für die einzelnen Punkte/Flächen jeweils andere Potenziale.

Spannung im elektrischen Feld

Wir werden nun das obige Beispiel von dem Ruhemembranpotenzial der Zelle wieder aufgreifen. Das Zellinnere hat ein Potenzial von –70 mV gegenüber dem Interstitium (Interstitium ist Bezugspunkt P_0). Wählen wir jetzt das Zellinnere als Bezugspunkt (der ja wie erwähnt, frei wählbar ist), hat das Interstitium ein Potenzial von 70 mV und das Zellinnere ein Potenzial von 0 mV. Die Energie, die wir benötigen, um ein Elektron in die Zelle zu befördern,

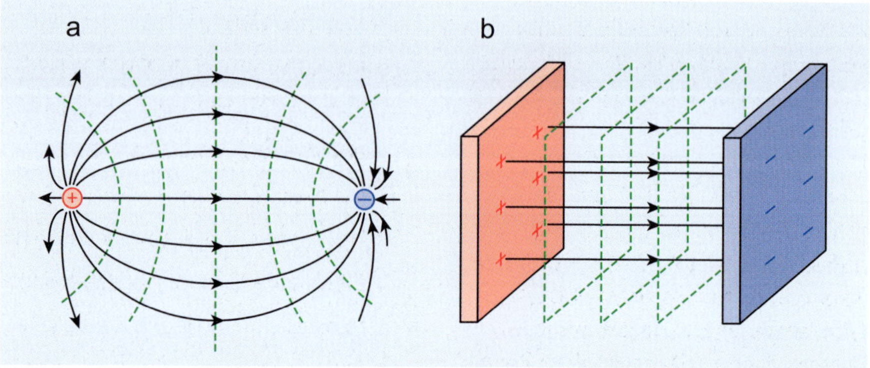

▮ Abb. 1: (a) Äquipotenzialflächen im inhomogenen Feld; (b) Äquipotenzialflächen im homogenen Feld

bleibt aber gleich, weil ja das Zellinnere immer noch ein um 70 mV geringeres Potenzial hat als das Interstitium. Gehen wir jetzt davon aus, dass es noch einen dritten Raum gibt, der ein Potenzial von 30 mV gegenüber dem Interstitium hat. Wählen wir diesen Raum als Bezugspunkt für unsere Potenzialmessungen, hätte das Interstitium gegenüber dem Bezugspunkt ein Potenzial von –30 mV und das Zellinnere ein Potenzial von –100 mV. Die Energie, die benötigt wird, um ein Elektron aus dem Interstitium ins Zellinnere zu befördern, bleibt immer noch gleich, da die Potenzialdifferenz zwischen Zellinnerem und Interstitium immer noch 70 mV beträgt.
Dieses Beispiel verdeutlicht (hoffentlich) Folgendes: Wenn ich meinen Bezugspunkt ändere, ändert sich auch das Potenzial. Was sich allerdings nie ändert, ist die **Potenzialdifferenz** zwischen zwei Punkten, sie ist von der Wahl des Bezugspunktes unabhängig. Darauf beruht die allgemeine Definition der Spannung:

> Die Potenzialdifferenz zweier Punkte heißt elektrische Spannung U zwischen diesen Punkten.
>
> $U_{2,1} = \phi_{0,2} - \phi_{0,1}$ (4)

Kein Punkt hat eine Spannung „für sich allein". Spannung existiert **immer zwischen zwei Punkten.**
Genau genommen ist diese Definition nur eine Verallgemeinerung der am Anfang des Kapitels beschriebenen Erklärung, Spannung sei das, was Elektronen durch eine Leitung drückt. Wenn am Minuspol einer Stromquelle viele Elektronen sind, ist dort das Potenzial sehr niedrig, während es am Pluspol wegen der vielen positiven Ladungen hoch ist, es existiert also eine Potenzialdifferenz.
Die Elektronen werden also (wegen ihrer negativen Ladung) vom höheren Potenzial sozusagen angezogen, und können auf ihrem Weg dorthin im Stromkreis Arbeit verrichten (z. B. eine Glühlampe zum Leuchten bringen).
Diese ganzen Erklärungen über Potenzial und Spannung in elektrischen Feldern haben auch medizinische Bezüge: Herzmuskelzellen erzeugen nämlich, wenn sie arbeiten, durch die verschiedenen Ionenflüsse laufend Ladungstrennungen. Zwischen diesen getrennten Ladungen entsteht ein elektrisches Feld. Wenn wir jetzt im EKG z. B. in der Ableitung II zu einem bestimmten Zeitpunkt einen Ausschlag von 3 mV sehen, bedeutet das, dass zu diesem Zeitpunkt die Spannung (oder Potenzialdifferenz) zwischen der Elektrode am rechten Arm und der am linken Fuß 3 mV beträgt.

Spannung und Energie

Wenn wir die Formel (3) in die Formel (4) einsetzen, ergibt sich:

$$U_{2,1} = \frac{W_{0,2} - W_{0,1}}{q} \quad (5)$$

Zusammengefasst ist also eine andere Definitionsmöglichkeit für die Spannung U der Quotient aus der **notwendigen Energie zur Verschiebung einer Ladung q** vom Punkt 2 zum Punkt 1 **und dieser Ladung q.** Etwas umgestellt, dient das zur Berechnung der notwendigen Energie zur Verschiebung einer Ladung zwischen den zwei Punkten, wenn zwischen ihnen die Spannung U herrscht:

$$W = q \cdot U \quad (6)$$

Aus dieser Formel und der Formel

$$W = q \cdot E \cdot d \quad (7)$$

ergibt sich außerdem noch eine Möglichkeit zur Berechnung der Spannung zwischen den Platten eines Plattenkondensators (s. S. 24, ▮Abb. 1 (d)), wobei d der Plattenabstand und E die Feldstärke ist.

$$U = E \cdot d \quad (8)$$

Eine in der Kern- und Teilchenphysik häufig verwendete Einheit für die Energie ist das **Elektronenvolt** (eV), wobei 1 eV = 1,602 · 10^{-19} J. Das kommt daher, dass ein Elektron (immer geladen mit der Elementarladung e = –1,602 · 10^{-19} C) beim Durchlaufen einer Spannung von 1 V eine Energie von 1,602 · 10^{-19} J oder eben 1 eV erhält. Generell muss man sich diese Erklärung aber nicht merken, sondern nur, dass eV eine Einheit der Energie ist (und dass 1 eV = 1,602 · 10^{-19} J ist).

Zusammenfassung

- Anschaulich erklärt ist im Stromkreis Spannung das, was die Ladungen zur Bewegung, also zum Strom antreibt.
- Wenn man Stromquellen gegeneinander schaltet, subtrahieren sich ihre Spannungen, schaltet man sie richtig herum in Reihe, addieren sich ihre Spannungen.
- Potenzial ist der Quotient aus der Energie, die notwendig ist, um eine Ladung von einem Bezugspunkt zu einem bestimmten Punkt zu bewegen, und dieser Ladung.
- Die Fläche, auf der sich alle Punkte gleichen Potenzials gegenüber einem Bezugspunkt befinden, heißt Äquipotenzialfläche.
- Elektrische Spannung allgemein ist die Potenzialdifferenz zwischen zwei Punkten.
- Spannung existiert immer nur zwischen zwei Punkten.

Elektrischer Widerstand

Nachdem in den letzten Kapiteln erklärt wurde, was Strom und Spannung sind, geht es jetzt darum, sie zu verwenden. Man könnte zwar auf den Gedanken kommen, dass das Wissen über Verwendung und die Eigenschaften von Widerständen, Kondensatoren und Ähnlichem für Mediziner eher zweitrangig ist, in der Tat gelten aber dieselben Regeln beispielsweise auch in der Neurophysiologie, und Labornetzteile zum Blotten oder zur Elektrophorese wollen auch sachgerecht bedient werden.
Eigenschaften von Stromkreisen und Spannungsquellen werden noch im nächsten Kapitel (s. S. 30) näher erläutert. Bis jetzt sollte man nur wissen, dass ein **Stromkreis** normalerweise **zwischen den beiden Polen einer Spannungsquelle** aufgebaut wird. Er besteht dann aus **verschiedenen Bauteilen,** wie Kondensatoren, Widerständen, Lampen und Ähnlichem. Wichtig ist, dass er geschlossen ist, damit Strom vom einen zum anderen Pol der Stromquelle fließen kann.
In Zeichnungen von Stromkreisen werden für die verschiedenen Bauteile international standardisierte Symbole verwendet, von denen die in diesem Buch verwendeten in ▮ Abbildung 1 gezeigt sind.

Widerstand als Eigenschaft

Wie im letzten Kapitel (s. S. 26) bereits ausgeführt wurde, bringt die Spannung einer Stromquelle im Stromkreis Strom zum Fließen. Die Frage nach dem **Zusammenhang zwischen angelegter Spannung** und **fließendem Strom** drängt sich nun quasi auf. Experimentell kann man zeigen, dass in einem Gleichstromkreis die Stromstärke proportional zur Spannung ist.

Der Quotient aus der an einem Bauteil anliegenden Spannung U und dem durch es fließenden Stroms I wird als elektrischer Widerstand R dieses Bauteils bezeichnet (Ohmsches Gesetz).

$$R = \frac{U}{I} \quad (1)$$

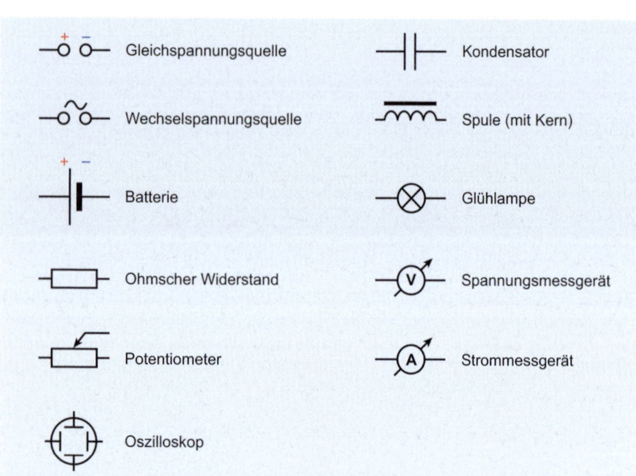

▮ Abb. 1: Übersicht über verschiedene Bauelemente. Alle hier gezeigten Bauteile werden in den nächsten Kapiteln erläutert.

Einheit des Widerstands ist **Ohm** ($[R] = 1 V/A = 1\Omega$).
Wenn man die Stärke des durch ein Bauteil fließenden Stroms gegen die anliegende Spannung in ein Diagramm einträgt, erhält man die **U-I-Kennlinie** des Bauteils. Ist diese Kurve linear, also der elektrische Widerstand R des Bauteils für alle Spannungen konstant, hat das Bauteil einen **ohmschen Widerstand.**
Neben diesem ohmschen Widerstand gibt es noch andere Arten von Widerständen (induktive und kapazitive Widerstände, s. S. 40).
Jeder Leiter hat einen kleinen ohmschen Widerstand. Dieser ohmsche Widerstand ist sozusagen eine **materialbedingte Behinderung des Stromflusses** durch den Leiter, während bei induktiven Widerständen ein erzeugtes Magnetfeld und bei kapazitiven Widerständen ein erzeugtes elektrisches Feld die Ursache ist.
Die Regel Spannung/Strom = Widerstand ist übrigens nicht nur auf die Elektrotechnik beschränkt, sondern gilt genau so z. B. bei **Wasserströmungen:** Die Spannung wird durch eine Pumpe oder die Fallhöhe des Wassers aufgebaut und der Strom ist die Menge des fließenden Wassers pro Zeiteinheit. Ist der Widerstand hoch (enges Rohr) kann nur wenig Wasser fließen. Dennoch erhöht sich der Strom mit der Spannung.
Der elektrische Widerstand nimmt mit steigender Temperatur zu (Ausnahme: Halbleiter, s. S. 34).
Eine im Gegensatz zum elektrischen Widerstand selten verwendete Größe ist die **elektrische Leitfähigkeit G.** Sie ist der Kehrwert des elektrischen Widerstandes R.
Einheit der Leitfähigkeit ist **Siemens** ($[G] = 1S$).

Widerstand als Bauelement

Ohmscher Widerstand ist nicht nur eine Eigenschaft, die alle Bauteile in der Elektrotechnik haben, sondern auch die **Bezeichnung für ein Bauteil,** dessen einzige Funktion es ist, einen Ohmschen Widerstand zu haben. Der Widerstand ist eines der gebräuchlichsten Bauteile und im Elektronikbaukasten als Würmchen mit bunten Ringen zu erkennen.

Verschaltungsmöglichkeiten

In Stromkreisen kann man **Widerstände** auf verschiedene Arten **zusammenschalten.** Für die Berechnung des Ersatzwiderstandes, also des Widerstandeswertes, den alle Einzelwiderstände zusammen haben, gelten folgende Prinzipien:

Reihenschaltung

Werden mehrere Widerstände R_1, R_2,...R_n hintereinander geschaltet, addieren sich ihre Widerstandswerte zum Gesamtwiderstand R_{ges} (▮ Abb. 2 (a)).

$$R_{ges} = R_1 + R_2 + R_3 + ... + R_n \quad (2)$$

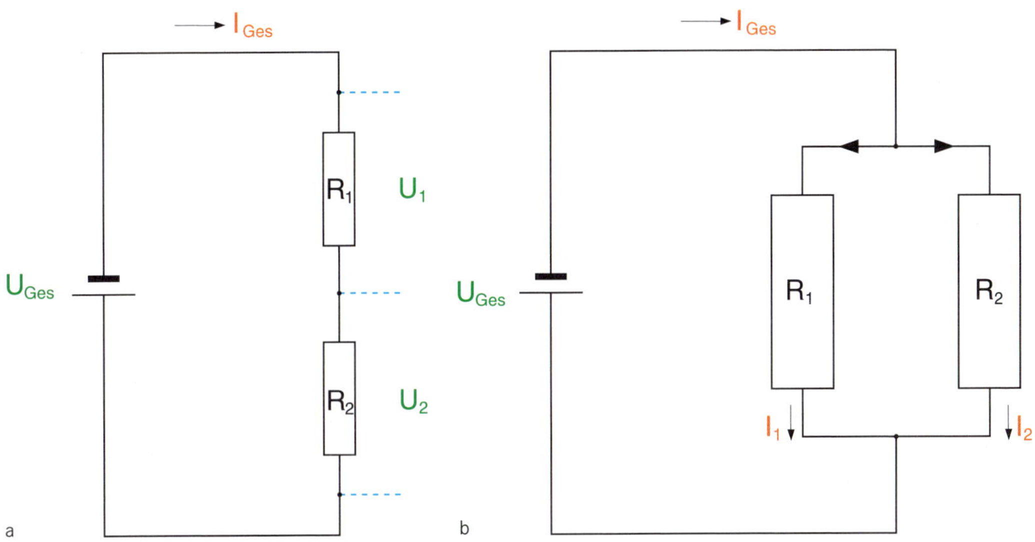

▌Abb. 2: (a) Reihenschaltung; (b) Parallelschalung von Widerständen [4]

Parallelschaltung

> Bei Parallelschaltung ist der Kehrwert des Gesamtwiderstands R_{Ges} gleich der Summe der Kehrwerte der Einzelwiderstände R_1 bis R_n (▌Abb. 2 (b)).
>
> $$\frac{1}{R_{Ges}} = \frac{1}{R_1} + \frac{1}{R_2} + \frac{1}{R_3} + ... + \frac{1}{R_n} \quad (3)$$

Bei der Parallelschaltung darf man sich nicht verführen lassen, die komplizierte Rechnung durch falsches Umformen zu vereinfachen. Die korrekte Formel für den Gesamtwiderstand dreier parallel geschalteter Widerstände lautet:

$$R_{Ges} = \frac{1}{\frac{1}{R_1} + \frac{1}{R_2} + \frac{1}{R_3}}$$

… und nicht anders!!

Es gibt auch in ihrem Wert veränderliche Widerstände, so genannte **Potentiometer.** Sie bestehen aus einer Brücke aus Widerstandsdraht, über die man einen Kontakt bewegen kann. Es befinden sich Anschüsse an jedem Ende der Brücke sowie an dem Kontakt. Je länger die Strecke ist, die der Strom vom Anschluss am Ende der Brücke zum Kontakt über den Widerstandsdraht zurücklegen muss, desto größer ist der Widerstand zwischen den beiden Anschlüssen. Der Widerstand zwischen den Anschlüssen an den Enden der Drahtbrücke ist dagegen immer gleich, da ja immer der ganze Draht dazwischen liegt.

Potentiometer kann man beispielsweise als Lautstärkeregler an Stereoanlagen verwenden.

Spannungsabfall

An jedem Bauteil kommt es zu einem Spannungsabfall, der von seinem ohmschen Widerstand nach Formel (1) abhängt. Schaltet man ein Spannungsmessgerät parallel zu dem Bauteil (▌Abb. 3), zeigt es genau diesen Spannungsabfall an. Die Summe aller Spannungsabfälle an in Reihe geschalteten Bauteilen ist dabei gleich der Spannung zwischen den beiden Enden der Reihenschaltung.

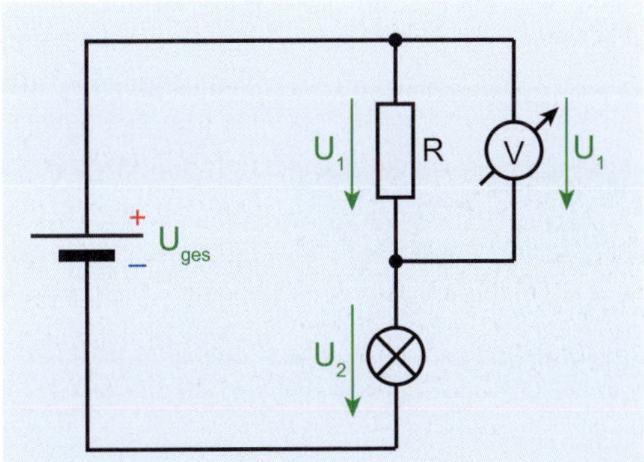

▌Abb. 3: Einfacher Stromkreis mit Batterie, Widerstand mit parallel geschaltetem Spannungsmesser und Glühbirne. Der Spannungsmesser zeigt den Spannungsabfall am Widerstand an.

Zusammenfassung

- Der Quotient aus an einem Bauteil anliegender Spannung und durch es fließendem Strom wird als elektrischer Widerstand R bezeichnet.
- Die elektrische Leitfähigkeit G ist der Kehrwert des Widerstands.
- Der Gesamtwiderstand von in Reihe geschalteten Widerständen ist gleich der Summe der Einzelwiderstände.
- Der Kehrwert des Gesamtwiderstandes mehrerer parallel geschalteter Widerstände ist gleich der Summe der Kehrwerte der Einzelwiderstände.
- Veränderliche Widerstände heißen Potentiometer.
- An jedem Bauteil kommt es zu einem Spannungsabfall.

Stromkreise

In verzweigten Stromkreisen beschreiben die Knotenregel und die Maschenregel, wie Strom und Spannung sich auf die einzelnen Leitungszweige aufteilen.
Die **technische Stromrichtung** ist von plus nach minus. Die **physikalische Stromrichtung** ist die Flussrichtung der Elektronen, also von minus nach plus.

Knotenregel

Da bewegliche Ladungen im Leitungsnetz nicht verloren gehen und Strom Ladung pro Zeit ist, gilt an Knotenpunkten des Leitungsnetzes für Strom folgende Regel (▮ Abb. 1 (a)):

> Die Summe der Ströme, die in einen Knoten hineinfließen, ist gleich der Summe der Ströme, die aus einem Knoten heraus fließen (Knotenregel oder 1. Kirchhoffsches Gesetz).

Deswegen sind die durch hintereinander geschaltete Bauteile fließenden Ströme I_1 bis I_n (z. B. in Reihe geschaltete Widerstände, s. S. 28) alle jeweils gleich dem Gesamtstrom I_{ges}. Die Summe der in parallel geschalteten Leitungen fließenden Ströme ist gleich dem am Knoten einfließenden Strom. Es gilt:

- ▶ In **Parallelschaltungen:** $I_{ges} = I_1 + I_2 + ... + I_n$ (1)
- ▶ In **Reihenschalungen:** $I_{ges} = I_1 = I_2 = ... = I_n$ (2)

Maschenregel

Die andere wichtige Struktur im Stromkreis ist die **Masche** oder Schleife (▮ Abb. 1 (b)).

> Die Summe aller Spannungen in einer Masche ist 0 (Maschenregel oder 2. Kirchhoffsches Gesetz).

Für **Spannung** gelten die **entgegengesetzten Regeln** wie für den Strom. In Parallelschaltungen sind die Spannungen U_1 bis U_n an allen Leitungszweigen gleich der Spannung U_{ges}, während in Reihenschaltungen die Summe der Spannungsabfälle gleich der Gesamtspannung sein muss (▮ Abb. 1 (c)):

- ▶ In **Parallelschaltungen:** $U_{ges} = U_1 = U_2 = ... = U_n$ (3)
- ▶ In **Reihenschaltungen:** $U_{ges} = U_1 + U_2 + ... + U_n$ (4)

Dieses Gesetz ergibt sich aus dem **Energieerhaltungssatz:** Ladung entlang einer Spannung zu verschieben, kostet Energie. Wenn die Ladung einmal um die gesamte Masche läuft, hat sich ihr Standpunkt letztendlich nicht verändert, also darf auch keine Energie verbraucht worden sein. Daher müssen sich alle Spannungen in einer Masche aufheben.
Um die Summe aller Spannungen in einer Masche zu bestimmen, legt man zunächst die Zählrichtung fest (mit oder gegen den Uhrzeigersinn). Dann addieren wir alle Spannungsabfälle an den einzelnen Bauteilen, beziehungsweise die Spannungen aller Spannungsquellen in der Masche, wobei Spannungen in Zählrichtung ein positives Vorzeichen und Spannungen entgegen der Zählrichtung ein negatives Vorzeichen bekommen. Grob kann man auch sagen, dass Spannungen aus Spannungsquellen immer mit dem entgegengesetzten Vorzeichen wie Spannungsabfälle an Bauteilen gezählt werden.

Spannungsquellen

In Kapitel C 26 „Spannung und Potenzial" wurde beschrieben, wie eine Spannungsquelle eine Potenzialdifferenz (Synonym: Spannung) erzeugt.
Im Idealfall würde die Spannung der Spannungsquelle konstant bleiben, unabhängig von der Anzahl der Elektronen, die pro Zeit vom Minuspol zum Pluspol fließen, also unabhängig von der Stärke des Stroms.

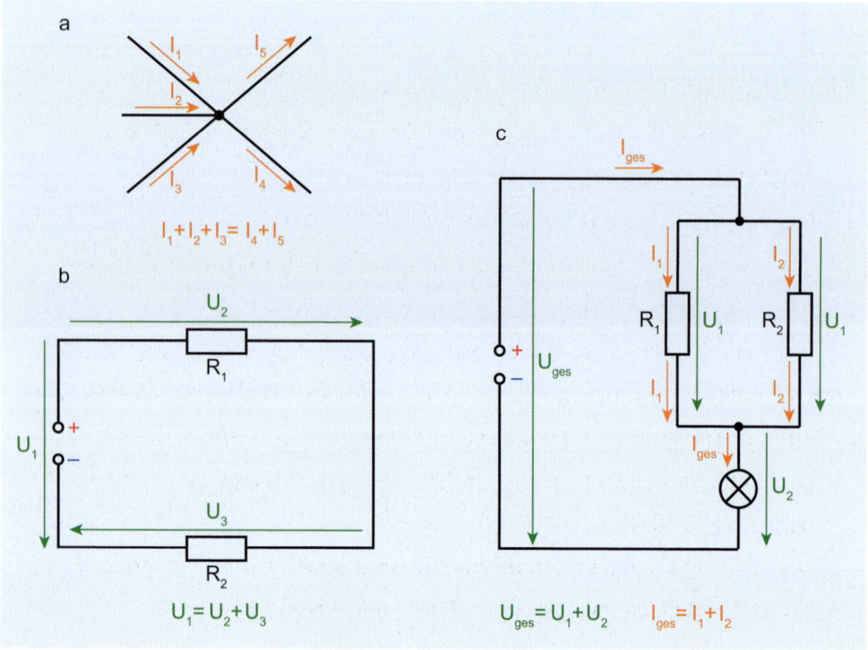

▮ Abb. 1: (a) Ein Knoten mit den einfließenden Strömen I_1 bis I_3 und den ausfließenden Strömen I_4 und I_5; (b) Eine Masche mit zwei Widerständen R_1 und R_2; (c) Ein Stromkreis mit Spannungen und Strömen

Nicht nur in der Medizin, sondern auch in der Physik tritt der Idealfall selten ein. In der Praxis kriegt der Minuspol quasi Lieferschwierigkeiten, und die Anzahl der sich am Minuspol befindenden Elektronen sinkt vorübergehend. Da die Menge des Elektronenüberschusses gleichzeitig die Potenzialdifferenz erzeugt, fällt damit die Spannung einer Spannungsquelle während der Belastung ab.
Zur Beschreibung dieses Effekts hat man den **Innenwiderstand R_I** eingeführt. Man betrachtet dann eine nicht-ideale Spannungsquelle als ideale Spannungsquelle, zu der der Innenwiderstand in Reihe geschaltet ist. Wenn Strom fließt, fällt Spannung am Innenwiderstand ab. Die Klemmenspannung, also die Spannung, die tatsächlich an der Quelle abgegriffen wird, wird so vermindert. Dabei gibt es folgende Möglichkeiten:

- ▶ Im **unbelasteten** Zustand, also wenn man ein Spannungsmessgerät direkt an eine Batterie hält, fließt **kein Strom.** Damit fällt auch keine Spannung am Innenwiderstand ab, und die vom Messgerät angezeigte Klemmenspannung ist die **Leerlaufspannung U_0.**
- ▶ Im **belasteten** Zustand, also wenn sich ein Stromkreis mit endlichem Widerstand zwischen den Polen der Quelle befindet, fällt nach dem Ohmschen Gesetz (s. S. 28) Spannung am Innenwiderstand ab. Die **Klemmenspannung U_K** einer Spannungsquelle mit der Leerlaufspannung U_0 und dem Innenwiderstand R_I beträgt, wenn ein Strom I fließt:
$U_K = U_0 - R_I \cdot I$ (5)
- ▶ Wenn beide Pole der Spannungsquelle fast **widerstandsfrei verbunden** werden (also ein **Kurzschluss** erzeugt wird), fließt maximaler Strom (der **Kurzschlussstrom**) und die gesamte Spannung fällt am Innenwiderstand ab. (Das sollte man möglichst nicht ausprobieren, in der Regel ruiniert man damit die Spannungsquelle.)

Messmethoden

Spannungsmessung

Um Spannung entlang eines Leitungsabschnittes zu messen, wird ein Messgerät mit **hohem Innenwiderstand** (= maximaler Spannungsabfall) **parallel** (= gleiche Spannung) zu diesem Leitungsabschnitt geschaltet.

Strommessung

Zur Strommessung muss man das Gegenteil tun: Ein Messgerät mit möglichst **niedrigem Innenwiderstand** (= möglichst geringe Störung des Stromkreises) wird **in Reihe** mit dem zu messenden Stromkreis geschaltet.

Widerstandsmessung

Den Widerstand kann man messen, in dem man **Spannung an ihn anlegt** und dann den fließenden **Strom misst.** Dabei kommt es allerdings zu Fehlern durch den Innenwiderstand der Messgeräte. Eine genaue Methode ist die **Wheatstone-Brückenschaltung** (▮ Abb. 2): Ein Strommessgerät ist mit dem Kontakt eines Potentiometers verbunden (s. S. 29). Wenn der Kontakt so steht, dass das Verhältnis zwischen den beiden Teilen a und b des Widerstandsdrahtes gleich dem Verhältnis zwischen unbekanntem Widerstand R_X und Bezugswiderstand R_B ist, fließt kein Strom mehr. Dadurch kommt auch der Innenwiderstand des Messgerätes nicht zum Tragen und es ist eine sehr genaue Messung möglich. Es gilt dann:

$$\frac{a}{b} = \frac{R_X}{R_B} \quad (6)$$

Energie im Stromkreis

Wenn sich Leitungen, durch die Strom fließt, erwärmen, oder ein Elektromotor eine Last bewegt, wird **elektrische Energie** in **andere Energieformen** umgewandelt.

In einem Bauteil, an dem die Spannung U abfällt, wenn es von einem Strom I durchflossen wird, wird in der Zeit t die Energie W umgesetzt, die man wie folgt berechnet:

$W = U \cdot I \cdot t$ (7)

Da Leistung Arbeit pro Zeit ist (s. S. 14), ist die in dem Bauteil umgesetzte **Leistung P:**

$P = U \cdot I$ (8)

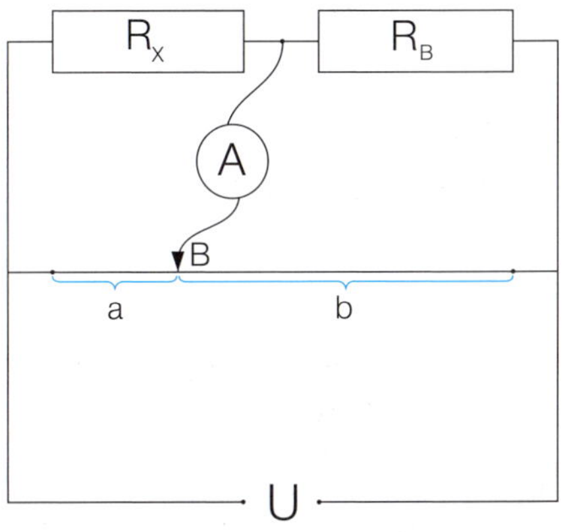

▮ Abb. 2: Wheatstone-Brückenschaltung. Parallel zu den beiden Widerständen ist eine Brücke aus Widerstandsdraht mit einem verschieblichen Kontakt geschaltet. [4]

Zusammenfassung

- ✖ Die Summe aller Ströme, die in einen Knoten hineinfließen, ist gleich der Summe der Ströme, die aus ihm herausfließen.
- ✖ In einer Masche ist die Summe aller Spannungen 0.
- ✖ Wird eine Spannungsquelle nicht belastet, so ist ihre Klemmenspannung gleich der Leerlaufspannung U_0.
- ✖ Wird eine Spannungsquelle belastet, ist die Klemmenspannung gleich der Leerlaufspannung abzüglich des Spannungsabfalls am Innenwiderstand.
- ✖ Zur Spannungsmessung muss man ein Messgerät mit hohem Innenwiderstand parallel schalten, zur Strommessung eines mit niedrigem Innenwiderstand in Reihe.
- ✖ Die in einem Bauteil in einem Zeitraum umgesetzte Energie ist gleich dem Produkt aus fließendem Strom und dort abfallender Spannung.

Elektrische Kapazitäten

Elektrische Kapazität ist die Fähigkeit, Energie in Form eines elektrischen Feldes zu speichern. Das Bauteil, dessen Aufgabe die **Speicherung elektrischer Energie** in einem elektrischen Feld ist, heißt **Kondensator.** Ein Kondensator besteht aus zwei Leitern (im einfachsten Fall: zwei Metallplatten), die durch eine Isolationsschicht voneinander getrennt sind (Symbol in Schaltkreisen: s. S. 28, ▮ Abb. 1).
Wenn ein Kondensator mit einer Spannungsquelle verbunden wird, werden auf den mit dem Minuspol verbundenen Leiter Elektronen „aufgedrückt", während vom mit dem Pluspol der Spannungsquelle verbundenen Leiter Elektronen „abgesaugt" werden. Dadurch entsteht zwischen den beiden Leitern ein **elektrisches Feld.**
Ist der Kondensator vollständig aufgeladen, fließt kein Strom mehr. Trennt man ihn von der Spannungsquelle, bleibt die Ladungstrennung erhalten. Wenn man dann beide Platten wieder leitend verbindet, gleicht sich der Ladungsunterschied über diese Verbindung wieder aus, der Kondensator entlädt sich und kann dabei selbst als Spannungsquelle fungieren.

Definition der Kapazität

Experimentell kann man zeigen, dass nach Abschluss des Ladevorgangs die Ladung auf den Kondensatorplatten proportional zur angelegten Spannung ist. Dabei ist die Proportionalitätskonstante für verschiedene Kondensatoren unterschiedlich.

> Der Quotient aus der Ladung Q, die bei einer an den Leitern angelegten Spannung U auf einen der Leiter fließt, und dieser Spannung U heißt Kapazität C des Kondensators.
>
> $$C = \frac{Q}{U} \quad (1)$$

Einheit der Kapazität ist nach Michael Faraday das **Farad** ($[C] = 1\,^{C}\!/_{V} = 1F$).

Energie im Kondensator

Die aufgenommene Energie wird im elektrischen Feld zwischen den beiden Leitern gespeichert.

> Die in einem Kondensator mit der Kapazität C gespeicherte Energie W beträgt, wenn er mit der Spannung U aufgeladen wurde:
>
> $$W_{El} = \tfrac{1}{2} C \cdot U^2 \quad (2)$$

Lade- und Entladevorgänge

Die gespeicherte elektrische Energie muss bei der Aufladung aufgebracht werden. Allerdings ist der Strom, mit dem der Kondensator geladen wird, nicht über die gesamte Dauer der Aufladung konstant: Da sich gleichnamige Ladungen abstoßen, wird es mit zunehmender Ladung der Kondensatorplatte immer schwerer, noch mehr Ladungen auf sie zu befördern.

Die Menge der bewegten Ladungen pro Zeiteinheit, also der **Ladestrom** nimmt mit zunehmender Ladung immer stärker ab, bis der Kondensator geladen ist und der Strom auf 0 fällt (▮ Abb. 1 (a)).
Die **Spannung** zwischen den beiden Leitern des Kondensators hängt von seiner Ladung ab (s. Formel (1)). Sie steigt daher zuerst schnell und dann immer langsamer an, bis sie schließlich bei voller Ladung des Kondensators konstant bleibt (▮ Abb. 1 (b)).
Beim **Entladen** über einen Verbraucher oder Widerstand laufen diese Vorgänge umgekehrt ab: Zuerst fließen relativ viele Ladungen (und damit ein relativ hoher Strom). Nimmt die Ladung der Kondensatorplatten ab, werden die abstoßenden Kräfte zwischen den Ladungen auf der Platte geringer und es fließt ein immer geringerer Strom (▮ Abb. 1 (a)).
Mit der Spannung verhält es sich dabei ähnlich. Wegen der oben erwähnten Abhängigkeit von Spannung und Kondensatorladung fällt die Spannung mit zunehmender Entladung des Kondensators ab (▮ Abb. 1 (b)).
In der Realität erfolgen Ladung und Entladung immer über einen ohmschen **Widerstand.** Dieser kann mal gering (normale Kupferleitung, kommt allerdings einem Kurzschluss gleich) und mal hoch (10 k Ω-Widerstand mit Spule o. Ä.) sein. Je höher der Widerstand ist, desto weniger Strom kann fließen und desto langsamer gehen die Lade- und Entladevorgänge vor sich.
Die Reihenschaltung aus ohmschen Widerstand und Kapazität wird als **RC-Glied** bezeichnet.
Die Formeln, die diese Vorgänge beschreiben, enthalten Exponentialfunktionen. Diese Kinetik, dass etwas zuerst schnell und dann immer langsamer mehr wird, findet sich in der Natur häufig: Die Diffusion von Stoffen in eine Zelle etwa folgt demselben Prinzip.

> Bei der Aufladung eines Kondensators der Kapazität C über einen Widerstand R mit einer Spannungsquelle der Spannung U_0 gilt zum Zeitpunkt t für den Strom I(t) und die Spannung am Kondensator $U_C(t)$:
>
> $$I(t) = -I_0 \cdot e^{-\frac{1}{RC} \cdot t} \quad (3)$$
>
> $$U_C(t) = -U_0 \cdot (1 - e^{-\frac{1}{RC} \cdot t}) \quad (4)$$

I_0 kann man auch mithilfe des Ohmschen Gesetzes aus U_0 und R berechnen.

> Für den Entladevorgang gelten:
>
> $$I(t) = I_0 \cdot e^{-\frac{1}{RC} \cdot t} \quad (5)$$
>
> $$U_C(t) = -U_0 \cdot e^{-\frac{1}{RC} \cdot t} \quad (6)$$

Der Term $\frac{1}{RC}$ wird auch als **Zeitkonstante** τ (Tau) bezeichnet.

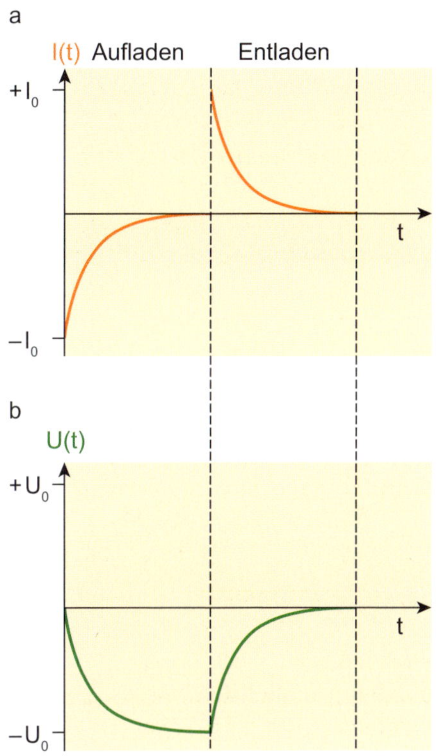

Abb. 1: Graphen für (a) Ladestrom und (b) Spannung an einem Kondensator bei Auf- und Entladung

Kapazitiver Widerstand

In einem Gleichstromkreis ist der Kondensator, sobald er geladen ist, ein unendlich hoher Widerstand (zwischen seinen Leitern befindet sich ja ein Isolator). Da in einem Wechselstromkreis die Stromrichtung ständig wechselt, wird er ständig umgeladen. Dadurch erhält er auch eine Art Widerstand, den kapazitiven Widerstand. Dieser hängt von der Frequenz des Stroms ab. Näheres dazu s. S. 40.

Zusammenschaltung von Kondensatoren

Ähnlich wie Widerstände (s. S. 28) kann man auch **Kondensatoren parallel und in Reihe schalten** und die **Gesamtkapazität** berechnen. Die dafür geltenden Regeln sind allerdings genau umgekehrt:

> Bei einer Parallelschaltung mehrerer Kondensatoren $C_1, C_2, C_3, \ldots C_n$ gilt für die Gesamtkapazität C_{ges}:
>
> $$C_{ges} = C_1 + C_2 + C_3 + \ldots + C_n \quad (7)$$

> Schaltet man mehrere Kondensatoren $C_1, C_2, C_3, \ldots C_n$ in Reihe, so ist der Kehrwert der Gesamtkapazität C_{ges} gleich der Summe der Kehrwerte der Einzelkapazitäten:
>
> $$\frac{1}{C_{ges}} = \frac{1}{C_1} + \frac{1}{C_2} + \frac{1}{C_3} + \ldots + \frac{1}{C_n} \quad (8)$$

Plattenkondensator

Der in Kapitel C 24 „Ladung und Strom" bereits erwähnte Plattenkondensator besteht aus zwei parallelen Leiterplatten mit einem Isolator (meistens Luft) dazwischen. Der Stoff zwischen den Platten wird als **Dielektrikum** bezeichnet und muss ein Nichtleiter sein. Durch das elektrische Feld zwischen den Platten richten sich die Ladungen im Dielektrikum entsprechend aus (sie bewegen sich aber nicht, das Dielektrikum ist ja schließlich ein Nichtleiter).
Experimentell kann man feststellen, dass seine Kapazität von der Plattenfläche und der Entfernung der Platten voneinander abhängig ist. Der Proportionalitätsfaktor wird als **elektrische Feldkonstante ε_0** bezeichnet (s. S. 24). Um die Kapazität eines Plattenkondensators zu verändern, kann man Plattenfläche und Plattenabstand verändern. Man kann aber auch statt Luft andere Dielektrika in den Spalt zwischen den beiden Platten einbringen.
Ein Dielektrikum vergrößert die Kapazität eines Kondensators (gegenüber Vakuum als Isolator) um den Faktor ε_r. Dieser Faktor wird als **Dielektriziätszahl** bezeichnet und ist dimensionslos. Die Dielektrizitätszahl ist eine Stoffkonstante. Sie ist für Luft nur unwesentlich größer als 1, für (reines) Wasser 81 und kann für bestimmte Keramikarten 1000 und mehr betragen.

> Die Kapazität C eines Plattenkondensators mit der Plattenfläche A und dem Plattenabstand d beträgt, wenn als Dielektrikum ein Medium mit der Dielektrizitätszahl ε_r verwendet wird:
>
> $$C = \varepsilon_r \varepsilon_0 \frac{A}{d} \quad (9)$$

Kondensatoren werden in der Technik häufig dort verwendet, wo schnell viel Energie benötigt wird. Drückt man beispielsweise am Defibrillator auf den „Laden"-Knopf, werden aus dem Akku des Gerätes Kondensatoren aufgeladen, die sich dann beim Auslösen recht schnell entladen.

Zusammenfassung

- Ein Kondensator besteht aus zwei Leitern, die durch einen Isolator getrennt sind. Er kann Energie in einem elektrischen Feld speichern.
- Die Kapazität eines Kondensators ist der Quotient aus der Ladung des Kondensators und der Spannung, mit der er geladen wurde. Sie wird in Farad angegeben.
- Strom und Spannung beim Auf- und Entladen folgen einer Exponentialfunktion.
- Wie schnell Ladung und Entladung vor sich gehen, wird durch die Zeitkonstante τ bestimmt. Sie ist vom ohmschen Widerstand, über den der Kondensator geladen wird, und von seiner Kapazität abhängig.
- Bei Parallelschaltung von Kondensatoren addieren sich ihre Kapazitäten, bei Reihenschaltung ist der Kehrwert der Gesamtkapazität gleich der Summe der Kehrwerte der Einzelkapazitäten.
- Ein Plattenkondensator besteht aus zwei gegenüberliegenden Platten. Seine Kapazität ist von Fläche und Abstand der Platten sowie vom verwendeten Dielektrikum abhängig.

Elektrische Leiter

Leitung in Festkörpern

In den vorherigen Kapiteln wurde beschrieben, was man mit Leitern machen kann. Was Leiter sind, folgt hier. Diese Erklärungen sind nur Modellvorstellungen, die die meisten Leitungsphänomene erklären. In der Tat sind die Vorgänge extrem kompliziert.
Befinden sich in einem Material mehrere Atome sehr nah zusammen (z. B. häufig in Metallen), überlappen sich die Bereiche, in denen Elektronen anzutreffen sind. Diese Elektronen können sich im gesamten Körper bewegen und werden als **freie Elektronen** bezeichnet. Ein Material, das so aufgebaut ist, nennt man Leiter.
Legt man an den Leiter eine Spannung an, beschleunigt das entstehende elektrische Feld die Elektronen. Im Leiter fliegen die Elektronen allerdings nicht wie in einem Rohr, sondern kollidieren mit anderen Atomen und Elektronen. Die Bewegung ist also unregelmäßig. Betrachtet man alle Elektronen im gesamten Leiter, gleichen sich die Unregelmäßigkeiten aus. Sie bewegen sich im Mittel gleichförmig. Die Geschwindigkeit dieser Bewegung heißt **Driftgeschwindigkeit** der Elektronen.

Ohmscher Widerstand eines Leiters

Der Ohmsche Widerstand beschreibt, wie „gut" sich Elektronen in einem Leiter fortbewegen. Er ist von **Querschnitt, Länge** und **Leitermaterial** abhängig. Zur Beschreibung der Materialabhängigkeit dient der **spezifische Widerstand ρ,** der eine Materialkonstante ist.

Der ohmsche Widerstand R eines Leiters mit dem spezifischen Widerstand ρ, der die Länge l und die Querschnittsfläche A hat, beträgt:

$$R = \rho \cdot \frac{l}{A} \quad (1)$$

Der spezifische Widerstand ist allerdings nur bei konstanter Temperatur konstant. Steigt die Temperatur, steigt auch der spezifische Widerstand.

Bei **Halbleitern** werden mit steigender Temperatur mehr freie Elektronen verfügbar. Daher ist ihr Widerstand umso geringer, je höher die Temperatur ist. Stoffe, die nur sehr wenige freie Elektronen und damit einen sehr hohen spezifischen Widerstand haben, heißen **Isolatoren.**

Leitung in Flüssigkeiten

In Flüssigkeiten bewegen sich bei Stromfluss keine Elektronen, sondern **Ionen.**
Damit durch eine Flüssigkeit Strom fließen kann, muss sie einen Stoff enthalten, der in positiv und negativ geladene Ionen zerfallen kann. Ein Beispiel dafür wäre Kochsalz, das zu Na^+ und Cl^- dissoziiert. Eine solche Lösung nennt man **Elektrolyt.**
Taucht man in eine Kochsalzlösung Elektroden ein, an denen Spannung anliegt, bewegen sich die negativ geladenen Cl^--Ionen zur mit dem Pluspol der Spannungsquelle verbundenen Elektrode (Anode). Sie werden daher als **Anionen** bezeichnet. Die positiv geladenen Na^+ wandern zur negativen Elektrode (Kathode) und heißen **Kationen.**
Nach Ankunft an der Elektrode verlieren Anionen und Kationen ihre Ladung durch Elektronenaufnahme/-abgabe. Sie liegen dann elementar vor und werden aus der Lösung abgeschieden. Außerdem entstehen Sauerstoff und Wasserstoff in Gasform. Diese Vorgänge nennt man **Elektrolyse.**

Die Masse m eines aus dem Elektrolyten abgeschiedenen Stoffes ist proportional zur transportierten Ladung Q. Der Proportionalitätsfaktor wird als elektrochemisches Äquivalent Ä bezeichnet (1. Faradaysches Gesetz).

$$m = Ä \cdot Q \quad (2)$$

Mit dem **2. Faradayschen Gesetz** berechnet man die **Anzahl** der abgeschiedenen Ionen.

Zur Abscheidung von n Mol Teilchen eines z-wertigen Stoffes aus dem Elektrolyten muss eine Ladung Q fließen.

$$Q = n \cdot z \cdot F \quad (3)$$

F ist hier die **Faraday-Konstante.** Sie beträgt 9,649 C/mol und ist eine **Naturkonstante.**
Das Prinzip der Ionenleitung wird beim **Western Blot** verwendet. In einem Gel befinden sich Proteine, die man auf eine Membran aufbringen möchte, beispielsweise um sie dort zu markieren. Man legt die Membran auf das Gel und stellt beides in eine Pufferlösung. Nun legt man Spannung an. Der Minuspol ist hinter dem Gel und der Pluspol vor der Membran, so dass die – negativ geladenen – Proteine aus dem Gel herausgedrückt werden. Sie bleiben dann unterwegs in der Membran hängen.

Leitung in Gasen

Gase sind Nichtleiter, können aber durch Ionisation leitend gemacht werden.
Eine Möglichkeit dafür ist **Stoßionisation:** Wenn zwischen zwei Elektroden im Vakuum eine hohe Spannung besteht, treten aus der Kathode einige Elektronen aus, die im elektrischen Feld beschleunigt werden. So kollidieren sie mit Gasmolekülen und stoßen Elektronen aus diesen heraus (Ionisation). Die Moleküle sind damit nicht mehr elektrisch neutral. Die herausgestoßenen (= sekundären) Elektronen werden ebenfalls beschleunigt und können ebenso andere Gasmoleküle, die sie treffen, ionisieren.
Eine Art Lawine entsteht, und das Gas wird durch die geladenen Teilchen leitend. Die Elektroden, auf denen sich Ladung gestaut hat, werden über das Gas entladen, was einen Lichtbogen verursacht. Beispiele dafür sind der Blitz und das Geiger-Müller-Zählrohr, in dem Strahlung das Gas ionisiert.
Bei der **thermischen Ionisation** werden Gase durch Hitze leitend.

Elektronen im Vakuum

Im Vakuum sind normalerweise keine Elektronen. Man kann sie allerdings einbringen, z. B. mithilfe des **Edison-Effekts:** Erwärmt man einen Draht, wird seinen Elektronen Energie zugeführt, worauf sie – abhängig von der Temperatur – den Draht verlassen.

Die Austrittsenergie können die Elektronen auch durch Licht erhalten **(Photoeffekt).**
Sind die Elektronen aus dem Leiter ausgetreten, haben sie keine kinetische Energie und schweben um den Leiter herum. Legt man eine Spannung **(Absaugspannung)** zwischen dem Leiter (Kathode) und einer Anode knapp vor dem Leiter an, werden die Elektronen durch das elektrische Feld zur Anode hin beschleunigt und fließen ab.
Im gasgefüllten Raum kollidieren die Elektronen bald mit Gasmolekülen. Im Vakuum allerdings können Elektronen so weite Strecken durchfliegen.
Auf diesem Prinzip baut die **Braunsche Röhre** auf, das Kernstück eines jeden Röhrenmonitors (z. B. alter Fernseher): Ein Heizdraht wird durch eine Spannung U_H erwärmt. Der erwärmt die Kathode, aus der die Elektronen austreten. Zwischen Kathode und Anode liegt die **Beschleunigungsspannung** U_B an. Durch das elektrische Feld zwischen beiden werden die Elektronen beschleunigt und fliegen durch ein Loch in der Mitte der Anode. Zwischen Anode und Kathode liegt der hohle, rundherum negativ geladene Wehnelt-Zylinder. Er sammelt die Elektronen entlang seiner Achse und fokussiert sie. Hinter der Anode ist zur Ablenkung des Elektronenstrahls vertikal und horizontal je ein Paar Metallplatten angebracht. Dort liegen die **Ablenkspannungen** U_X und U_Y an. Schließlich treffen die Elektronen auf den Leuchtschirm auf und erzeugen einen Lichtpunkt. Der Schirm ist mit dem Pluspol einer Spannungsquelle verbunden, zu der die Elektronen abließen.
Die Braunsche Röhre wird auch in **Oszilloskopen** verwendet. Mit ihnen lässt sich der zeitliche Verlauf von Spannungen und Strömen darstellen. $\mathbf{U_X}$ ist dann eine **Sägezahnspannung:** Sie wird langsam positiver, lenkt so den Leuchtpunkt langsam nach rechts ab und fällt dann schnell ab, so dass der Punkt wieder an den Anfang des Schirms springt.
Mit den horizontalen Platten wird die zu messende Spannung verbunden. Ist sie groß, wird der Punkt stark nach oben abgelenkt, fällt sie wieder ab, wandert der Punkt wieder nach unten. Da er sich aufgrund der Sägezahnspannung dabei nach rechts bewegt, ergibt sich eine Rampe, die umso steiler ist, je schneller sich U_Y ändert.

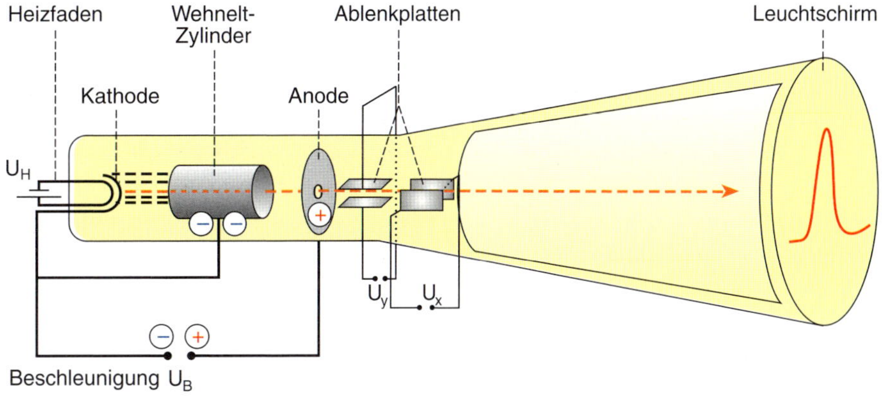

Abb. 1: Braunsche Röhre [5]

Diffusionsspannung

Alle Stoffe wollen Konzentrationsunterschiede ausgleichen. Sind Ionen irgendwo gelöst, führen Konzentrationsgradienten auch zu Potentialunterschieden.
Im Körper herrschen solche Unterschiede überall, z. B. zwischen Zellinnerem und Interzellulärraum. Zwischen beiden Kompartimenten befindet sich die Zellmembran, die für bestimmte Ionen (z. B. durch Ca^{2+}-Kanäle) permeabel ist. Sie ist also eine **ionenselektive** Membran.
Der Gleichgewichtszustand über diese Membran wird von zwei entgegenwirkenden Faktoren bestimmt: Dem **Konzentrationsunterschied** und dem **elektrischen Feld,** das die getrennten Ladungen erzeugen.
Im stabilen Zustand erzeugt der verbleibende Konzentrationsunterschied das **Gleichgewichtspotential.**

Das Gleichgewichtspotential E über einer ionendurchlässigen Membran ist von der Ionenkonzentration c_1 auf der einen und der Ionenkonzentration c_2 auf der anderen Seite der Membran abhängig. Es wird, wenn nur eine Ionensorte (z. B. nur K^+) im Spiel ist, mit der Nernst-Gleichung berechnet. In ihr kommen die allgemeine Gaskonstante R, die Temperatur T (Kelvin), die Wertigkeit z und die Faraday-Konstante F vor.

$$E = \frac{R \cdot T}{z \cdot F} \cdot \ln \frac{c_1}{c_2} \quad (4)$$

Im Körper muss man mehrere Ionensorten berücksichtigen, die sich gegenseitig beeinflussen. Dort benötigt man die **Goldmann-Hodgkin-Katz-Gleichung.**

Zusammenfassung

- In festen Leitern ist Strom der Fluss freier Elektronen.
- Der Ohmsche Widerstand eines Leiters ist abhängig von Querschnitt, Länge und spezifischem Widerstand. Er steigt mit steigender Temperatur.
- In Flüssigkeiten sind die beweglichen Ladungen Ionen; Sie wandern zu den Elektroden und werden dort abgeschieden (Elektrolyse).
- Gase sind nicht leitfähig, können aber durch Ionisation leitfähig werden.
- In ein Vakuum können Elektronen eingebracht werden, die dann frei herumfliegen können.

Magnetfelder und Ströme

Pole und Feldlinien

Viele Begriffe und Größen des elektrischen Feldes (s. S. 24) kann man auf das magnetische Feld übertragen.
Die Pole im magnetischen Feld werden als **Nord- und Südpol** bezeichnet. Wie im elektrischen Feld stoßen sich gleichnamige Pole ab und ungleichnamige ziehen sich an. Wenn ein Gegenstand zwei Pole hat, wird er als **Dipol** bezeichnet. Während also ein elektrischer Dipol ein Gegenstand mit einem Plus- und einem Minuspol ist, hat ein magnetischer Dipol (z. B. ein Stabmagnet) einen Nord- und einen Südpol.
Ein Unterschied zwischen beiden ist, dass Nord- und Südpole – anders als positive und negative Ladungen – nie einzeln auftreten. Teilt man einen Stabmagneten in der Mitte durch, hat man zwei kleinere Teile, die wieder jeweils Nord- und Südpol haben. Magnete treten also nur als Dipole auf.
Das magnetische Feld wird auch durch **Feldlinien** beschrieben. Sie haben allerdings weder Anfang noch Ende. Man kann zeigen, dass sie auch innerhalb eines Magneten existieren. Sie zeigen in die Richtung, in der sich der Nordpol einer Magnetnadel ausrichtet, also außerhalb des felderzeugenden Magneten vom Nord- zum Südpol (Feldlinienbilder ▮ Abb. 1 (a)).

Ströme im Magnetfeld

Der stromdurchflossene Leiter

Während im elektrischen Feld Kraft auch auf ruhende elektrische Ladungen ausgeübt werden kann, wird im **magnetischen Feld Kraft NUR auf bewegte elektrische Ladungen** ausgeübt. Damit wird auch auf stromdurchflossene Leiter – in denen sich ja Elektronen bewegen – im magnetischen Feld eine Kraft ausgeübt.
Die Richtung dieser Kraft ist **senkrecht zu Stromrichtung und Feldrichtung.** Man kann sie über die **UVW-Regel** (Rechte-Faust-Regel, Dreifingerregel, ▮ Abb. 2(a)) bestimmen.
Die Stärke der wirkenden Kraft in Abhängigkeit vom fließenden Strom wird als Maß für die Stärke des Magnetfelds genutzt. Diese Größe wird als **magnetische Flussdichte $\vec{B}$** bezeichnet.

> Die magnetische Flussdichte B beschreibt die Stärke eines Magnetfeldes nach Betrag und Richtung.
> Der Betrag der magnetischen Flussdichte B errechnet sich aus Leiterlänge l im Magnetfeld, dem durch den Leiter fließenden Strom I und dem Betrag der auf den Leiter wirkenden Kraft F.
>
> $$B = \frac{F}{I \cdot l} \quad (1)$$
>
> Die Richtung der magnetischen Flussdichte ergibt sich nach der UVW-Regel aus Stromrichtung und Kraftrichtung.

Einheit der magnetischen Flussdichte ist **Tesla** ($[B] = 1\,\frac{N}{A \cdot m} = 1T$).
Bezüglich der Größenordnung: Das Erdmagnetfeld hat an der Erdoberfläche in Mitteleuropa etwa $4{,}5 \cdot 10^{-5}$ T, das Magnetfeld eines modernen MRT-Gerätes durchaus etwa 3 T).
In anderen Büchern wird B auch als magnetische Induktion oder magnetische Feldstärke bezeichnet (Letzteres ist allerdings wissenschaftlich etwas unkorrekt).

Die **magnetische Feldstärke $\vec{H}$** ist eine eigene (nur selten verwendete) Größe, die **unabhängig vom Material** ist, in dem sich das Magnetfeld befindet. Sie ist proportional zu $\vec{B}$. Zur Berechnung von B aus H werden zusätzlich die **magnetische Feldkonstante μ_0,** eine Naturkonstante, und die **Permeabilitätszahl μ_R** benötigt. Die Permeabilitätszahl ist eine Konstante des Materials, in dem sich das Feld befindet.

$$\vec{B} = \mu_0 \cdot \mu_R \cdot \vec{H} \quad (2)$$

Der Wert der Konstante μ_0 beträgt $1{,}257 \cdot 10^{-6}$ V · s/(A · m).
Verläuft der Leiter zur Richtung der Flussdichte nicht senkrecht, sondern im Winkel α, gilt für den Betrag der Flussdichte:

$$B = \frac{F}{I \cdot l \cdot \sin\alpha} \quad (3)$$

Freie Ladungen

Nehmen wir den wandernden Elektronen den Leiter weg, ändert sich eigentlich nichts. **Dieselbe Kraft** wirkt auch auf **einzelne bewegte Ladungen,** z. B. in einer Braunschen Röhre (s. S. 34). Sie wird dann als **Lorentz-Kraft F_L** bezeichnet.

> Die auf ein einzelnes Teilchen mit der Ladung q im magnetischen Feld wirkende Lorentz-Kraft F_L beträgt, wenn sich das Teilchen mit der Geschwindigkeit v senkrecht zur Feldrichtung bewegt:
>
> $$F_L = q \cdot v \cdot B \quad (4)$$

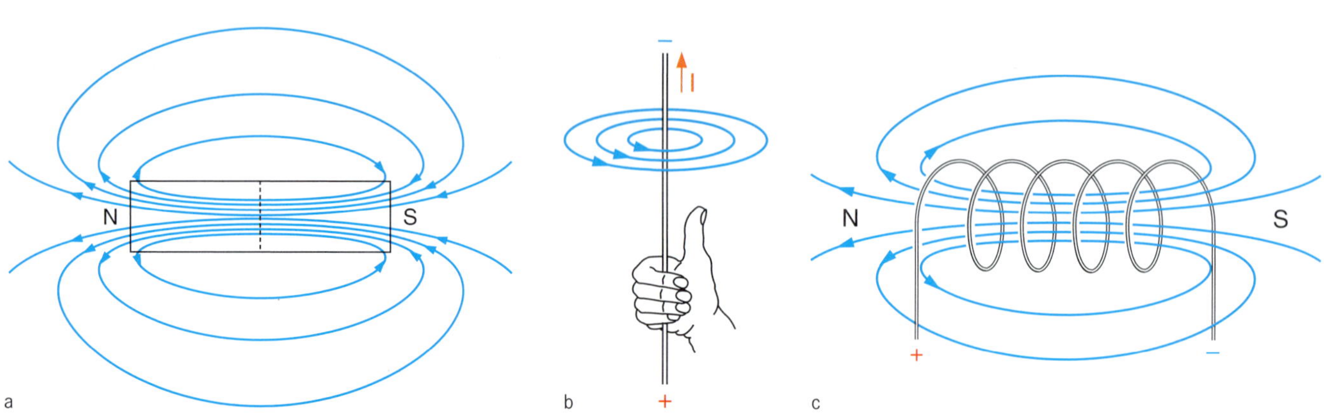

▮ Abb. 1: Feldlinienbilder (a) eines Stabmagneten (Feldlinien auch innerhalb des Magneten); (b) eines geraden stromdurchflossenen Leiters; (c) einer Spule [24]

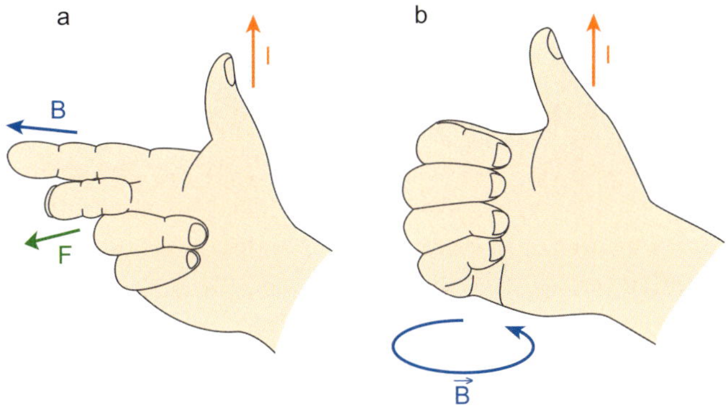

Abb. 2: (a) U(rsache)V(ermittlung)W(irkung)-Regel: Daumen der rechten Hand in technische Stromrichtung (Ursache), Zeigefinger in Magnetfeldrichtung (Vermittlung) → Mittelfinger in Kraftrichtung (Wirkung); (b) Rechte-Faust-Regel: Daumen der rechten Faust in technische Stromrichtung → gekrümmte Finger in Feldlinienrichtung

Man beachte, dass keine Kraft wirkt, wenn die Geschwindigkeit 0 ist.
Die Richtung der Lorentz-Kraft folgt auch hier der UVW-Regel. Ist das Teilchen positiv geladen, muss der Daumen in Flugrichtung zeigen, ist es negativ geladen, zeigt er entgegen die Flugrichtung. Die Kraft selbst steht niemals in Flugrichtung, sondern immer senkrecht dazu. Die Lorentz-Kraft wirkt also als Zentripetalkraft und bringt das Teilchen auf eine Kreisbahn.
Magnetfelder **ändern nur die Richtung** eines fliegenden geladenen Teilchens, **nie den Betrag seiner Geschwindigkeit.** Damit bleibt auch die kinetische Energie des Teilchens unverändert, das Magnetfeld verrichtet also keine Arbeit.
Eine Möglichkeit, die Lorentz-Kraft zu sehen, ist es, einen Magneten an einen Röhrenbildschirm zu halten. Die Farbe wird sich verändern, da die Elektronenstrahlen, die das Bild erzeugen, abgelenkt werden (ich merke gerade selbst, dass man das nicht zu exzessiv betreiben sollte ...).

Ströme als Ursache von Magnetfeldern

In Kapitel C 24 „Ladung und Strom“ wurde die Einheit Ampere über die Anziehungskraft zwischen parallelen Leitern definiert. Woher kommt diese Kraft?
Es ist so, dass nicht nur Magnetfelder Kräfte auf bewegte Ladungen ausüben, sondern gleichförmig bewegte Ladungen auch Magnetfelder erzeugen. Die Ströme in den Leitern erzeugen also jeweils ein Magnetfeld, welches auf den jeweils anderen Leiter eine Kraft ausübt.

Ein vom Strom I durchflossener Leiter erzeugt ein Magnetfeld, dessen Flussdichte im Abstand r vom Leiter den Betrag B hat.

$$B = \mu_0 \cdot \mu_R \cdot \frac{I}{2\pi \cdot r} \quad (5)$$

Das Aussehen des Magnetfeldes um den Leiter ist in Abb. 1 (b) dargestellt.

Die **Richtung** dieses Magnetfeldes zeigt die **Rechte-Faust-Regel** (Abb. 2 (b)).

Da jeder Strom ein magnetisches Feld erzeugt, entstehen auch im Körper magnetische Felder, was in der Magnetoenzephalographie und Magnetokardiographie ausgenutzt wird.
Das Magnetfeld eines einzelnen Drahtes ist inhomogen und zu schwach zur technischen Nutzung. Wickelt man einen Draht auf einen Zylinder auf, überlagern sich die Magnetfelder der einzelnen Drahtabschnitte. Dann erhält man ein Magnetfeld, das dem eines Stabmagneten ähnelt (Abb. 1 (c)). Das Magnetfeld im Innern dieser **Spule** ist annähernd homogen.
Die Richtung dieses Magnetfeldes kann man mithilfe der rechten Faust bestimmen, wenn man die Regel für gerade Leiter umkehrt: Zeigen die gekrümmten Finger in technische Stromrichtung, so zeigt der Daumen zum Südpol des Magnetfeldes.
Bringt man einen **Kern** ins Spuleninnere ein, z. B. einen Eisenstab, dann verändert sich die magnetische Flussdichte entsprechend der **Permeabilität** des Kernmaterials.

Wenn ein Strom I durch eine Spule der Länge l mit n Windungen fließt, erzeugt er ein Magnetfeld, das im Spuleninnern die Flussdichte B besitzt mit

$$B = \mu_0 \mu_R \cdot \frac{n}{l} \cdot I \quad (6)$$

μ_R ist dabei die Permeabilität des Spulenkerns.

Zusammenfassung

- Nord- und Südpole treten nie einzeln auf.
- Das magnetische Feld wird durch Feldlinien beschrieben, die in dieselbe Richtung wie der Nordpol einer Magnetnadel zeigen, und weder Anfang noch Ende haben.
- Die Stärke eines Magnetfeldes wird durch die magnetische Flussdichte $\vec{B}$ beschrieben.
- Im Magnetfeld wirkt auf stromdurchflossene Leiter eine Kraft. Sie steht senkrecht zu Stromrichtung und Feldrichtung. Ihre Richtung ergibt sich aus der UVW-Regel.
- Die Kraft wirkt auch auf freie bewegte Ladungen. Sie wird als Lorentz-Kraft bezeichnet und verändert nur die Richtung, nicht die Geschwindigkeit der Ladungen. Sie verrichtet keine Arbeit.
- Stromdurchflossene Leiter erzeugen ein Magnetfeld. Seine Richtung lässt sich mit der Rechte-Faust-Regel bestimmen.

Magnetfelder und Materie, Induktion

Dipole im magnetischen Feld

Ein elektrisches Feld wird definiert über die Kraft, die es auf Ladungen ausübt. Da Magneten nur als **Dipole** auftreten, muss man die Definition anpassen:

> Ein Magnetfeld ist ein Raumzustand, in dem auf einen magnetischen Dipol ein Drehmoment ausgeübt wird.

Stellt man eine Kompassnadel in ein Magnetfeld, wird sie so lange gedreht, bis sie parallel zu den Feldlinien steht. Die **Stärke des Drehmoments** hängt vom **magnetischen Dipolmoment $\vec{m}$** des Magneten ab. Es ist abhängig von seiner **Länge $\vec{l}$** (der Vektor zeigt vom Süd- zum Nordpol des Magneten) und seiner **Polstärke P** (in etwa äquivalent zu „Ladung" im elektrischen Feld):

$$\vec{m} = P \cdot \vec{l} \quad (1)$$

In einem Feld der Flussdichte $\vec{B}$ beträgt das **Drehmoment $\vec{M}$** dann:

$$\vec{M} = \vec{m} \times \vec{B} \quad (2)$$

(Zum Vektorprodukt s. S. 2)

Nicht nur „makroskopische" magnetische Dipole wie Stabmagneten besitzen ein magnetisches Moment. Das magnetische Moment von **Elementarteilchen,** wie z. B. Atomkernen oder Elektronen, wird von deren Eigendrehimpuls **(Spin)** verursacht. Seine Entstehung ist kompliziert. Das MRT nutzt den Spin: Ein starkes Magnetfeld bringt Protonen dazu, sich auszurichten. Anhand der dabei emittierten elektromagnetischen Strahlung kann man Aussagen über das Gewebe treffen, in dem sie sich befinden.

Magnetisches Verhalten von Stoffen

Magnetfelder wirken auf **alle Materialien.**

Man kann sich vorstellen, dass es in jedem Stoff viele kleine magnetische Dipole **(„Elementarmagnete")** gibt. In Permanentmagneten sind diese Elementarmagneten alle gleich ausgerichtet und erzeugen so ein magnetisches Feld. In „normalen" Stoffen sind sie ungeordnet und ihre Felder heben sich gegenseitig auf. Wird das Material in ein Magnetfeld eingebracht, richten sich die Elementarmagneten entsprechend aus.

Die Größe, die die Art der Reaktion auf ein Magnetfeld bestimmt, ist die **Permeabilität μ_R**. Sie gibt das Verhältnis zwischen der magnetischen Flussdichte B im Stoff und der magnetischen Flussdichte B_0 des gleichen Feldes im Vakuum an. (Anschaulich: In einem Material mit hohem μ_R sind die Feldlinien dichter zusammen als im Vakuum.)

Man kann Stoffe in **drei Klassen** einteilen:

Diamagnetische Stoffe

In diamagnetischen Stoffen ist **μ_R kleiner 1** (z. B. Wasser 0,999 991). Sie besitzen per se keine Elementarmagnete, diese lassen sich allerdings durch ein äußeres Magnetfeld induzieren. Sie richten sich dann entgegen des äußeren Feldes aus und **schwächen** es.

Paramagnetische Stoffe

Bringt man einen paramagnetischen Stoff in ein magnetisches Feld ein, richten sich seine Elementarmagnete entlang des Feldes aus und **verstärken** es so. Ihr **μ_R** ist **etwas größer 1** (z. B. Luft 1,0 000 004, für die üblichen Rechnungen: $\mu_R = 1$).

Ferromagnetische Stoffe

Das **μ_R** ferromagnetischer Stoffe ist **bedeutend größer als 1** (z. B. Eisen bis 5000). Die Permeabilität ist allerdings nicht immer konstant, sondern hängt mit der Stärke des äußeren Feldes, der Temperatur, etc. zusammen. Ein ferromagnetischer Stoff wird zuerst schnell und dann immer langsamer magnetisiert, bis er seine maximale Magnetisierung erhält. Verschwindet das äußere Feld, bleibt eine **Restmagnetisierung (Remanenz)** erhalten, die durch ein entgegengesetztes Feld (oder durch Hitze oder heftige Schläge) beseitigt werden kann.

Stoffe mit hoher Remanenz heißen **magnetisch hart** (z. B. Permanentmagneten), Stoffe mit niedriger Remanenz sind **magnetisch weich** (z. B. Spulenkerne).

Elektromagnetische Induktion

Auf einen stromdurchflossenen Leiter im Magnetfeld wirkt eine Kraft. Bewegt man umgekehrt einen Leiter im Magnetfeld von Hand, fließt Strom durch ihn. Diese Beobachtung kann man verallgemeinern:

> Die zeitliche Veränderung eines Magnetfeldes ruft in einem Leiter eine Spannung hervor. Dieser Vorgang heißt Induktion.

Induktion in Spulen

Zur technischen Anwendung der Induktion verwendet man normalerweise Spulen. Um die Induktionsvorgänge in ihnen quantitativ zu beschreiben, betrachten wir erst einzelne Leiterschleifen. Eine **Leiterschleife** ist eine Spule mit nur einer Windung. Sie umschließt die Fläche A, die durch den **Flächenvektor $\vec{A}$** dargestellt werden kann. Der Flächenvektor $\vec{A}$ steht senkrecht auf der Fläche, sein Betrag ist gleich dem Flächeninhalt (bei einer quadratischen Leiterschleife der Seitenlänge a hätte er beispielsweise einen Betrag von a^2). Der Grund dieser merkwürdigen Festlegung wird gleich klar werden. **Flächenvektor** und **Flussdichte** werden in einer neuen Größe zusammengefasst:

> Der magnetische Fluss Φ durch eine Leiterschleife der Fläche $\vec{A}$, die sich in einem Magnetfeld der Flussdichte $\vec{B}$ befindet, beträgt:
>
> $$\Phi = \vec{A} \cdot \vec{B} \quad (3)$$

Einheit des magnetischen Flusses ist **Weber** ($[\Phi] = 1V \cdot s = 1Wb$).

Der magnetische Fluss ist ein Skalar, obwohl er das Produkt zweier Vektoren ist. Sind die Beträge von A und B und der Winkel α zwischen ihnen bekannt (üblich in Mediziner-Prüfungsaufgaben), beträgt Φ:

$$\Phi = A \cdot B \cdot \cos\alpha \quad (4)$$

Um die Definition der Induktion zu präzisieren: Induktion wird durch eine **zeitliche Veränderung des magnetischen Flusses** verursacht. Das kann sowohl durch Änderung der Flussdichte

des Magnetfeldes geschehen als auch durch eine Änderung der Fläche der Leiterschleife.
Für den magnetischen Fluss ist nur der Teil der Leiterschleife wichtig, der **senkrecht zum magnetischen Feld** steht (dafür sorgt der Cosinus in der Formel). Man kann daher Φ auch durch Drehung der Leiterschleife im Feld ändern. (Wenn die Drehachse senkrecht zu den Feldlinien steht.)
Durch eine Spule mit n Windungen fließt der n-fache magnetische Fluss, der durch eine Leiterschleife fließt.

> Ändert sich in einer Spule mit n Windungen der magnetische Fluss in einem Zeitraum Δt um den Betrag $\Delta\Phi$, wird in ihr die Spannung U_{ind} induziert, für die gilt:
>
> $$U_{ind} = -n \cdot \frac{\Delta\Phi}{\Delta t} \quad (5)$$

Für sehr kleine Δt kann man auch die zeitliche Ableitung des Flusses verwenden.
Woher kommt das Minus in der Formel? Im geschlossenen Stromkreis führt die induzierte Spannung zu einem Strom. Der fließende Strom verursacht dabei selbst ein Magnetfeld. Hätte die Formel kein Minus, würde das durch den Strom hervorgerufene Magnetfeld das Magnetfeld, welches die Spannung induziert, verstärken. Es würde somit auch eine höhere Spannung induziert und mehr Strom würde fließen und so weiter …
Dieser Prozess würde sich stetig selbst verstärken. Da das aufgrund des Energieerhaltungssatzes nicht geht, gilt die **Lenz'sche Regel:**

> Bei der Induktion ist die induzierte Spannung stets so gerichtet, dass sie der Ursache ihrer Entstehung (also der Änderung des äußeren Magnetfeldes) entgegenwirkt.

Schließt man einen Stromkreis, in dem sich eine Spule befindet, kommt es durch den Anstieg der Stromstärke in der Spule zu einem schnell stärker werdenden Magnetfeld. Dieses Magnetfeld induziert dann in der Spule eine Spannung, die der der Spannungsquelle entgegengerichtet ist. Dadurch wachsen Spannung und Strom im Stromkreis kurz nach dem Einschalten erst langsam an. Hat das Feld seine Maximalstärke erreicht (s. S. 37, Formel (6)), ändert es sich nicht mehr, es wird keine Spannung mehr induziert, und der Strom fließt unbehindert.
Dieser Vorgang wird als **Selbstinduktion** bezeichnet. Seine Ausprägung hängt von der verwendeten Spule ab. Sie wird durch die **Induktivität** einer Spule beschrieben.

> Die Induktivität L einer Spule mit der Querschnittsfläche A, die n Windungen auf einer Länge l hat, beträgt, wenn sich in der Spule ein Kern der Permeabilität μ_R befindet:
>
> $$L = \mu_R \mu_0 \cdot \frac{n^2 \cdot A}{l} \quad (6)$$

Einheit der Induktivität ist **Henry** ($[L] = 1\frac{V \cdot s}{A} = 1H$).
Im Magnetfeld einer Spule ist **Energie** gespeichert. Diese Energie beträgt bei einer Spule der Induktivität L, die von einem Strom der Stärke I durchflossen wird:

$$W_{magn} = \tfrac{1}{2} L \cdot I^2 \quad (7)$$

Technische Anwendungen

Eine Anwendung dieser Prinzipien ist der **Elektromotor.** Er besteht aus mehreren beweglich gelagerten Spulen, die sich zwischen Permanentmagneten bewegen. Elektromotoren sind in der Regel nur entweder für Gleichspannung oder für Wechselspannung geeignet.
Ein **Generator** funktioniert umgekehrt.
In **Drehspul-Messinstrumenten** befindet sich eine drehbare Spule, die von einer Feder in Position gehalten wird. Um sie herum sind Permanentmagnete. Fließt Strom, erzeugt sie ein Feld, das abhängig von der Stromstärke ist, und wird gedreht, bis ein Gleichgewicht zwischen der Federkraft und der Kraft im magnetischen Feld erreicht ist.
Induzierte Spannung hängt von der Windungszahl der Spule ab. In einem **Transformator** sind zwei Spulen mit unterschiedlicher Windungszahl durch einen Eisenkern verbunden. Wird an einer eine Spannung angelegt, wird an der anderen eine Spannung induziert, deren Höhe vom Verhältnis der Windungszahlen abhängt. (Hat die zweite Spule weniger Windungen, wird die Spannung geringer.) Da die Leistung an beiden Spulen gleich ist, fließt durch die Spule mit geringerer Windungszahl ein höherer Strom.
Über Magnetfelder können auch **Herzschrittmacher** im Körper eingestellt werden. Man legt eine Kommunikationseinheit über dem Schrittmacheraggregat auf, die über ein Magnetfeld mit dem Schrittmacher kommuniziert. Über einen angeschlossenen Computer lassen sich Daten auslesen oder Einstellungen verändern.
Manche **implantierbare Defibrillatoren** (AICDs) lassen sich durch Auflegen eines Permanentmagneten abschalten.

Zusammenfassung

- Im Magnetfeld wird auf einen magnetischen Dipol ein Drehmoment ausgeübt.
- Alle Stoffe haben magnetische Eigenschaften.
- Es gibt diamagnetische Stoffe (schwächen Magnetfelder), paramagnetische Stoffe (stärken Magnetfelder leicht) und ferromagnetische Stoffe (stärken Magnetfelder deutlich).
- Die zeitliche Veränderung des magnetischen Flusses in einer Leiterschleife induziert eine Spannung.
- Die induzierte Spannung ist stets so gerichtet, dass sie der Ursache ihrer Entstehung entgegenwirkt.

Wechselspannung

Eigenschaften der Wechselspannung

Dreht man eine Spule gleichmäßig im homogenen Magnetfeld, ändert sich ständig der magnetische Fluss durch die Spule. In der Spule entsteht eine Spannung (s. S. 39).
Die entstehende Spannung ist allerdings keine Gleichspannung: Der Betrag der Spannung **ändert sich** ständig, genauso wie ihre **Richtung.** Der Anschluss, der Pluspol ist, wird nach einer halben Umdrehung zum Minuspol und umgekehrt.
Die Spannungs-Zeit-Kurve verläuft sinuswellenförmig (▮ Abb. 1 (a)). Die Zeit vom Beginn einer Sinuskurve zum Beginn der nächsten (also eine positive und eine negative Halbwelle) wird als **Periode** bezeichnet (Formelzeichen T). Die Werte Frequenz f und Winkelgeschwindigkeit ω gelten genau so wie bei der Kreisbewegung (s. S. 10).
Die Spannung pendelt zwischen zwei Extremwerten U_0 und $-U_0$ hin und her.

> Der Wert, den eine Wechselspannung der Winkelgeschwindigkeit ω zu einem bestimmten Zeitpunkt t hat, wird als Momentanwert U(t) bezeichnet. Der Maximalwert heißt U_0.
>
> $U(t) = U_0 \cdot \sin(\omega \cdot t)$ (1)

Hinweis: Taschenrechner in Bogenmaß („RAD") schalten. Diese Formel lässt sich aus den Formeln (4) und (5) auf S. 38 herleiten (Kap. C 38 „Magnetismus und Materie, Induktion").
Eine Wechselspannung, die sinusförmig verläuft, wird als **harmonische Wechselspannung** bezeichnet. Die Wechselspannung kann verschiedene Formen haben (sägezahnförmig, rechteckig ...). In diesem Kapitel wird die sinusförmige Wechselspannung beschrieben.

Verlauf des Wechselstroms

Wechselspannung ruft einen **Wechselstrom** hervor. Nach dem Ohmschen Gesetz ist an einem Ohmschen Widerstand der Strom proportional zur Spannung. An Spulen und Kondensatoren erreicht der Strom sein Maximum vor oder nach der Spannung. Dieser Unterschied wird als **Phasendifferenz φ** bezeichnet und in Grad oder als Bogenmaß angegeben (Zur Umrechnung Grad/Bogenmaß s. S. 10). Ist φ 0, sind Strom und Spannung **in Phase.**

> Der Momentanwert I(t) des Stroms einer Wechselspannung der Winkelgeschwindigkeit ω und der Phasendifferenz φ beträgt bei einem Maximalwert I_0:
>
> $I(t) = I_0 \cdot \sin(\omega \cdot t + \varphi)$ (2)

Die Phasendifferenz wird als Kreisabschnitt angegeben, da eine komplette Periode einer Sinuswelle einen kompletten Umlauf um einen Kreis darstellt. Eilt der Strom der Spannung voraus, ist er genauso schnell, aber ein paar Grad vor der Spannung.

Effektivwerte

Um Wechselspannungen zu beschreiben, benutzt man nicht den Scheitelwert, sondern den Effektivwert. Würde man eine Gleichspannung dieses Spannungswertes an einen Ohmschen Widerstand anlegen, würde sie diesen genauso stark erwärmen wie die Wechselspannung.

> Der Effektivwert U_{Eff} einer sinusförmigen Wechselspannung mit dem Maximalwert U_0 beträgt:
>
> $U_{Eff} = \frac{U_0}{\sqrt{2}}$ (3)
>
> Für Strom gilt die gleiche Formel analog.

Messinstrumente zeigen in der Regel Effektivwerte an.

Wechselstromwiderstände

Im Wechselstromkreis haben Spulen und Kondensatoren einen **endlichen, nicht-Ohmschen Widerstand**.

> Der Wechselstromwiderstand wird als Impedanz Z bezeichnet. Er ist der Quotient aus den Effektivwerten U_{Eff}/I_{Eff} oder den Scheitelwerten U_0/I_0 von Strom und Spannung.
>
> $Z = \frac{U_{Eff}}{I_{Eff}} = \frac{U_0}{I_0}$ (4)

Die **Einheit** der Impedanz ist ebenfalls **Ohm.** Andere Bezeichnungen sind **kapazitiver/induktiver Widerstand** Z_C/Z_L oder auch X_C/X_L.

Ohmscher Widerstand

Strom und Spannung sind am Ohmschen Widerstand **in Phase** (φ = 0°). Für die Berechnung des Widerstandswertes benutzt man das **Ohmsche Gesetz.**

Kapazitiver Widerstand

Im Gleichstromkreis fließt nur so lange Strom bis der Kondensator vollständig geladen ist (s. S. 32). Dann fungiert er als unendlich hoher Gleichstromwiderstand. Im Wechselstromkreis wechselt die Polarität der Spannung und der Kondensator wird **umgeladen.** Es **fließt** also **immer Strom.**
Da aufgrund der zunehmenden Ladung des Kondensators es immer schwerer wird, ihn weiter zu laden, fließt zuerst ein recht großer Strom, der dann abnimmt. Die Spannung hingegen nimmt erst langsam zu. Der Strom wird also behindert.

> Die Impedanz Z_C eines Kondensators der Kapazität C beträgt bei Wechselstrom der Frequenz f:
>
> $Z_C = \frac{1}{2\pi \cdot f \cdot C}$ (5)
>
> Der Strom eilt der Spannung um eine Viertelperiode voraus (φ = -π/2 oder -90°) (▮ Abb. 1 (b)).

Induktiver Widerstand

In der Spule kommt ihre **Selbstinduktivität** bei jedem Polaritätswechsel der Spannung erneut zum Tragen.
Die Spannung kommt daher sofort, der Strom muss sich erst langsam aufbauen.

> Die Impedanz Z_L einer Spule mit der Induktivität L beträgt bei Wechselstrom der Frequenz f:
>
> $Z_L = 2\pi \cdot f \cdot L$ (6)
>
> An der Spule eilt die Spannung dem Strom um eine Viertelperiode voraus (φ = π/2 oder +90°) (▮ Abb. 1(c))

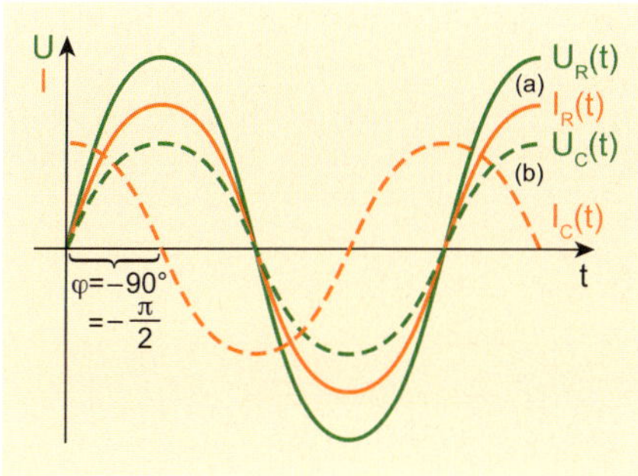

Abb. 1: (a) durchgezogen: Strom und Spannung bei sinusförmiger Wechselspannung am Ohmschen Widerstand (φ = 0°); (b) gestrichelt: Strom und Spannung am Kondensator (φ = −90°)

Die Impedanz von Spulen mit Eisenkernen ist schwierig zu berechnen.
In der Realität hat eine Spule zusätzlich auch den Ohmschen Widerstand des Drahtes. In Schaltzeichnungen wird das durch einen ohmschen Widerstand in Reihe zur Spule dargestellt.

Leistung im Wechselstromkreis

Die Leistung im Wechselstromkreis kann man mit verschiedenen Parametern berechnen.
Das Produkt der Effektivwerte U_{Eff}/I_{Eff} wird als **Scheinleistung P_S** bezeichnet:

$$P_S = U_{Eff} \cdot I_{Eff} \qquad (7)$$

Die **Wirkleistung P_W** berücksichtigt die Phasendifferenz φ:

$$P_W = U_{Eff} \cdot I_{Eff} \cdot \cos\varphi \qquad (8)$$

In den Feldern von Kondensator und Spule ist Energie gespeichert. Die Leistung, die zu ihrem Aufbau benötigt wird, heißt **Blindleistung P_B,** da sie dem Stromkreis gleich wieder zugeführt wird:

$$P_B = U_{Eff} \cdot I_{Eff} \cdot \sin\varphi \qquad (9)$$

Im Gegensatz zum Ohmschen Widerstand, der die elektrische Energie als Wärmeenergie aus dem Stromkreis entfernt, bleibt die an Kondensator und Spule umgesetzte Energie im Stromkreis.

Schwingkreis

Im elektrischen Feld eines geladenen Kondensators ist Energie gespeichert. Verbindet man ihn mit einer Spule, wird er über die Spule entladen und Strom fließt.
Als Folge entsteht in der Spule ein Magnetfeld, in dem wiederum die Energie gespeichert ist. Ist der Kondensator entladen, fließt kein Strom mehr, und das magnetische Feld bricht zusammen. Das induziert eine Spannung, die den Kondensator in entgegengesetzter Polarität wieder auflädt. Die Energie ist jetzt wieder im Kondensator, und der Vorgang beginnt erneut.
Diese Anordnung wird als Schwingkreis bezeichnet, weil die Energie immer zwischen Kondensator und Spule hin und her schwingt. Strom und Spannung im Schwingkreis haben einen sinusförmigen Verlauf.
In der Realität würde die Energie über die Ohmschen Widerstände der Leitungen und der Spule verloren gehen, was man durch spezielle Schaltungen verhindert.
Die Umladungen finden mit einer bestimmten Frequenz, der **Eigenfrequenz,** statt. Wird der Kreis von außen angeregt, z. B. durch ein äußeres Magnetfeld, beginnt er mitzuschwingen. Geht das äußere Feld immer in dieselbe Richtung wie das der Spule, wird die Schwingung immer weiter verstärkt. Man spricht von **Resonanz.**

> Die Eigenfrequenz f eines Schwingkreises mit der Kapazität C und der Induktivität L ist die Frequenz, bei der Z_C und Z_L gleich sind (Thomsonsche Gleichung).
>
> $$f = \frac{1}{2\pi \cdot \sqrt{L \cdot C}} \qquad (10)$$

Bei hohen Frequenzen werden **elektromagnetische Wellen** abgestrahlt.

Hertzscher Dipol

Auch ein **Metallstab** hat eine kleine Kapazität und Induktivität. Wird er also auf seiner (recht hohen) Resonanzfrequenz angeregt, wandern in ihm Elektronen hin und her. Das erzeugt elektrische und magnetische Felder.
Bei den herrschenden Frequenzen (im 100-MHz-Bereich) brechen die Felder nicht einfach zusammen, sondern werden quasi „abgeschnürt". So werden elektromagnetische Wellen in die Umgebung abgestrahlt. Ein solcher Metallstab heißt **Hertzscher Dipol.**
Schwingkreise sind Herzstück von Radios und Funkgeräten.

Zusammenfassung

- Wechselspannung ändert ständig ihren Betrag und ihre Richtung. Sie wird durch Spitzen- und Effektivwerte beschrieben.
- Im Wechselstromkreis können Strom und Spannung phasenverschoben sein.
- Spulen und Kondensatoren haben im Wechselstromkreis einen endlichen, frequenzabhängigen Widerstand, der Impedanz heißt.
- Im Wechselstromkreis gibt es die Scheinleistung und die Wirkleistung; Letztere berücksichtigt die Phasendifferenz.
- Ein Schwingkreis besteht aus einer Spule und einem Kondensator. Die Energie in ihm pendelt zwischen Spule und Kondensator hin und her.
- Ein Hertzscher Dipol ist ein Metallstab. Er ist die „Minimalvariante" eines Schwingkreises.

D Schwingungen und Wellen

D Schwingungen und Wellen

Schwingungen

Eigenschaften von Schwingungen

Eine Schwingung ist ein sich wiederholender **(= periodischer)** Vorgang. Der schwingende Körper (oder **Oszillator**) wird aus seiner Ruhelage ausgelenkt. Eine **Rückstellkraft F_R** führt den Körper dann wieder in Richtung seiner Ruhelage zurück. Er schießt über die Ruhelage hinaus, wird in die entgegengesetzte Richtung ausgelenkt und wieder von der Rückstellkraft, die immer in Richtung der Ruhelage wirkt, zurückbefördert. Die maximale Auslenkung heißt **Amplitude.** Breitet sich eine Schwingung in den Raum aus, bildet sie eine **Welle.**
Die für einen solchen Vorgang (Ruhelage – Amplitude – Ruhelage – Amplitude auf der anderen Seite – Ruhelage) benötigte Zeit ist die **Schwingungsdauer T.** Ihr Kehrwert ist die **Frequenz f.** Einheit: **Hertz** ($[T]=1s$; $[f]=1/s=1Hz$).
Analog zur Kreisbewegung gibt es auch bei der Schwingung die **Winkelgeschwindigkeit** (bei Schwingungen auch **Kreisfrequenz**) ω (s. S. 10, Formel (3)). Die Analogie zwischen Kreisbewegung und Schwingung rührt daher, dass eine Schwingung quasi eine auf eine Ebene projizierte gleichförmige Kreisbewegung ist.
Stellt man z. B. eine Tasse in der Mikrowelle auf den Rand der sich drehenden Scheibe und strahlt sie von vorne mit einem Scheinwerfer an, sieht man an der Rückwand nur, wie sich der Schatten hin und her bewegt, also schwingt. Strahlt man ein Pendel an, bewegt sich der Schatten genauso nach rechts und links.
Die **Phasenverschiebung φ** wird als Winkel oder als Kreisabschnitt angegeben (s. S. 2, s. S. 40). Sie bezieht sich auf die Kreisbewegung, deren Projektion die Schwingung ist. Positive Phasenverschiebungen bedeuten Verschiebungen nach vorne (Auf einem Kreisbogen: gegen den Uhrzeigersinn). Hat ein Oszillator eine Phasenverschiebung von 90°, beginnt er nicht aus der Ruhelage zu schwingen, sondern aus der ersten maximalen Auslenkung.
„In Phase" bedeutet, dass die Phasenverschiebung zwischen zwei Schwingungen/Wellen 0 ist.

Harmonische Schwingungen

Wir beschäftigen uns hauptsächlich mit harmonischen Schwingungen. Dabei ist die **Rückstellkraft der Auslenkung proportional.**
Das Gegenteil sind **anharmonische Schwingungen** (z. B. Sprache oder Geräusche). Man kann sie durch **Fourier-Analyse** in mehrere harmonische Schwingungen unterschiedlicher Frequenz zerlegen.
Harmonische Schwingungen lassen sich durch Sinusfunktionen beschreiben.

> Zum Zeitpunkt t hat ein Oszillator, der mit der Kreisfrequenz ω, der Amplitude y_0 und der Phasenverschiebung φ schwingt, die Auslenkung y(t), die Geschwindigkeit v(t) und die Beschleunigung a(t):
>
> $y(t)=y_0\cdot\sin(\omega\cdot t+\varphi)$ (1)
>
> v(t) und a(t) sind zeitliche Ableitungen von y(t).
>
> $v(t)=\dot{y}(t)=y_0\cdot\omega\cdot\cos(\omega\cdot t+\varphi)$ (2)
>
> $a(t)=\ddot{y}(t)=-y_0\cdot\omega^2\cdot\sin(\omega\cdot t+\varphi)$ (3)

Für die **Rückstellkraft F_R** gilt (s. S. 12, Formel (1)):

$F_R(t)=-m\cdot\omega^2\cdot y(t)$ (4)

Das Minus zeigt, dass sie der Bewegungsrichtung immer entgegengesetzt ist.

Federpendel

Ein Federpendel ist ein an einer Feder aufgehängtes Gewicht (▌Abb 1 (a)). Als Rückstellkraft wirkt die **Spannkraft** der Feder. Für die Spannkraft F_S einer Feder bei der Auslenkung y gilt das **Hookesche Gesetz:**

$F_S=-D\cdot y$ (5)

D ist die **Federstärke.** Bei manchen Federn (z. B. Autofederung) ist D nicht konstant, für unser Federpendel setzen wir allerdings D = konstant voraus. Damit ist die Rückstellkraft proportional zur Auslenkung und die Schwingung harmonisch.

Die Schwingungszeit T kann man aus den Formeln (4) und (5) herleiten:

$T=2\pi\cdot\sqrt{\frac{m}{D}}$ (6) **(Schwingungsformel des Federpendels)**

Wird eine Feder um den Weg y ausgelenkt, speichert sie dabei die **Spannenergie W_S:**

$W_S=\frac{1}{2}D\cdot y^2$ (7)

Die Spannenergie ist auch eine Form potentieller Energie.

Fadenpendel

Ein Fadenpendel ist in ▌Abb. 1 (b) dargestellt. Rückstellkraft ist die Schwerkraft.
Man kann zeigen, dass die Rückstellkraft nicht zum Auslenkungswinkel α, sondern zu sin α proportional ist. Somit schwingt das Fadenpendel eigentlich nicht harmonisch. Für kleine Winkel ist allerdings der Unterschied zwischen sin α und α so gering, dass man die Schwingung des Fadenpendels als **harmonisch für kleine Auslenkungen** bezeichnet. Unsere Bewegungsgesetze sind damit für kleine Winkel α anwendbar.
Das **Schwingungsgesetz des Fadenpendels** kann man aus Formel (4) und der Gewichtskraft herleiten:

$T=2\pi\cdot\sqrt{\frac{l}{g}}$ (8)

Die Schwingungsdauer hängt also nur von **Fadenlänge** und **Gravitationsbeschleunigung** ab.

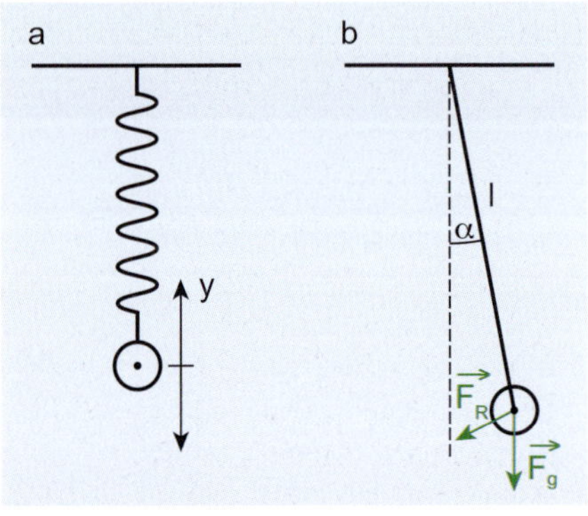

▌Abb. 1: (a) Federpendel; (b) Fadenpendel

Elektrischer Schwingkreis

Der Schwingkreis ist in Kap. C 40 „Wechselspannung" beschrieben.

Energie bei Schwingungen

Bei Schwingungen wird **ständig Energie umgewandelt:**

▶ Die Feder eines Federpendels ist z. B. in maximaler Auslenkung voll gespannt, während sich das Pendel für einen kurzen Moment nicht bewegt. Die potentielle Energie ist maximal, während die kinetische Energie 0 ist.
▶ Beim Durchgang durch die Ruhelage ist die Geschwindigkeit und damit die kinetische Energie maximal, während die Feder nicht gespannt ist.
▶ Bewegt sich das Pendel wieder auf einen Umkehrpunkt zu, bremst die Rückstellkraft die Bewegung und die Feder wird gespannt.

(Fadenpendel s. S. 15)
Die **Gesamtenergie** einer Schwingung ist also die **Summe aus kinetischer und potentieller Energie.**

Gedämpfte Schwingungen

In der Realität wird man feststellen, dass bei Schwingungen die Amplitude stetig kleiner wird und die Schwingung schließlich aufhört.
Schwingungen, bei denen die Amplitude abnimmt, nennt man **gedämpfte Schwingungen.** Die Amplitude nimmt **exponentiell** ab, das heißt, eine Auslenkung ist nur noch z. B. ½ (oder 1/5 oder 1/2,73) so groß ist wie die vorhergehende. Die wiederum folgende Auslenkung ist um denselben Faktor verkleinert. Mathematisch liegen die Amplituden auf dem Graphen einer **Exponentialfunktion** (= e-Funktion).
Diese Abnahme hängt von der Stärke der Dämpfung ab. Ist die Dämpfung hoch, fängt die Schwingung gar nicht richtig an: Es gibt nur eine Auslenkung und der Oszillator läuft wieder langsam in die Ruhelage zurück. Diese Situation heißt **aperiodischer Grenzfall.**
In der Technik wird die Dämpfung häufig so hoch eingestellt: Ein Auto ist quasi ein Federpendel mit der Karosserie als Gewicht. Wäre die Dämpfung gering, müsste man sich nur setzen (= Auslenkung), und die Federung würde ewig nachschwingen. So nimmt es nur eine neue Ruhelage ein.

Erzwungene Schwingungen

Lenkt man eine Schaukel (= Fadenpendel) aus und lässt sie los, schwingt sie mit der Frequenz, die man mit Formel (8) berechnet. Diese Frequenz heißt **Eigenfrequenz.**
Führt man die Schaukel an der Hand, schwingt sie auch, allerdings nicht unbedingt mit ihrer Eigenfrequenz. Das nennt man **erzwungene Schwingung.**
Regt man die Schaukel mit einer **festen Frequenz** an, z. B. in dem man ihr in festem zeitlichen Abstand Stöße in eine Richtung gibt (wir nehmen an, dass wir zu jedem Zeitpunkt die Schaukel mit dem Arm erreichen können), wird man sie manchmal erwischen, wenn sie wegschwingt, so dass sie mehr kinetische Energie erhält, und manchmal, wenn sie sich nähert, so dass sie abgebremst wird.
Ist die Anregungsfrequenz (der Takt der Stöße) sehr unterschiedlich von der Eigenfrequenz, wird die Amplitude klein bleiben, da immer wieder gebremst wird. Je näher die Anregungsfrequenz an die Eigenfrequenz kommt, desto größer wird die Amplitude. Schließlich kommt es zur **Resonanz:** Die Amplitude nimmt mit jedem Anstoß zu, so dass sie – theoretisch – unendlich hoch wird.
In der Praxis kommt es zur **Resonanzkatastrophe:** Die Schaukel überschlägt sich, andere auf ihrer Eigenfrequenz angeregte Gegenstände (Brücken, Gläser, Nierensteine bei der Stoßwellenlithotripsie) werden zerstört.
Die **Phasenverschiebung** bei der erzwungenen Schwingung ist bei sehr niedriger Anregungsfrequenz 0 (der Oszillator folgt der Anregung sofort), beträgt bei Resonanz $\pi/2$ und steigt mit steigender Anregungsfrequenz weiter bis zur **Gegenphase** ($\varphi = \pi$).
Bei vielen Oszillatoren (insbesondere Musikinstrumenten) kommt es nicht nur auf der Eigenfrequenz zur Resonanz, sondern auch auf **ganzzahligen Vielfachen** der Eigenfrequenz, den sog. **Obertönen.**

Zusammenfassung

- Eine Schwingung ist ein periodischer Vorgang. Ein Oszillator wird aus einer Ruhelage ausgelenkt, erreicht eine maximale Auslenkung (Amplitude) und wird von der Rückstellkraft F_R in die Ruhelage zurückgezogen.
- Bei harmonischen Schwingungen ist die Rückstellkraft zur Auslenkung proportional. Sie lassen sich durch Sinuskurven beschreiben.
- Beispiele für harmonische Schwingungen sind Federpendel und (bei kleinen Auslenkungen) Fadenpendel.
- Kinetische und potentielle Energie werden bei Schwingungen ständig ineinander umgewandelt.
- In der Realität sind Schwingungen oft gedämpft.
- Werden Oszillatoren auf oder nahe ihrer Eigenfrequenz angeregt, kommt es zu Resonanz.
- Anharmonische Schwingungen lassen sich durch Fourier-Analyse in mehrere harmonische Schwingungen zerlegen.

Wellen I: Beschreibung von Wellen

Wir stellen uns ein Wasserteilchen vor, das eine Schwingung nach oben und unten ausführt. Über zwischenmolekulare Kräfte werden auch die umgebenden Wasserteilchen zu Schwingungen angeregt, die wiederum ihre Nachbarn anregen.

> Breitet sich eine Schwingung im Raum aus, entsteht eine Welle.

An jedem Punkt der Welle führt ein Oszillator (z. B. Wasserteilchen) eine Schwingung aus. Zusammen entsteht dann der Eindruck einer sich ausbreitenden Welle.
Der **Schwingungsvektor** zeigt in die Richtung, in die jedes einzelne Teilchen schwingt, der **Ausbreitungsvektor** in die Richtung, in die sich die Welle bewegt.
Das Medium, in dem sich die Wellen bewegen, nennt man **Wellenträger** (Wasser, Luft, Seil ...).

Eigenschaften von Wellen

Transversalwellen, Polarisation

Bei einer Transversalwelle steht der Schwingungsvektor senkrecht zum Ausbreitungsvektor (z. B. Licht, Wasserwellen, ▮ Abb. 1 (b)). Der Schwingungsvektor kann sich um die Ausbreitungsachse drehen (wie eine Radspeiche um eine Achse). Schwingen bei einer Transversalwelle alle Oszillatoren in eine Richtung, ist die Welle **linear polarisiert.** Filtert man aus einer Welle, bei der die Schwingungsvektoren in alle möglichen Richtungen (senkrecht zur Ausbreitungsrichtung) zeigen, eine Schwingungsrichtung heraus, heißt das **Polarisation.**

Longitudinalwellen

Schwingen die Oszillatoren parallel zur Ausbreitungsrichtung, erhält man **Longitudinalwellen** (z. B. Schall, ▮ Abb. 1 (a)). Longitudinalwellen kann man **nicht polarisieren.**

Mathematische Beschreibung

In der **Schwingungsdauer T** führt jeder Oszillator eine komplette Schwingung durch. T wird daher auch als **zeitliche Periode** bezeichnet. Kehrwert von T ist die **Frequenz f** (alternativ: f ist die Anzahl der Wellenberge, die in einer Sekunde an einer Stelle vorbeikommen).

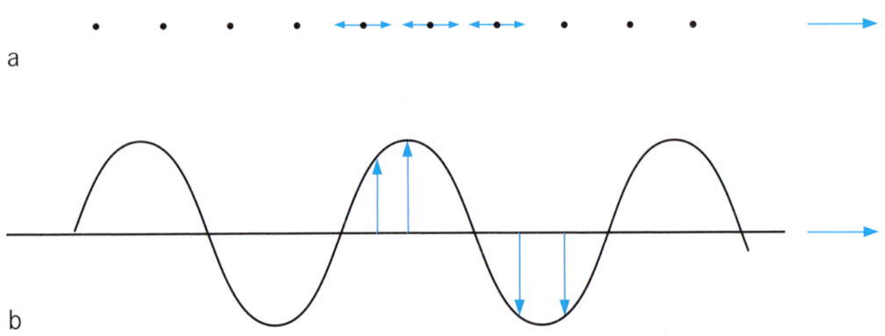

▮ Abb. 1: (a) Longitudinalwelle, (b) Transversalwelle [4]

Die **räumliche Periode** ist die **Wellenlänge λ.** Sie ist die kürzeste Strecke zwischen zwei Oszillatoren, die in derselben Phase schwingen (alternativ: die Strecke von Wellental zu Wellental oder von Wellenberg zu Wellenberg).

> Die Ausbreitungsgeschwindigkeit einer Welle der Frequenz f und der Wellenlänge λ heißt Phasengeschwindigkeit v_{Ph}.
>
> $v_{Ph} = \lambda \cdot f$ (1)

Die Abhängigkeit der Phasengeschwindigkeit von Frequenz und Wellenlänge heißt **Dispersion.**

> Die Wellengleichung (hier für eindimensionale Welle) beschreibt die Auslenkung y (x, t) eines Oszillators an der Stelle x zum Zeitpunkt t durch eine Welle der Wellenlänge λ und der Schwingungsdauer T. Die maximale Auslenkung beträgt y_0.
>
> $$y(x,t) = y_0 \cdot \sin\left(2\pi \cdot \left(\frac{x}{\lambda} - \frac{t}{T}\right)\right) \quad (2)$$

Dadurch, dass alle Oszillatoren an ihrer Stelle bleiben und nur Schwingungsenergie auf ihre Nachbarn übertragen, **transportiert** eine Welle **Energie ohne Materietransport.**

Doppler-Effekt

▶ Ein **bewegter Empfänger** registriert bei von einem **ruhenden Sender** ausgestrahlten Wellen eine andere **Frequenz** als die vom Sender abgestrahlte. Der Empfänger wird quasi von den Wellenbergen häufiger getroffen, wenn er sich auf den Sender zu bewegt, als in Ruhe. Die Wellenlänge bleibt konstant.
▶ **Bewegt sich der Sender,** verändert sich die abgestrahlte **Wellenlänge:** Die Strecke zwischen zwei Wellenbergen ist nicht mehr nur von der Phasengeschwindigkeit der Welle, sondern auch von der Strecke, die der Sender während der „Produktion" der Welle zurücklegt, bestimmt.
▶ Bewegen sich **beide,** ändern sich **Wellenlänge und Frequenz.**

Bei Ultraschalluntersuchungen kann man durch den Doppler-Effekt Blutströmung darstellen: Zellen im Blut reflektieren Schallwellen, wirken also als Sender. Aus Wellenlängen- und Frequenzänderung kann man dann die Strömungsgeschwindigkeit abschätzen.

Wechselwirkung von Wellen

Interferenz

Treffen mehrere Wellen an einer Stelle zusammen, ist die Auslenkung des Oszillators an dieser Stelle gleich der Summe der einzelnen Auslenkungen (die jede Welle nach Formel (2) verursachen würde) an dieser Stelle. Danach laufen sie ungestört weiter. Diese ungestörte Überlagerung heißt **Interferenz.**

Es kann dabei zu Verstärkung, Abschwächung oder kompletter Auslöschung kommen.
Wellen, die zueinander in Phase schwingen, nennt man **kohärent.** Nur zwischen kohärenten Wellen kommt es zu stabilen Interferenzphänomenen.

Huygens'sches Prinzip

Jede Wellenfront lässt sich durch Interferenz vieler kleiner kreisförmiger Wellen erzeugen. Diese wurden von Huygens als Elementarwellen bezeichnet.

> Jeder Punkt auf einer Wellenfront ist der Ausgangspunkt einer Elementarwelle. Die Elementarwellen breiten sich mit der gleichen Phasengeschwindigkeit und Frequenz wie die Wellenfront aus. Die neue Wellenfront lässt sich als Einhüllende aller von der alten Wellenfront ausgehenden Elementarwellen konstruieren (Huygens'sches Prinzip, ▮ Abb. 2 (a)).

Mithilfe dieses Prinzips kann man u.a. Gesetze für Reflexion und Brechung herleiten. Letztendlich gelten **dieselben Gesetze wie in der Optik** (s. S. 54). Es wird statt des Lichtstrahls der Ausbreitungsvektor verwendet.

Beugung

Wellen dringen an Hindernissen vorbei in den „Schattenraum" hinter einer Begrenzung ein (z.B. an Kaimauern vorbei in Häfen). Dieser Effekt heißt **Beugung.**

Ist die Öffnung im Bereich der Wellenlänge oder kleiner, ist die Beugung besonders groß; ist sie viel größer als die Wellenlänge, ist die Beugung vernachlässigbar klein.
Die Beugung kann man anhand des Huygens-Prinzips erklären: Die Elementarwellen am Rand breiten sich kreisförmig in den Schattenraum aus (▮ Abb. 2 (b)).

Stehende Wellen

Treffen sich zwei Wellen gleicher Frequenz und Amplitude genau frontal, entstehen durch die Überlagerung Stellen, die sich sehr stark bewegen, und Stellen, die sich überhaupt nicht bewegen. Manche Oszillatoren bewegen sich also dauernd zwischen den maximalen Auslenkungen, während andere völlig stehen. Dieses Phänomen heißt **stehende Welle.**
Die Stellen, die sich überhaupt nicht bewegen, heißen **Knoten,** die dazwischen liegenden Bereiche **Bäuche** (▮ Abb. 3).
Am ehesten entsteht so eine Situation, wenn eine eindimensionale (also quasi linienförmige) Welle auf eine Oberfläche trifft, von der sie reflektiert wird. Ein Beispiel wäre eine Seilwelle: Jemand hält ein einseitig befestigtes Seil in der Hand und bewegt es schnell auf und ab. Bäuche und Knoten entstehen nur bei

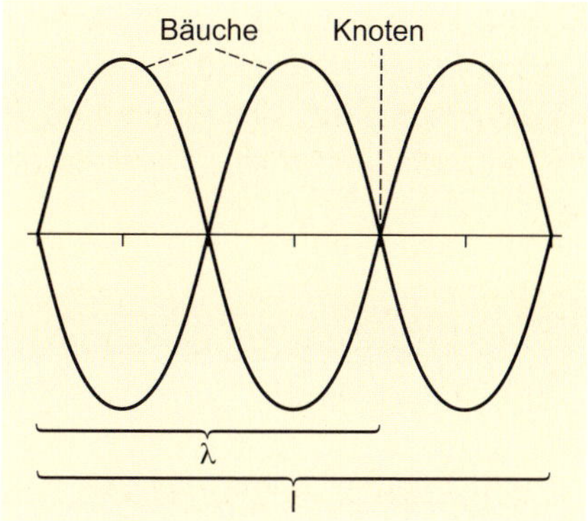

▮ Abb. 3: Stehende Welle, Länge des Wellenträgers l, Wellenlänge λ; l = 3/2λ

bestimmten Wellenlängen. Es kommt auch darauf an, ob das andere Ende **frei mitschwingen kann oder fest eingespannt** ist.

> Auf einem linearen Wellenträger der Länge l bilden sich stehende Wellen, wenn die Wellenlänge λ beträgt. Diese haben dann n Knoten.
> Falls beide Enden gleich sind (beide fest oder beide mitschwingend):
> $$\lambda_n = \frac{2l}{n+1} \quad (3)$$
> Falls beide Enden unterschiedlich sind:
> $$\lambda_n = \frac{4l}{2 \cdot n+1} \quad (4)$$

Es gibt auch **stehende Longitudinalwellen.** Sie werden z.B. durch Schall in einem Rohr gebildet.

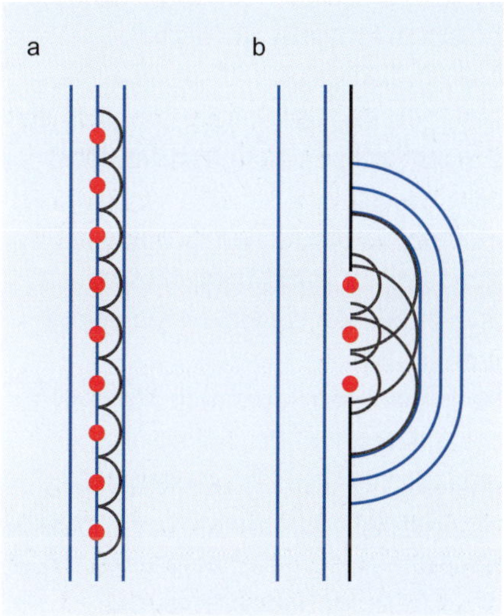

▮ Abb. 2: (a) eine Wellenfront (blau) mit Elementarwellen (rot); (b) eine Wellenfront wird gebeugt.

Zusammenfassung

- Breitet sich eine Schwingung im Raum aus, entsteht eine Welle.
- Bei Transversalwellen steht der Ausbreitungsvektor senkrecht zum Schwingungsvektor. Die Stellung des Schwingungsvektors (abgesehen von der Tatsache, dass er senkrecht zur Ausbreitungsrichtung steht) wird als Polarisationsebene bezeichnet.
- Bei Longitudinalwellen steht der Schwingungsvektor parallel zur Ausbreitungsrichtung.
- Der Dopplereffekt bezeichnet Frequenz- und Wellenlängenveränderungen bei bewegten Sendern und Empfängern.
- Treffen sich zwei Wellen, überlagern sie sich ungestört.
- Überlagern sich zwei genau gegenläufige Wellen gleicher Frequenz und Amplitude, bildet sich eine stehende Welle.

Wellen II: Beispiele für Wellen

Ebene Wellen und Kugelwellen

Neben eindimensionalen (= linearen) Wellen gibt es auch ebene Wellen und Kugelwellen:

▶ **Ebene (zweidimensionale) Wellen** entstehen z.B, wenn man einen Stein ins Wasser wirft.
▶ In einem isotropen (in alle Richtungen die gleiche Beschaffenheit) Medium erzeugt ein **punktförmiger** Sender (z. B. Schallquelle) eine dreidimensionale **Kugelwelle.** Die einzelnen Wellenfronten bilden jeweils eine Kugel.

Der Quotient aus von einer Welle transportierter Leistung P (die wiederum als Arbeit ΔW pro Zeiteinheit Δt definiert ist) und der Fläche A, auf die diese Leistung auftrifft, heißt **Intensität I:**

$$I = \frac{\Delta W}{\Delta t \cdot A} = \frac{P}{A} \quad (1)$$

Bei einer Kugelwelle wird eine bestimmte Menge Energie von einer Wellenfront transportiert. Da die Fläche der Wellenfront mit zunehmender Entfernung von der Quelle größer wird (die Kugel wird größer), nimmt die Intensität der Welle ab. Die Intensität ist umgekehrt proportional zum Quadrat der Entfernung (**Abstandsquadratgesetz**, s. S. 91).

Schall

Schall ist eine **Longitudinalwelle** (s. S. 46, ▮ Abb. 1 (a)), die Luftteilchen schwingen parallel zur Ausbreitungsrichtung. Dadurch, dass sie mal näher zusammen und mal weiter voneinander entfernt sind, kommt es zu schnellen Druckänderungen.
Man unterscheidet:

▶ Ein **Ton** ist eine harmonische Sinusschwingung einer einzigen Frequenz.
▶ Ein **Klang** besteht aus einem Grundton und mehreren Oberschwingungen, also ganzzahligen Vielfachen der Frequenz des Grundtons. Oberschwingungen machen den charakteristischen Klang eines Instruments aus.
▶ Ein **Geräusch** ist alles, was nicht unter diese Definitionen fällt, meist eine ungeordnete Überlagerung mehrerer Klänge. **Herztöne** sind also eigentlich Geräusche.

Man gliedert Schall in mehrere **Frequenzbereiche:**

▶ **Infraschall** hat Frequenzen **< 16 Hz** und wird eher als Vibration empfunden.
▶ Zwischen etwa **16 Hz und 20 kHz** kann man in der Regel **hören.** Alte Menschen hören hohe Frequenzen schlechter.
▶ **Ultraschall** hat Frequenzen **> 20 kHz.** Technisch kann man Ultraschall durch den piezoelektrischen Effekt erzeugen, etwa in Sonogeräten.

Die „Stärke" des Schalls kann man unterschiedlich quantifizieren. Die Schwankungen des Luftdrucks, die eine Schallwelle verursacht, heißen **Schalldruck** (Schallwechseldruck). Sie liegen in der Größenordnung 10^{-2} Pa.
Die **Hörschwelle** liegt etwa bei $2 \cdot 10^{-5}$ Pa.
Die **Schallintensität I** wird in W/m^2 angegeben. Sie beschreibt die transportierte Leistung pro Fläche.
Der **Schallpegel oder SPL** (Sound Pressure Level) sagt aus, wie viel höher der Schalldruck als der **Referenzschalldruck $2 \cdot 10^{-5}$ Pa** ist. Einheit ist **Dezibel** (dB). Schall mit dem Schalldruck p hat folgenden SPL:

$$SPL = 20 \cdot \lg \frac{p}{p_0} \quad (2)$$

p_0 ist der Referenzschalldruck. Die Dezibel allgemein drückt das Verhältnis eines Wertes zu einem Referenzwert aus. Die Leistung von Verstärkern wird in dB angegeben. In den Nenner des Bruchs setzt man die Eingangsleitung und in den Zähler die Ausgangsleistung ein.
Für Mediziner interessant ist die **Lautstärke** (in **Phon** oder **dB(A)**). Der SPL berücksichtigt nicht, dass das Gehör für verschiedene Frequenzen unterschiedlich empfindlich ist. Bei zwei Tönen mit gleichem SPL kommt uns z. B. ein Ton der Frequenz 3 kHz lauter vor als ein Ton der Frequenz 50 Hz. Töne gleicher Lautstärke hingegen werden auch als gleich laut empfunden. Die Beziehung zwischen SPL und Lautstärke ist **nicht linear,** es gibt Referenzkurven zur Umrechnung (s. Physiologie-Lehrbuch). Bei 1000 Hz sind beide Skalen als gleich definiert. Ein 10 phon lauter Ton mit f = 2 kHz kommt uns also so laut vor wie ein 10 dB-Ton mit f = 1000 Hz.

Schall in verschiedenen Medien

Schallgeschwindigkeit

In einem **Festkörper** der Dichte ρ mit dem Elastizitätsmodul E (s. S. 17) beträgt die Schallgeschwindigkeit c:

$$c = \sqrt{\frac{E}{\rho}} \quad (3)$$

In einer **Flüssigkeit** ist sie von Dichte und Kompressionsmodul K (s. S. 17) abhängig:

$$c = \sqrt{\frac{K}{\rho}} \quad (4)$$

In **Gasen** ist die Geschwindigkeit auch von Druck und Dichte abhängig. Mit sinkender Dichte und steigendem Druck nimmt die Schallgeschwindigkeit zu. Da sich die Dichte mit der Temperatur ändert, besteht letztlich auch eine Temperaturabhängigkeit.
Durch Vakuum wird Schall nicht geleitet. Die Schallgeschwindigkeit dort ist also 0.
In Luft beträgt sie bei 20 °C und 1013 mbar Druck 340–350 m/s, bei 0 °C 330 m/s. In Wasser kann man mit etwa 1500 m/s rechnen.

Absorption und Reflexion

Das Produkt aus der Dichte ρ eines Materials und der Schallgeschwindigkeit c in ihm wird als **Schallwiderstand** bezeichnet.
Materialien mit großem Schallwiderstand heißen **schallhart,** Materialien mit kleinem Schallwiderstand **schallweich.**
Beim Übergang von einem Medium in ein anderes wird ein Teil des Schalls reflektiert und ein Teil weitergeleitet. Der Quotient aus reflektierter und ursprünglich ankommender Intensität heißt **Reflexionskoeffiezient.**
Je geringer der Unterschied zwischen den Schallwiderständen zweier Medien

ist, desto geringer ist der Reflexionskoeffizient beim Übergang vom einen in das andere Medium. Nur zwischen Medien mit gleichen Schallwiderständen ist ein reflexionsfreier Übergang möglich.
Bei der Sonografie wird ein hochfrequenter Schallimpuls ausgestrahlt und die Laufzeit bis zum Eintreffen der einzelnen Echos registriert. Zusätzlich wird die Stärke des Echos durch die Helligkeit der Bildpunkte ausgedrückt. Auf dem Monitor sieht man einen Schnitt durch das Gewebe: Oben ist der Schallkopf und nach unten das Gewebe, in das Schall gestrahlt wird.
An Übergängen zwischen Geweben/Strukturen wird Schall reflektiert. Flüssigkeit ist echofrei, sie erscheint schwarz. An Knochen oder Luft wird der Schall vollständig reflektiert, da der Unterschied der Schallwiderstände zu groß ist. Da kein Schall mehr übrig ist, um den Raum dahinter zu zeigen, sieht man eine dorsale Schallauslöschung. Flüssigkeitsgefüllte Zysten absorbieren weniger Schall als das umliegende Gewebe, daher kommt es relativ zu einer dorsalen Schallverstärkung.
Die kleinsten darstellbaren Strukturen liegen etwa in der Größenordnung der verwendeten Wellenlänge. Je höher die Frequenz, desto niedriger die Eindringtiefe.
Bei der Schallschwingung gibt es **Reibungsverluste.** Diese Reibungsverluste führen zu einer Abnahme der Schallintensität auf dem Weg durch das Medium. Die **Schallimpedanz,** eine Materialkonstante, beschreibt die Stärke dieser Verluste.
Da Schall in einem Medium nicht abrupt absorbiert wird, sondern graduell weniger wird, wird häufig die **Halbwertstiefe,** also die Strecke nach der sich die Intensität halbiert hat, angegeben.

Elektromagnetische Wellen

Elektromagnetische Wellen sind **Transversalwellen** und bestehen aus **elektrischer** und **magnetischer Komponente.** Sie breiten sich auch im Vakuum aus.
Bezüglich der Richtung von elektrischer Komponente, magnetischer Komponente und Ausbreitungsvektor kann man die Dreifingerregel (s. S. 37, ▮ Abb. 2 (a)) verwenden: Der Daumen zeigt in Richtung des elektrischen Feldes, der Mittelfinger in Richtung des magnetischen Feldes und der Zeigefinger in Ausbreitungsrichtung.
Die **Polarisationsrichtung** ist die Richtung des elektrischen Feldes.
Die **Phasengeschwindigkeit** von elektromagnetischen Wellen ist von der elektrischen und der magnetischen Feldkonstante ε_0 und μ_0 abhängig (s. S. 25, s. S. 36). In einem Medium ist sie außerdem von der **Dielektrizitätskonstante ε_R** und der **Permeabilitätskonstante μ_R** abhängig.

> In einem Medium mit der Dielektrizitätskonstante ε_R und der Permeabilitätskonstante μ_R beträgt die Phasengeschwindigkeit c elektromagnetischer Wellen:
>
> $$c = \frac{1}{\sqrt{\mu_0 \cdot \mu_R \cdot \varepsilon_0 \cdot \varepsilon_R}} \quad (5)$$

In Vakuum und Luft beträgt sie etwa $3 \cdot 10^8$ m/s.
Einen **Überblick über das elektromagnetische Spektrum** gibt ▮ Abbildung 4.

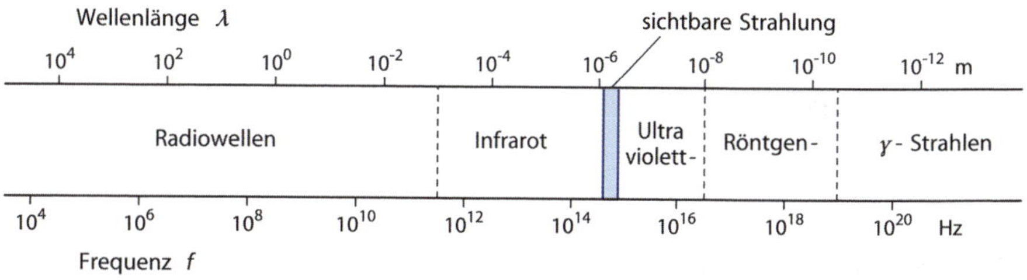

▮ Abb. 4: Das elektromagnetische Spektrum [13]

Zusammenfassung

- Bei Kugelwellen nimmt die Intensität proportional zum Quadrat der Entfernung ab.
- Schall ist eine Longitudinalwelle.
- Es gibt Töne, Klänge und Geräusche.
- Der SPL (in dB) ist der Logarithmus des Verhältnisses eines Schalldrucks zu einem Referenzschalldruck.
- Die Lautstärke (in phon oder dB(A)) berücksichtigt die unterschiedliche Empfindlichkeit des menschlichen Gehörs für verschiedene Frequenzen.
- Die Schallgeschwindigkeit in einem Medium ist unter anderem von der Dichte abhängig. Vakuum leitet Schall nicht.
- Der Reflexionskoeffizient beim Übergang von Schall aus einem in ein anderes Medium hängt von den Schallwiderständen der beiden Medien ab.
- Großer Unterschied in Schallwiderständen: viel Reflexion, kleiner Unterschied: wenig Reflexion.
- Elektromagnetische Wellen sind Transversalwellen mit elektrischer und magnetischer Komponente.
- Ihre Ausbreitungsgeschwindigkeit hängt von Dielektrizitätszahl und Permeabilitätszahl des Mediums ab.

E Optik

E Optik

Licht

Grundsätzliches

Die Optik versucht als „Lehre vom Licht“ Aussagen über die Entstehung (Emission), Ausbreitung und das Verschwinden (Absorption) von Licht zu treffen. Als Grundlage der Ophthalmologie und nicht zuletzt in Form von Hilfsmitteln wie Mikroskop oder Endoskop nimmt die Optik in der Medizin eine wichtige Rolle ein. Dieses Kapitel soll die grundlegenden Eigenschaften des Lichtes darstellen, bevor in folgenden Kapiteln, deren Wechselwirkung mit Materie näher beleuchtet wird.

Lichteigenschaften

Licht als elektromagnetische Welle

Unter **sichtbarem Licht** versteht man den für das menschliche Auge sichtbaren Anteil elektromagnetischer Strahlung (s. S. 48). Licht stellt also eine **elektromagnetische Welle** dar, deren Wellenlänge λ im Spektralbereich zwischen ca. 400 nm (violettes Licht) bis ca. 800 nm (rotes Licht) liegt. Es handelt sich also um einen nur kleinen Ausschnitt aus dem Spektrum elektromagnetischer Strahlung, an den die **ultraviolette Strahlung** (mit $\lambda < 400$ nm) und **infrarote Strahlung** (mit $\lambda > 800$ nm) anschließen.

Welle-Teilchen-Dualismus

Jedoch versagt diese Wellenvorstellung des Lichtes bei der Wechselwirkung mit Materie, wie z. B. beim Photoeffekt (lichtelektrischer Effekt) oder Compton-Effekt (s. S. 94). Hier ist es besser, Licht als Strom von Lichtteilchen, sog. **Photonen** (Lichtquanten) aufzufassen. Demnach lässt sich beim Licht von einem **„Welle-Teilchen-Dualismus“** sprechen. Bei der Emission und Absorption steht der Teilchencharakter von Licht im Vordergrund. Hingegen lassen sich die Ausbreitung von Licht, Interferenz und Beugung besser mit den Welleneigenschaften des Lichtes darstellen. Zur Beschreibung der Natur des Lichtes müssen beide Theorien beachtet werden.

Die Energie E eines einzelnen Lichtstrahls (Photons) ist dabei proportional zur Lichtfrequenz f. Mithilfe des sog. **Planck'schen Wirkungsquantums h** lässt sie sich folgend beschreiben:

$$E = h \cdot f \qquad (1)$$

h stellt eine Naturkonstante mit dem Wert $6{,}6261 \cdot 10^{-34}$ Js = $4{,}1357 \cdot 10^{-15}$ eVs dar.
Diese Formel bringt Max Plancks **Quantenhypothese** zum Ausdruck:

> Licht und somit Energie kann nicht in beliebig großen Portionen abgestrahlt werden, sondern nur als ganzzahliges Vielfaches eines Lichtquanten der Energie $h \cdot f$.

In monochromatischem (einfarbigem) Licht der Frequenz f besitzt demnach jedes Photon diese Energie. Mit der Intensität von Licht wächst also nur die Anzahl der Photonen, nicht deren Energie. Die Energie eines Photons ist rein abhängig von der Frequenz des Lichtes. Albert Einsteins Deutung des Photoeffektes (s. S. 58) mithilfe dieses Sachverhaltes brachte ihm 1921 den Nobelpreis für Physik ein.

Lichtgeschwindigkeit

Licht breitet sich wie jede elektromagnetische Strahlung mit **Lichtgeschwindigkeit c** aus. Hierbei gilt:

$$c = \lambda \cdot f \qquad (2)$$

Mit λ als Wellenlänge und f als Frequenz des Lichts. Im Vakuum beträgt c ca. $3 \cdot 10^8$ m/s. Sie stellt die höchste mögliche Geschwindigkeit dar. Sie verringert sich aber beim Eintritt in Materie (s. S. 54).
Die Energie eines Photons lässt sich mithilfe der Lichtgeschwindigkeit c also umformen:

$$E = h \cdot f = \frac{h \cdot c}{\lambda} \qquad (3)$$

> Die Energie von Licht ist umso größer, je höher die Frequenz oder je kleiner die Wellenlänge ist.

Entstehung von Licht

Lichtemission

Grundlage für das Aussenden (die **Emission**) von elektromagnetischer Strahlung und somit auch von sichtbarem Licht stellt eine Anregung von meist äußeren Elektronen eines Atoms (s. S. 64) dar. Durch Zuführen von Energie gelangen diese in einen energetisch höheren Zustand als ihr **Grundzustand.** Woher diese **Anregungsenergie** stammt, ist für den Strahler nicht von Interesse. Entscheidend ist nur, dass die Energie groß genug ist, ein Elektron in einen angeregten Zustand zu versetzen. Die Aussendung von Strahlung geschieht erst dann, wenn, nach kurzer Zeit des Verharrens im angeregten Zustand, dieses Elektron von selbst wieder in einen energetisch niedrigeren Zustand oder seinen Grundzustand zurückfällt. Denn dies ist mit der Emission von elektromagnetischer Strahlung verbunden. Die zuvor erhaltene Energie ist also in Form von Strahlung (eines Energiequanten) wieder abgegeben worden. Die ausgesandte Strahlung ist nun umso energiereicher, je größer die Energiedifferenz ΔE zwischen angeregtem Zustand und dem Zustand des Elektrons nach Emission ist. Es gilt also:

$$\Delta E = h \cdot f = \frac{h \cdot c}{\lambda} \qquad (4)$$

Liegt die ausgesandte Wellenlänge im Bereich des sichtbaren Lichts, spricht man von einer **Lichtquelle.** Dadurch, dass die Elektronen nur ganz bestimmte, sog. **diskrete Energieniveaus** annehmen können, ist auch die emittierte Strahlung **gequantelt,** d. h. die Energie wird in der Welle nicht gleichmäßig verteilt, sondern gebündelt in Form von Energiequanten ausgesandt (s. Quantenhypothese). Da die Energieniveaus und somit die Wellenlängen nur für das jeweilige Element charakteristische Werte annehmen können, spricht man von einem **Linienspektrum.** Anhand der **Spektralanalyse** lässt sich das jeweilige Element identifizieren.
Passiert die Emission automatisch, ohne Einfluss von außen, so nennt man sie **spontane Emission.** Wird hingegen das angeregte Elektron einem elektro-

magnetischen Feld ausgesetzt, lässt sich die Lebensdauer des angeregten Zustands verkürzen **(stimulierte Emission).**
Die Anregung von Elektronen lässt sich auf verschiedene Arten erzielen:

Gasentladung

Im elektrischen Feld werden Elektronen so stark beschleunigt, dass sie Gasatome zu ionisieren vermögen (s. S. 92). D. h., durch Stoßprozesse werden Elektronen aus Gasatomen ausgeschlagen, das Gas wird ionisiert. Man spricht von **Stoßionisation.** Durch Stöße mit energiereichen Ladungsträgern können aber Elektronen auch nur angeregt werden (Stoßanregung), so dass sie beim Rückfall auf ein energetisch niedrigeres Niveau Strahlung aussenden. Diesen Effekt nutzt man z. B. bei **Leuchtstoffröhren,** bei denen man mithilfe einer Quecksilber-Gasentladung ultraviolettes Licht erzeugt.

Temperaturstrahlung

Hier wird die notwendige Anregungsenergie durch thermische Bewegung der Teilchen gewonnen. Jeder Körper ist zwar in der Lage, solche Strahlung abzugeben, jedoch hängt die Wellenlänge von der Temperatur des Körpers ab. Je mehr man ihn aufheizt, desto intensiver ist die Lichtemission, d. h. umso mehr Photonen werden ausgesandt. Die Besonderheit dieser Strahlungsart ist jedoch, dass ein breites Spektrum von Wellenlängen ausgesandt wird. Dieses **kontinuierliche Spektrum** verschiebt sich mit zunehmender Temperatur zu kürzeren Wellenlängen (s. S. 76). Da die thermische Strahlung erst ab ca. 600 °C im sichtbaren Wellenlängenbereich liegt, muss man den Draht in einer **Glühlampe** durch elektrischen Strom aufheizen.

Absorption von Licht

Die Absorption (das Verschwinden) von Licht kommt zustande, wenn ein auf ein Atom auftreffendes Photon genau die gleiche Energie aufweist, wie die Energiedifferenz zwischen angeregtem und Grundzustand eines Elektrons im Atom. Dann wird die Energie des Photons dazu verwendet, das Elektron anzuregen, und es wird selbst vernichtet.

Lumineszenz

Die Lumineszenz stellt einen Überbegriff für eine Vielzahl von Anregungsarten dar, von denen hier zwei behandelt werden: Fluoreszenz und Phosphoreszenz.
Bei beiden Strahlungsarten werden Elektronen durch Absorption von Strahlung angeregt und gelangen erst über eine oder mehrere energetische Zwischenstufen wieder in ihren Grundzustand. Es können demnach mehrere, zeitlich versetzte Photonen unterschiedlicher Frequenz ausgesandt werden.
Beide Erscheinungen unterscheiden sich in ihrer Dauer: Während das Elektron bei **Fluoreszenz** unmittelbar ($< 10^{-8}$ s) in den Grundzustand zurückfällt, dauert dies bei **Phosphoreszenz** länger (bis zu Tagen). Es tritt ein Nachleuchten auf.

Laser

Die Bezeichnung Laser steht für ***l**ight **a**mplification by **s**timulated **e**mission of **r**adiation* (Lichtverstärkung durch stimulierte Emission von Strahlung).

Hierbei werden Elektronen auf einen sog. **metastabilen** Zustand angeregt, auf dem sie ungewöhnlich lange verharren. Durch **stimulierte Emission** senden sie nahezu gleichzeitig Strahlung gleicher Wellenlänge **(monochromatisches Licht)** aus. Dies kann nun erneut andere Elektronen dazu befähigen, in den Grundzustand zu fallen, was zur lawinenartigen Verstärkung der Photonenzahl und somit der Intensität solcher Laserstrahlung führt. Eine Besonderheit dieser Strahlung ist die **Kohärenz,** d. h. die Wellen aller Photonen sind phasengleich.

Laser werden z. B. in der Ophthalmologie, Urologie oder Chirurgie zur Koagulation, Laser-Lithotripsie oder zum Schneiden von Gewebe eingesetzt.

Lichtmessung (Photometrie)

Die Tatsache, dass unser Auge sich an herrschende Lichtverhältnisse adaptiert und zusätzlich seine Empfindlichkeit je nach Wellenlänge des Lichtes variiert, macht es schwierig, objektive Größen zur Lichtwahrnehmung zu definieren. Die aufgeführten subjektiven Lichtmessgrößen berücksichtigen die **spektrale Empfindlichkeitskurve** des Auges.

▶ Der **Lichtstrom Φ** gibt an, wie viel Licht von einer punktförmigen Lichtquelle in alle Raumrichtungen abgestrahlt wird. Einheit: [Φ] = lm **(Lumen).**
▶ Die Basisgröße der Lichtmessung bildet jedoch die **Lichtstärke I_v**. Sie gibt den Lichtstrom Φ bezogen auf einen bestimmten Raumwinkel Ω an:

$$I_v = \frac{\Phi}{\Omega} \quad (5)$$

Einheit: $[I_v]$ = cd **(Candela).**
▶ Die **Beleuchtungsstärke E** gibt den Lichtstrom Φ bezogen auf die Flächeneinheit A des beleuchteten Körpers wieder:

$$E = \frac{\Phi}{A} \quad (6)$$

Einheit: $[E] = \text{lm/m}^2 = \text{lx}$ **(Lux).**

Beispiele technischer Verfahren zum Empfang und zur Messung von Licht sind Photozelle, Photowiderstand, Sekundärelektronenvervielfacher und Film.

Zusammenfassung

- ✖ Um die Natur des Lichtes verstehen zu können, muss man es sowohl als Teilchen als auch Welle auffassen.
- ✖ Lichtemission ist an die Anregung eines Elektrons und die anschließende Abgabe dieser Anregungsenergie in Form von Lichtquanten (Photonen) gebunden.
- ✖ Bei der Photometrie müssen physiologische Gegebenheiten des Auges berücksichtigt werden.

Geometrische Optik I

Einführung

Die geometrische Optik befasst sich mit der Ausbreitung von Licht unter dem Einfluss verschiedener Medien. Dabei wird der Welle-Teilchen-Dualismus von Licht (s. S. 52) außer Acht gelassen. Stattdessen wird von der Vereinfachung ausgegangen, dass sich Licht von einer Lichtquelle aus in alle Richtungen geradlinig ausbreitet. Dies gilt jedoch nur für die Ausbreitung in einem homogenen Medium. Am Übergang zweier Medien tritt dagegen eine Richtungsänderung in Form von **Brechung** und **Reflexion** auf, oder Licht wird vom Medium absorbiert.

Lichtstrahl, Lichtbündel

Die **geradlinige Ausbreitung** kommt im Modell des Lichtstrahls zum Tragen. Mehrere solcher Strahlen bilden ein Lichtbündel, von denen man vier unterscheidet:

- ▶ Die Lichtstrahlen eines **Parallelbündels** verlaufen alle parallel zur Ausbreitungsrichtung.
- ▶ Eine punktförmige Lichtquelle sendet ein **divergentes Lichtbündel** aus – mit wachsender Ausbreitungslänge nimmt der Strahlenabstand zueinander zu.
- ▶ Eine ausgedehnte Lichtquelle kann Lichtstrahlen aussenden, die sich in einem Punkt, dem sog. **Brennpunkt,** treffen. Man spricht von einem **konvergenten Lichtbündel.**
- ▶ Im **diffusen Lichtbündel** verlaufen die Lichtstrahlen scheinbar ungeordnet. Die Begrenzungslinien solcher Lichtbündel treten als sog. **Randstrahlen** auf, wohingegen der **Zentralstrahl** immer längs der Hauptausbreitungsrichtung des Bündels verläuft.

Trifft ein Lichtstrahl nun auf ein anderes Medium, so sind an der Grenzfläche verschiedene Vorgänge möglich: Reflexion, Brechung, Totalreflexion oder Dispersion.

Reflexion

Damit Gegenstände für unsere Augen sichtbar werden, muss Licht entweder von einem Körper selbst abgestrahlt **(Primärlichtquelle)** oder von diesem reflektiert **(Sekundärlichtquelle)** werden. Bei einem beleuchteten Körper wird demnach immer ein Teil des auf ihn auftreffenden Lichtes zurückgeworfen und dieser so für uns sichtbar. Hierbei lässt sich die an ebenen Grenzflächen auftretende gerichtete, von einer an rauen Oberflächen dominierenden diffusen Reflexion **(Streuung)** unterscheiden. Nach dem **Reflexionsgesetz** (▮ Abb. 1) gilt für ebene Grenzflächen:

> Der einfallende Lichtstrahl, der reflektierte Lichtstrahl und das Einfallslot liegen in einer Ebene. Einfallswinkel α_1 = Reflexionswinkel α_2.

Die angegebenen Winkel beziehen sich hierbei auf das Lot, das zur Grenzfläche senkrecht steht.
Jedoch dominiert bei den meisten Gegenständen die Streuung.
Bei einem **ebenen Spiegel** werden Lichtstrahlen, die von einer punktförmigen Lichtquelle ausgehen, aufgrund des Reflexionsgesetzes so reflektiert, als würden sie von einem Bildpunkt hinter dem Spiegel ausgehen, der genauso weit vom Spiegel entfernt ist, wie die **reale** Lichtquelle. Es entsteht ein **virtuelles Bild** (▮ Abb. 1).

Brechung

Beim Auftreffen auf ein anderes lichtdurchlässiges Medium wird meist nur ein Teil des Lichtes reflektiert. Der andere Teil erfährt an der Grenzfläche beider Medien eine kleinere Richtungsänderung – er wird abgelenkt und breitet sich dann in diesem Medium erneut geradlinig aus. Man spricht hier von **Lichtbrechung.** Der **Brechungswinkel β** dieser Ablenkung gegenüber dem Einfallslot ist nun einerseits abhängig vom **Einfallswinkel α,** jedoch entscheidend vom durchstrahlten Medium: Je nach **optischer Dichte** des durchstrahlten Mediums ändert sich die Geschwindigkeit des Lichtes. Diese Abhängigkeit wird anhand der sog. **Brechzahl n (Brechungsindex)** angegeben. Sie stellt eine materialspezifische Größe dar und gibt die Änderung der Geschwindigkeit c des Lichts im Medium gegenüber der Lichtgeschwindigkeit c_0 im Vakuum (s. S. 52) wieder. Es gilt:

$$n = \frac{c_0}{c} \qquad (1)$$

> Je höher die Brechzahl n eines Mediums ist, desto optisch dichter ist dieses Medium und desto kleiner ist die Ausbreitungsgeschwindigkeit von Licht in diesem Medium.

Nach dem **Brechungsgesetz von Snellius** gilt:

> Einfallender Strahl, gebrochener Strahl und Einfallslot liegen in einer Ebene.
>
> Hierbei gilt: $$\frac{\sin\alpha}{\sin\beta} = \frac{n_2}{n_1} \qquad (2)$$

Es gilt zu beachten, dass der Lichtstrahl beim Eintritt ins optisch dichtere Medium **zum Lot hin gebrochen** wird (Brechungswinkel β < Einfallswinkel α, ▮ Abb. 2). Bei umgekehrtem Vorgang, also beim Eintritt ins optisch dünnere Medium, wird der Lichtstrahl **vom Lot weg gebrochen** (β > α). Beträgt der Einfallswinkel 0°, so ist auch der Brechungswinkel 0°.

Totalreflexion

Die Tatsache, dass beim Übergang vom optisch dichteren ins optisch dünnere Medium der Strahl vom Lot weg gebro-

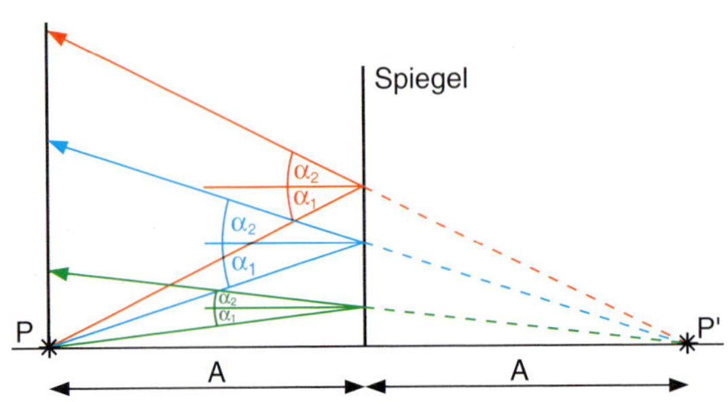

▮ Abb. 1: Reflexion an einem ebenen Spiegel [4]

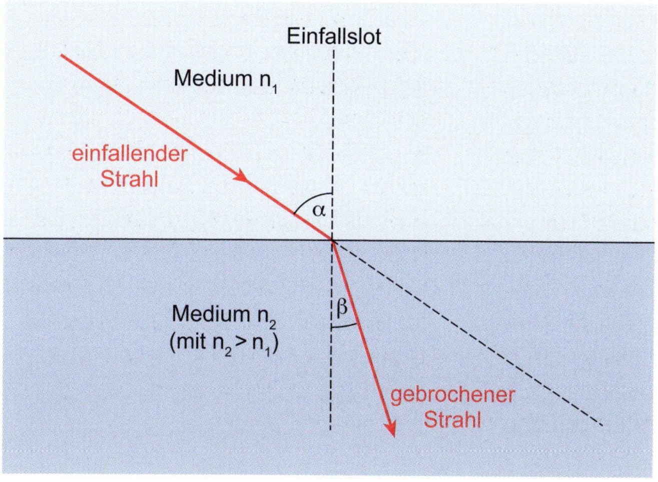

Abb. 2: Lichtbrechung ins optisch dichtere Medium

chen wird, bedingt einen bestimmten Grenzwinkel α_T im optisch dichteren Medium, bei dem der Brechungswinkel β 90° beträgt. Für alle Einfallswinkel α, die größer als dieser Grenzwinkel α_T sind, kann der Strahl nicht mehr gebrochen, sondern nur mehr reflektiert werden. Man spricht von einer **Totalreflexion.** Der Winkel α_T, ab dem diese Erscheinung auftritt, wird als **Grenzwinkel der Totalreflexion** bezeichnet. Auch hier gilt: $\alpha_1 = \alpha_2$.

> Totalreflexion tritt nur beim Übergang vom optisch dichteren ins optisch dünnere Medium auf.

Auch in der Medizin kommt die Totalreflexion zur Anwendung. Mithilfe von flexiblen Lichtleitern wie Glasfasern werden in der **Endoskopie** Einblicke in Körperhöhlen und Hohlorgane gewonnen. Da jede Glasfaser nur einen Bildpunkt überträgt, wird eine Vielzahl von hauchdünnen Glasfasern verbaut. Jede einzelne ist von einem optisch dünneren Medium umgeben, so dass Licht, durch Totalreflexion gefangen in der Faser, ständig hin und her reflektiert wird und dem Verlauf der Faser folgt. In ihrer Gesamtheit ergeben diese Lichtpunkte ein Bild, das man auf einem Bildschirm einsehen kann.
Auch eine umgekehrte Lichtleitung ist möglich: So lassen sich mit Laser-Licht z. B. Nierensteine zerstören **(Lithotripsie).**

Dispersion

Beim Durchtritt durch ein lichtdurchlässiges Medium wird Licht zweimal – einmal beim Eintritt und einmal beim Austritt – gebrochen. Falls das Medium zueinander parallele Grenzflächen aufweist, kompensieren sich die Richtungsänderungen beider Brechungen und der Lichtstrahl tritt parallel, jedoch, abhängig von der Dicke des Mediums, etwas versetzt aus dem Medium wieder aus (Abb. 3(a)). Dies ist bei einer **planparallelen Platte** (Fensterscheibe) der Fall. Bei einem **Prisma** hingegen, das zwar ebene, jedoch nicht parallele Grenzflächen aufweist, ist dies nicht möglich (Abb. 3(b)). Der austretende Strahl wird abhängig von Brechzahlen, Prismenwinkel γ und Einfallswinkel α abgelenkt. Entscheidend ist:

> Die Brechzahl und damit der Brechungswinkel sind von der Wellenlänge des Lichtes abhängig. Dies wird als Dispersion bezeichnet und bedingt, dass Licht unterschiedlicher Wellenlänge verschieden stark gebrochen wird.

Da die Brechzahl i. d. R. mit zunehmender Wellenlänge abnimmt, wird blaues Licht stärker gebrochen als rotes. Diesen Effekt nutzt man bei der spektralen Zerlegung, bei der man „weißes" (mischfarbiges) Sonnenlicht mithilfe eines Prismas in seine Bestandteile **(Spektralfarben)** aufteilt (Abb. 3(b)). Auch die Erscheinung des **Regenbogens** beruht auf der Dispersion von Licht an Regentropfen.

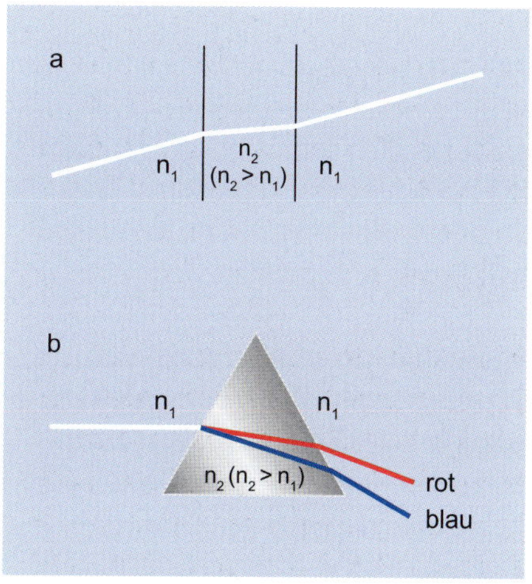

Abb. 3: Strahlengang an (a) planparalleler Platte und (b) Prisma

Zusammenfassung

- In der geometrischen Optik breitet sich Licht in Form von Lichtstrahlen bzw. Lichtbündeln geradlinig aus.
- An der Grenzfläche zweier Medien sind Reflexion und Lichtbrechung zu unterscheiden.
- Jenseits eines Grenzwinkels ist Licht im optisch dichteren Medium gefangen, was in der Technik ausgenutzt wird.
- Bei der spektralen Zerlegung wird mischfarbiges Licht anhand von Dispersion in seine einzelnen Wellenlängen aufgeteilt.

Geometrische Optik II

Linsen

Bei optischen Linsen handelt es sich um lichtdurchlässige Körper, die von gekrümmten Flächen begrenzt werden. Im Gedankenversuch kann man sie sich aus kleinen übereinander gestapelten Prismen vorstellen, deren Krümmung zum oberen und unteren Ende hin zunimmt (▮ Abb. 4). Die zunehmende Krümmung bewirkt, dass auftreffende parallele Lichtbündel mit wachsendem Abstand vom Linsenmittelpunkt M_L stärker gebrochen werden. An den beiden Enden tritt somit die stärkste Lichtbrechung auf. Weisen Linsen wie bei einer Kugeloberfläche eine solche Krümmung auch in der zweiten Ebene auf, so spricht man von **sphärischen Linsen.** Im Idealfall ist die Krümmung so gewählt, dass sich bei **bikonvexen Sammellinsen** alle zur **optischen Achse** (Verbindungslinie zwischen den beiden Mittelpunkten M und M' der Grenzflächen) parallelen Lichtbündel hinter der Linse in einem **Brennpunkt F** vereinigen (▮ Abb. 4 (a)). Dagegen werden diese bei **bikonkaven Zerstreuungslinsen** so gebrochen, als würden sie von einem gedachten Brennpunkt F' vor der Linse abstammen (▮ Abb. 4 (b)). Hinter der Linse ergeben sich also je nach Krümmung divergente oder konvergente Lichtbündel. Neben den gezeigten Linsenformen sind auch andere, wie z. B. plan-konvexe, konkav-konvexe, plan-konkave und konvex-konkave möglich.
Von der optischen Achse abweichende, schräg einfallende parallele Lichtbündel werden hingegen in einem Punkt senkrecht oberhalb oder unterhalb des Brennpunktes gesammelt. Dieser liegt auf der sog. **Brennebene,** die senkrecht zur optischen Achse durch den Brennpunkt F verläuft. Die Verbindungslinie zwischen oberem und unterem Endpunkt der Linse nennt man **Mittelebene (Hauptebene).** Obwohl einfallende Strahlen an jeder Grenzfläche – beim Durchtritt durch die Linse also zweimal – gebrochen werden, wird bei dünnen Linsen diese Ebene zur Vereinfachung als einzelne **Brechungsebene** hergenommen (▮ Abb. 4). Den Abstand der Brennebene von der Mittelebene der Linse bezeichnet man als **Brennweite f.** Da bei konkaven Zerstreuungslinsen die Brennebene vor der Mittelebene liegt, nimmt die Brennweite f hier negative Werte an.

Abbildung und Bildkonstruktion

Zweck optischer Instrumente ist es, Objekte abzubilden. Damit dies erfüllt wird, muss jeder Punkt vor dem Gerät auch einem Punkt hinter dem Gerät entsprechen. Zur Vereinfachung gehen wir von dünnen Linsen aus, deren Eigendicke vernachlässigt werden kann.

Strahlentypen

Grundsätzlich sind für die Konstruktion der Abbildung drei charakteristische Strahlen zu unterscheiden, die folgenden Regeln unterworfen sind:

▶ Der durch den Mittelpunkt der Linse verlaufende Strahl, der sog. **Mittelpunkts-** oder **Zentralstrahl,** erfährt keine Richtungsänderung. Da von dünnen Linsen ausgegangen wird, ist eine Parallelverschiebung vernachlässigbar.
▶ Parallel zur optischen Achse einfallende Strahlen, sog. **achsenparallele Strahlen,** werden in Richtung des Brennpunktes gebrochen. Cave: Bei Zerstreuungslinsen liegt dieser vor der Linse.
▶ Ein durch den Brennpunkt verlaufender Strahl, der sog. **Brennstrahl,** verläuft jenseits der Linse stets parallel zur optischen Achse. Dies ist ein Beispiel für die **Umkehrbarkeit optischer Strahlengänge.** Diese Umkehrbarkeit bedingt zwei auf beiden Seiten symmetrisch zur Hauptebene der Linse liegende Brennpunkte (▮ Abb. 5).

Mit den besagten Regeln lässt sich nun die Abbildung an einer Linse konstruieren. G stellt dabei die **Gegenstandsgröße,** B die **Bildgröße** dar. Der Abstand der Hauptebene vom abzubildenden Gegenstand wird **Gegenstandsweite** g, der vom Bild **Bildweite** b genannt.

Bildtypen

▮ Abbildung 5 (a) zeigt beispielhaft die Bildkonstruktion an einer Sammellinse für den Spezialfall $b = 2 \cdot f$. Es ergibt sich ein **reelles,** der Größe des Gegenstandes entsprechendes Bild, das auf dem Kopf steht und seitenverkehrt ist. Ein solches reelles Bild kann auf einem Schirm sichtbar gemacht werden (Diaprojektor). Dagegen zeigt ▮ Abbildung 5 (b) die Bildkonstruktion einer Zerstreuungslinse. Durch rückwärtige Verlängerung der Strahlen ergibt sich stets ein aufrechtes, verkleinertes, **virtuelles** Bild. **Cave:** Brennweite f und Bildweite b sind hier negativ. Es ist zu beachten, dass bei Bildkonstruktionen oft anstatt der Linse nur eine senkrechte Gerade, die der Mittelebene der Linse entspricht, gezeichnet wird.

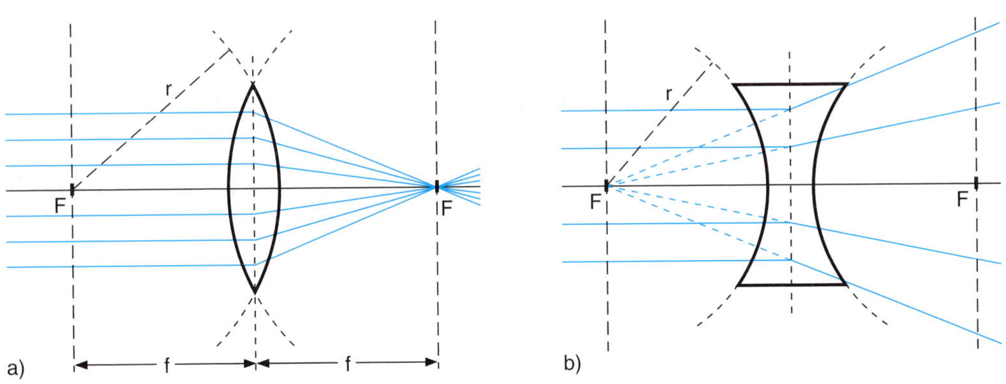

▮ Abb. 4: Strahlengang einer (a) (bi)konvexen und (b) (bi)konkaven Linse [24]

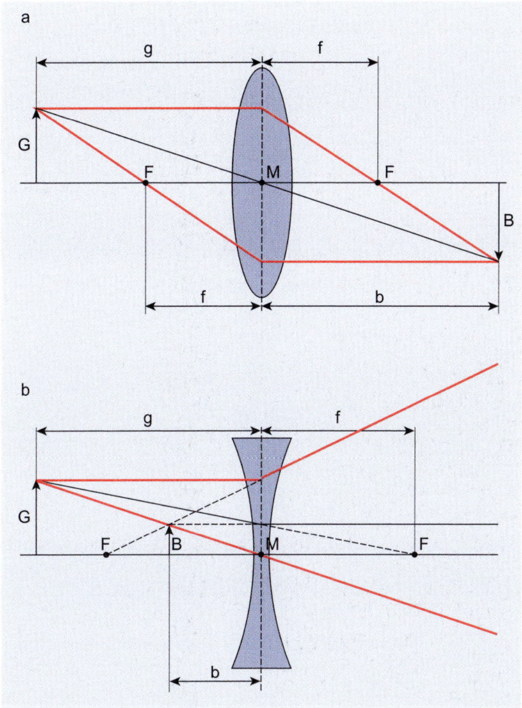

Abb. 5: Bildkonstruktion an einer a) Sammellinse b) Zerstreuungslinse

Abbildungsgleichungen

Mithilfe der Abbildungsgleichungen für optische Linsen lassen sich Lage und Größe des Bildes errechnen. Für Bildgröße B, Gegenstandsweite G, Bildweite b, Gegenstandsweite g und Brennweite f gilt hierbei:

$$\frac{B}{G} = \frac{b}{g} \quad (1)$$

$$\frac{1}{g} + \frac{1}{b} = \frac{1}{f} \quad (2)$$

Die Quotient B/G wird hierbei oft als **Abbildungsmaßstab** bezeichnet. Die Abbildungsgleichungen gelten sowohl für Sammel- und Zerstreuungslinsen als auch für konvexe und konkave Spiegel.

Linsenkombination

Viele optische Instrumente weisen mehrere Linsen (oder auch Spiegel) hintereinander mit gemeinsamer optischer Achse auf. Für ein System aus zwei dicht hintereinander stehenden dünnen Linsen gilt dabei:

$$\frac{1}{f_{gesamt}} = \frac{1}{f_1} + \frac{1}{f_2} \quad (3)$$

Cave: Bei Sammellinsen ist f positiv, bei Zerstreuungslinsen hingegen negativ.

Durch Einführung des **Brechwertes D** (Brechkraft) einer Linse lässt sich diese Formel vereinfachen. Hierbei gilt:

$$D = \frac{1}{f} \quad (4)$$

Einheit: $[D] = \frac{1}{m} = dpt$ **(Dioptrie).** Analog zu obiger Formel lässt sich also schreiben:

$$D_{gesamt} = D_1 + D_2 \quad (5)$$

Linsenfehler

Sphärische und chromatische Aberration

Im Realfall können die skizzierten Regeln jedoch nicht eingehalten werden. Sie gelten für ideale Linsen, die nur in Näherung erreicht werden. In der Praxis treten Linsenfehler, sog. Aberrationen auf, die zu einer Unschärfe führen:

Sphärische Aberration: Randstrahlen werden gegenüber achsennahen Zentralstrahlen stärker gebrochen als sie sollten.

Klinik: Dies ist die Ursache dafür, dass bei weiter Öffnung der Pupille im Dunkeln nur unscharf gesehen werden kann. Blendet man dagegen bei Tageslicht die Randstrahlen aus (sozusagen kleine Blendenöffnung), ergibt sich ein schärferes Bild.

Chromatische Aberration: Der Brechungsindex und damit die Lichtbrechung sind wellenlängenabhängig (Dispersion). Verschiedenfarbiges Licht wird somit je nach Wellenlänge unterschiedlich stark gebrochen.

Astigmatismus

Der Astigmatismus tritt bei Linsen auf, die keine ideale Kugeloberfläche aufweisen. D. h. die Krümmungsradien zweier aufeinander senkrecht stehender Schnittebenen sind verschieden. Als Folge wird auftreffendes Licht nicht auf einen einzelnen Brennpunkt hin gebrochen, sondern es entsteht eine sog. **Brennlinie.** Dies kann beim menschlichen Auge, bei dem dieser Fehler in Form einer Hornhautverkrümmung häufig auftritt, mithilfe zylindrischer Brillengläser korrigiert werden.

Zusammenfassung

- ✖ Bei sphärischen Linsen sind konvexe Sammellinsen von konkaven Zerstreuungslinsen zu unterscheiden.
- ✖ Durch Linsen hervorgerufene Abbildungen lassen sich geometrisch konstruieren. Mithilfe der Abbildungsgleichungen können sie jedoch einfacher errechnet werden.
- ✖ Linsenfehler sind im Alltag leider unvermeidbar und bedingen eine gewisse Unschärfe von Bildern.

Wellenoptik

Die in den letzten Kapiteln geschilderten Modelle von geometrischen Strahlenbündeln können nicht alle Erscheinungen von Licht erklären. Es zeigt sich, dass der Wellencharakter des Lichts zur Erklärung mancher Phänomene nicht vernachlässigt werden kann. Die **Wellenoptik** befasst sich daher mit Erscheinungen, bei denen die Wellennatur von Licht im Vordergrund steht. Licht stellt hierbei eine **elektromagnetische Welle** dar, für die die bereits auf S. 46 erläuterten Ausbreitungsphänomene Geltung finden.

Optische Interferenz

Unter Interferenz versteht man allgemein die Überlagerung von Wellen.

Um eine stabile Überlagerung zu erhalten, müssen die Wellen gleiche Wellenlänge, Frequenz und eine **feste Phasenbeziehung** (Gangunterschied) aufweisen. Die feste Phasenbeziehung bezeichnet man als **Kohärenz.** Je nach Gangunterschied können sie sich durch Addition der Auslenkungen verstärken oder abschwächen bis auslöschen.

Eine maximale Verstärkung tritt auf, wenn Wellen gleichphasig schwingen. Eine maximale Schwächung kommt hingegen zustande, wenn Wellen gegenphasig schwingen (▮ Abb. 1).

Beugung

Fällt Licht auf einen Hindernis mit ausreichend engem Spalt, so wird es aus seiner geradlinigen Ausbreitungsrichtung abgelenkt (▮ Abb. 2(a)). Man nennt diesen Effekt Beugung. Die Ursache hierfür lässt sich mit dem **Huygens'schen Prinzip** (s. S. 46) erklären.

Beugung am Einfachspalt

Jeder Punkt in der Spaltebene von ▮ Abb. 2 (a) kann beim Durchtritt von Licht als Ausgangspunkt einer Elementarwelle angesehen werden. Diese Elementarwellen sind in der Lage, sich in alle Raumrichtungen auszubreiten. Beim gezeichneten Fall werden kohärente Lichtstrahlen, die durch den Spalt der Länge d verlaufen, um den Winkel α gegenüber ihrer ursprünglichen Ausbreitungsrichtung gebeugt. α stellt hierbei den **Beugungswinkel** dar, der sich mit der Wellenlänge ändert. Der untere Randstrahl weist gegenüber dem oberen Randstrahl einen Wegunterschied (und damit Gangunterschied) von Δx auf. Es gilt:

$$\Delta x = d \cdot \sin\alpha \qquad (1)$$

Durch Überlagerung dieser phasenverschobenen Strahlen entsteht auf einem Schirm hinter dem Spalt ein Beugungs-Interferenzmuster:

▶ **Maxima** entstehen, wenn der Gangunterschied der Randstrahlen ein ungeradzahliges Vielfaches der halben Wellenlänge einnimmt. So gilt (für n = 1, 2, 3, ...):

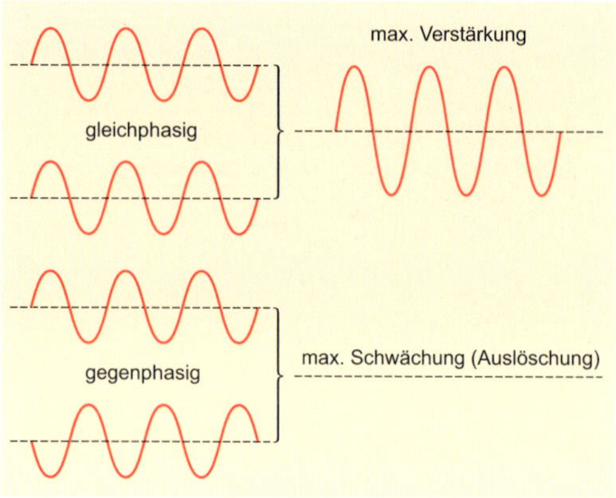

▮ Abb. 1: Überlagerung kohärenter Wellen

$$\Delta x = (2 \cdot n + 1) \cdot \frac{\lambda}{2} \rightarrow \sin\alpha = \frac{(2 \cdot n + 1) \cdot \frac{\lambda}{2}}{d} \qquad (2)$$

▶ **Minima** treten auf, wenn der Gangunterschied ein Vielfaches der Wellenlänge beträgt. Es gilt (für n = 1, 2, 3, ...):

$$\Delta x = n \cdot \lambda \rightarrow \sin\alpha = \frac{n \cdot \lambda}{d} \qquad (3)$$

n gibt hierbei die **Ordnung** der Maxima/Minima an. Man spricht von n-ter Ordnung.

Beugung am Doppelspalt und Gitter

Verwendet man ein Hindernis mit zwei engen Spalten, deren Spaltbreite d vernachlässigbar klein gegenüber dem Spaltabstand D ist, spricht man von einem **Doppelspalt.** Betrachtet man hierbei jeden Spalt als Ausgangspunkt einer Elementarwelle, so ergibt sich bezüglich zwei um den Winkel α gebeugten Strahlen ein Wegunterschied (Gangunterschied) Δx (▮ Abb. 2 (b)), für den gilt:

$$\Delta x = D \cdot \sin\alpha \qquad (4)$$

Auch hier tritt durch Überlagerung der Elementarwellen beider Spalte Interferenz auf, die auf einem Schirm hinter dem Hindernis Beugungsfiguren aus abwechselnd hellen und dunklen Regionen ergibt. Hier gilt:

▶ **Maxima** treten auf, wenn der Gangunterschied der Strahlen beider Spalten ein Vielfaches der Wellenlänge aufweist. Für n = 0,1,2, ... gilt:

$$\Delta x = n \cdot \lambda \rightarrow \sin\alpha = \frac{n \cdot \lambda}{D} \qquad (5)$$

▶ **Minima** entstehen, wenn der Gangunterschied ein ungeradzahliges Vielfaches der halben Wellenlänge beträgt. Mit n = 1, 2, 3, ... gilt:

$$\Delta x = (2 \cdot n + 1) \cdot \frac{\lambda}{2} \rightarrow \sin\alpha = \frac{(2 \cdot n + 1) \cdot \frac{\lambda}{2}}{D} \qquad (6)$$

Vergrößert man die Anzahl solcher Spalte, ändert sich an den Richtungen der Maxima und Minima nichts. Sie lassen sich jedoch voneinander besser abgrenzen. Diesen Effekt nutzt man beim **optischen Gitter.** Ein optisches Gitter (Beugungs-

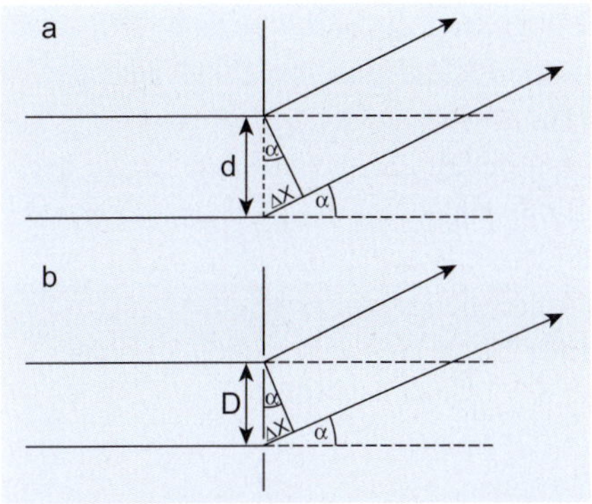

Abb. 2: Beugung am (a) Einfachspalt bzw. (b) Doppelspalt

gitter) besteht aus einer Vielzahl kleiner gleichlanger Spalten, die einen konstanten Abstand (**Gitterkonstante** g) zueinander aufweisen. Für die Minima und Maxima am optischen Gitter gelten dieselben Formeln wie beim Doppelspalt (nur ist D hier durch g zu ersetzen). Allgemein gilt:

Je größer die Anzahl der Gitterspalte ist, desto „schärfer" werden die Interferenzmaxima – ihre Intensität nimmt zu, ihre Breite ab.

In der Praxis nutzt man solche optischen Gitter, um mischfarbiges Licht in seine Bestandteile (Wellenlängen) zu zerlegen: Da sich der Beugungswinkel α und damit die Richtung des jeweiligen Maximums mit der Wellenlänge ändern, ist mithilfe von Beugungsgittern **(Gitterspektrometern)** eine spektrale Zerlegung **(Spektralanalyse)** möglich.

Cave: Die Formeln für Maxima und Minima gelten sowohl für die Beugung am Doppelspalt als auch am optischen Gitter. Für die Beugung am Einfachspalt sind sie jedoch vertauscht.

Allgemein ist anzumerken, dass Beugungseffekte an jeder Öffnung auftreten. Sie bedingen das Auflösungsvermögen optischer Systeme (s. S. 60).

Polarisation

Licht stellt eine **Transversalwelle** dar – seine Schwingungsebene (= die Ebene, in der die elektrischen und magnetischen Feldstärkevektoren liegen) steht stets senkrecht auf der Ausbreitungsrichtung der Welle. Bei natürlichem Licht treten alle Schwingungsebenen gleich häufig auf. Man nennt es **unpolarisiert.** Wird dagegen eine Schwingungsebene bevorzugt, nennt man diese Art von Licht **polarisiert.** Behält das Wellenbündel diese eine Schwingungsebene konstant bei, so spricht man von **linear polarisiertem Licht.** Häufig tritt jedoch nur **teilweise polarisiertes Licht** auf, d. h. Licht enthält Anteile von natürlichem als auch polarisiertem Licht. Mithilfe von **Polarisatoren** lässt sich aus unpolarisiertem Licht nun linear polarisiertes Licht gewinnen: Als eine Art Filter lassen sie nur Licht einer bestimmten Schwingungsebene (Polarisationsebene) optimal passieren. Licht anderer Schwingungsebenen wird am Durchgang gehindert (absorbiert). Nun gibt es jedoch viele Arten linear polarisiertes Licht zu gewinnen:

Reflexion

Trifft natürliches Licht auf die Grenzfläche zweier Medien, so werden reflektierter und gebrochener Anteil teilweise polarisiert. Für den Fall, dass reflektierter und gebrochener Strahl senkrecht aufeinander stehen, ist der reflektierte Anteil vollständig polarisiert. Der zugehörige Einfallswinkel wird dann als sog. **Brewster-Winkel** bezeichnet.

Doppelbrechung

Doppelbrechung ist die Fähigkeit mancher (sog. **anisotroper**) Stoffe, auftreffendes Licht je nach Ausbreitungsrichtung verschieden schnell durchtreten zu lassen. Natürliches Licht kann daher in zwei Strahlen aufgeteilt werden, die senkrecht aufeinander stehen und vollständig polarisiert sind. Zur Nutzung des polarisierten Lichtes wird z. B. beim **Nicolschen Prisma** einer dieser Strahlen durch Totalreflexion ausgeblendet.

Dichroismus

Anisotrope Stoffe, die neben der Doppelbrechung beide linear polarisierten Strahlen auch noch unterschiedlich stark abschwächen (absorbieren), nennt man **dichroitisch.** Bei ausreichend großer Schichtdicke lässt sich erreichen, dass einer der beiden Strahlen völlig absorbiert wird. Dies nutzt man z. B. bei **Polarisationsfolien.**

Streuung

Auch durch Streuung an Materieteilchen ist eine Polarisation möglich.

Optische Aktivität

Manche Stoffe sind in der Lage, die Polarisationsrichtung von polarisiertem Licht um einen Winkel α zu drehen. Man nennt sie **optisch aktive Stoffe,** von denen man links- und rechtsdrehende unterscheidet. Da der Drehwinkel α u. a. von der Wellenlänge des Lichtes abhängig ist, spricht man von **Rotationsdispersion.** I. d. R. ist α umso größer, je kurzwelliger das Licht ist. Mithilfe eines **Polarimeters** lässt sich der Drehwinkel von Substanzen bestimmen.

Zusammenfassung

- In der Wellenoptik kommt den Welleneigenschaften von Licht besondere Bedeutung zu.
- Als elektromagnetische Welle tritt bei Licht Interferenz und Beugung auf.
- Durch Beugung ändert sich die Ausbreitungsrichtung von Licht. Durch Interferenz der gebeugten Strahlen entstehen typische Beugungsfiguren.
- Als Transversalwelle lässt sich Licht polarisieren.

Optische Instrumente

Das Auge ist für den Menschen das wichtigste optische Instrument. Jedoch kann auch dieses System an die Grenzen seiner Leistungsfähigkeit stoßen. Falls Gegenstände mit dem unbewaffneten Auge nicht mehr scharf abgebildet werden können, steht eine Vielzahl optischer Geräte bereit.

Vergrößerung

Falls die Ursache der Unschärfe in einer zu geringen Größe des Gegenstandes liegt, besteht die einfachste Methode darin, ihn näher an das Auge heranzurücken. Denn die Bildgröße hängt allein vom sog. **Sehwinkel** ab, unter dem sich der Gegenstand abbildet (▮ Abb. 1). Vergrößert sich dieser Winkel, so wird auch die Abbildung auf der Netzhaut größer. Wie ▮ Abbildung 1 zeigt, lässt sich der Sehwinkel ε berechnen:

$$\tan\varepsilon = \frac{G}{g} \qquad (1)$$

G ist die Gegenstandsgröße, g die Gegenstandsweite

Auch die Vergrößerung mittels Lupe oder Mikroskop beruht auf einer solchen **Sehwinkelvergrößerung.** Definitionsgemäß beträgt die sog. **konventionelle (deutliche) Sehweite** g_0 des Auges (ohne optische Geräte) **0,25 m.** Gegenstände, deren Abstand zum Auge kleiner ist als dieser Grenzwert, können im Mittel nur mit großer Anstrengung scharf abgebildet werden. Durch Vergleich des Sehwinkels ε mit optischem Gerät gegenüber dem Sehwinkel ε_0 unter der konventionellen Sehweite lässt sich die **Vergrößerung V** berechnen:

$$V = \frac{\tan\varepsilon}{\tan\varepsilon_0} \qquad (2)$$

Lupe

Die Lupe ist das einfachste optische Gerät, um Gegenstände zu vergrößern. Sie besteht i. d. R. aus einer einfachen Sammellinse. Um mit ihrer Hilfe ein vergrößertes, **virtuelles** Bild zu erzeugen, muss die Anordnung so gewählt sein, dass sich der Gegenstand innerhalb der einfachen Brennweite f, möglichst nahe des objektseitigen Brennpunktes F befindet (▮ Abb. 2).

Durch rückwärtige Verlängerung des Mittelpunktstrahls und des Strahls durch den jenseitigen Brennpunkt lässt sich die Bildgröße B konstruieren.
In der Praxis verlagert man beim „Scharfstellen" intuitiv den Gegenstand genau **in** die objektseitige Brennebene. Dadurch wird das Bild ins Unendliche verlagert und kann im entspannten Zustand des Auges betrachtet werden.
Die **Vergrößerung einer Lupe** lässt sich analog zu obiger Formel angeben:

$$V_L = \frac{\tan\varepsilon}{\tan\varepsilon_0} = \frac{G/f}{G/g_0} = \frac{g_0}{f} \qquad (3)$$

Mithilfe des Brechwertes D als Kehrwert der Brennweite f (s. S. 56) kann man umformen:

$$V_L = \frac{g_0}{f} = g_0 \cdot D \qquad (4)$$

Da g_0 eine feste Größe von 0,25 m ist, ist die Lupenvergrößerung also rein von der Brennweite bzw. dem Brechwert der Linse abhängig. Es gilt:

> Je kleiner die Brennweite f bzw. je größer der Brechwert D einer Lupe, desto größer ist die Lupenvergrößerung.

Lichtmikroskop

Reicht eine einzige Lupe zur Vergrößerung nicht aus, kann man mithilfe eines Linsensystems die Vergrößerung steigern. So besteht ein Lichtmikroskop prinzipiell aus einem System aus zwei Sammellinsen – dem **Objektiv** und dem **Okular.** Beide sind in einem Tubus hintereinander geschaltet – das Objektiv auf der Seite des Gegenstandes, das Okular auf der des Betrachters (▮ Abb. 3).
Das Objektiv weist eine extrem kurze Brennweite f_{ob} auf und entwirft dadurch, dass sich der Gegenstand zwischen einfacher und doppelter Brennweite f_{ob} befindet, ein vergrößertes, auf dem Kopf stehendes **reelles Zwischenbild.**
Das sich anschließende Okular fungiert als **Lupe:** Bringt man das Zwischenbild in die Brennebene des Okulars bzw. knapp innerhalb der einfachen Okularbrennweite f_{ok}, kann man die-

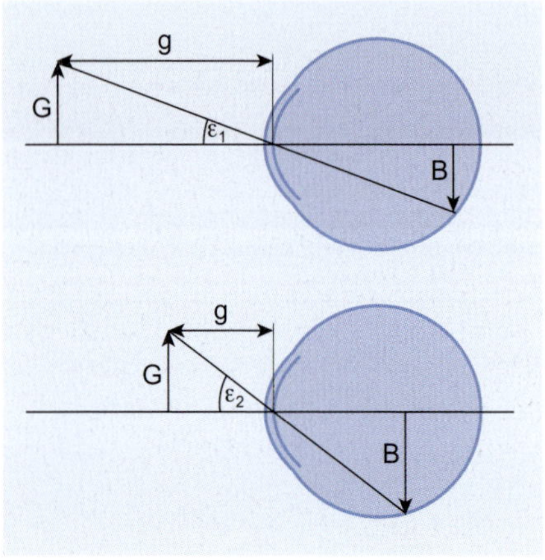

▮ Abb. 1: Abhängigkeit der Bildgröße vom Sehwinkel

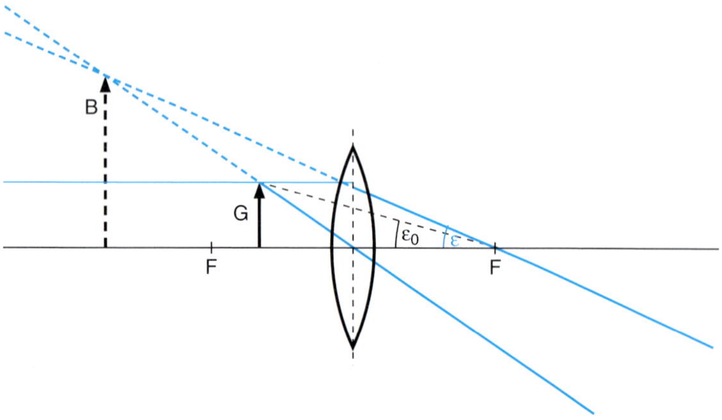

▮ Abb. 2: Strahlengang einer Lupe [4]

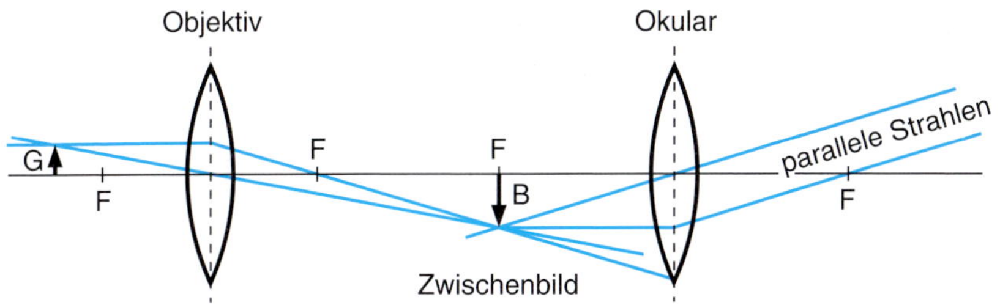

Abb. 3: Strahlengang eines Lichtmikroskops [4]

ses reelle Bild nochmals vergrößern – es entsteht ein **virtuelles Bild,** das auf der Netzhaut abgebildet wird.
Den Abstand zwischen den einander zugewandten Brennebenen von Objektiv und Okular bezeichnet man als **optische Tubuslänge t.**

Die Gesamtvergrößerung V des Mikroskops erhält man durch Multiplikation von Objektiv- und Okularvergrößerung:

$$V = V_{ob} \cdot V_{ok} \quad (5)$$

Die jeweiligen Vergrößerungen sind meist auf Objektiv und Okular angegeben. Moderne Mikroskope weisen mehrere schwenkbare Objektive auf. Durch deren Austausch können Objekte unter verschiedenen Vergrößerungen betrachtet werden.

Auflösungsvermögen

Dennoch ist für die Güte eines Mikroskops nicht die maximale Vergrößerung entscheidend, sondern sein Auflösungsvermögen.

Das Auflösungsvermögen gibt den Kehrwert des kleinsten Abstandes d zwischen zwei Punkten an, die gerade noch getrennt als zwei Punkte wahrgenommen werden können:

$$Auflösungsvermögen = \frac{1}{d} \quad (6)$$

Je größer das Auflösungsvermögen ist, desto kleiner ist der Abstand d zwischen zwei Punkten, die einzeln voneinander wahrnehmbar sind.
Es ist zu beachten, dass beim Mikroskop die Detailauflösung allein durch das Auflösungsvermögen des Objektivs bestimmt wird. Das Okular ist nur in der Lage, solche Einzelheiten zu vergrößern, die nicht durch das reelle Zwischenbild verloren gegangen sind.
Entscheidend begrenzt wird das Auflösungsvermögen jedoch durch die Welleneigenschaften des Lichtes: Durch **Beugung,** insbesondere am betrachteten Objekt (s. S. 58), werden Gegenstandspunkte nicht mehr als Punkte, sondern als Scheibchen abgebildet. Die Beugungseffekte führen dazu, dass diese Punkte nicht mehr getrennt voneinander wahrgenommen werden können. Für den kleinsten noch auflösbaren Abstand d **(Auflösungsgrenze)** zwischen zwei Linien gilt:

$$d = \frac{\lambda}{\sin\alpha} \quad (7)$$

λ stellt die Wellenlänge des verwendeten Lichtes dar. α bezeichnet den halben Öffnungswinkel des Objektivs. Hieraus lässt sich folgern:

▶ Das Auflösungsvermögen (1/d) ist umso größer,
- je größer der Öffnungswinkel des Objektivs ist,
- je kurzwelliger das verwendete Licht ist.

▶ Gegenstände, die kleiner sind als die Wellenlänge des verwendeten Lichtes, können im Lichtmikroskop nicht mehr abgebildet werden.

Allerdings lässt sich das Auflösungsvermögen auch vergrößern, indem man (z. B. bei der Ölimmersionsmethode) zwischen Gegenstand und Objektiv ein optisch dichteres Medium (Brechzahl $n > 1$) einbringt (s. S. 54). Dadurch tritt eine Verkürzung der Wellenlänge auf, so dass sich obige Formel umformen lässt:

$$d = \frac{\lambda}{n \cdot \sin\alpha} \quad (8)$$

n ist der Brechungsindex des Mediums zwischen Gegenstand und Objektiv. Den Nenner dieser Formel bezeichnet man als **numerische Apertur A.**
Es gilt:

$$A = n \cdot \sin\alpha \quad (9)$$

Je größer die numerische Apertur des Objektivs ist, desto größer ist das Auflösungsvermögen des Mikroskops.

Zusammenfassung

✖ Mithilfe optischer Instrumente wie Lupe oder Mikroskop werden der Sehwinkel und dadurch auf die Netzhaut abzubildende Gegenstände vergrößert.

✖ Das Lichtmikroskop stellt prinzipiell ein System aus zwei hintereinander geschalteten Sammellinsen (Objektiv und Okular) dar.

✖ Das Auflösungsvermögen des Lichtmikroskops wird durch die Welleneigenschaften des Lichtes begrenzt.

F Struktur der Materie

F Struktur der Materie

Atome und Atomkerne

Aufbau des Atoms

Die Welt um uns herum und schließlich auch wir selbst sind aus kleinsten Teilchen aufgebaut, deren Aufbau, Eigenschaften und Wechselwirkung hier näher beleuchtet werden.
Alle uns bekannten chemischen Elemente bestehen aus **Atomen,** griech. atomos für „das Unteilbare". Obwohl Atome durch chemische Verfahren nicht zerlegt werden können, sind sie doch aus weiteren Untereinheiten aufgebaut (▮ Tab. 1).

> Jedes Atom wird in einen Atomkern und eine (fast leere) Hülle unterteilt. Sie bestehen aus den drei sog. Elementarteilchen: Protonen, Neutronen und Elektronen.

Der positiv geladene Kern eines Atoms wird aus Neutronen und Protonen gebildet, weswegen beide auch als **Nukleonen** (Kernteilchen) bezeichnet werden. Die negativ geladene Hülle besteht aus Elektronen. Während Proton und Neutron nahezu die gleiche Masse aufweisen, ist die Masse der Elektronen demgegenüber verschwindend klein, nämlich nur 1/1836 der Masse des Protons. Der Kern macht daher fast die gesamte Masse des Atoms aus.
Während Protonen und Elektronen elektrisch geladen sind und die Elementarladung $e = 1{,}6 \cdot 10^{-19}$ C (Coulomb) aufweisen, verhalten sich Neutronen elektrisch neutral. Da Protonen und Elektronen entgegengesetzt geladen sind, ziehen sie einander an. Kern und Hülle werden also durch elektromagnetische Wechselwirkung zusammengehalten.

> Die Energieeinheit Elektronenvolt (1 eV) ist mithilfe der Elementarladung definiert: Sie bezeichnet diejenige Energie, die ein Elektron beim Durchlaufen der Spannung 1 V erhält bzw. aufwenden muss.

Da jedes Atom danach strebt, nach außen elektrisch neutral zu sein, befinden sich im neutralen Atom genauso viele Elektronen in der Hülle wie Protonen im Kern. Ist dies nicht der Fall, ist also das **Atom elektrisch geladen,** bezeichnet man es als **Ion.** Überwiegen die Protonen, ist das Atom also insgesamt positiv geladen, nennt man es **Kation.** Bei einem Elektronenüberschuss, also einer insgesamt negativen Ladungsbilanz, spricht man von einem **Anion.**
Ein anschauliches Bild vom Atom liefert die Vorstellung, dass Elektronen um den Kern ähnlich wie Planeten um die Sonne kreisen, wobei sie bedingt durch die herrschenden Kräfte einen großen Abstand zum Kern einhalten. Hierdurch ist z. B. der Durchmesser des Wasserstoffatoms nahezu 100 000-mal größer (10^{-10} m) als der des Wasserstoffkerns (10^{-15} m) und das Atom fast nur „leerer Raum".
Heute weiß man, dass sich Neutronen und Protonen aus jeweils drei noch kleineren Teilchen, den sog. **Quarks** zusammensetzten. Die Kräfte zwischen diesen Teilchen sind letztlich dafür verantwortlich, dass Protonen und Neutronen im Kern auf kleinstem Raum zusammengehalten werden und die gegenseitige Abstoßung der Protonen überwunden wird.

Elementarteilchen	Ladung in C	Masse in kg	Zeichen
Proton	$e^+ = +1{,}6 \cdot 10^{-19}$	$m_p \approx 1{,}67 \cdot 10^{-27}$	p^+
Neutron	0	$m_n \approx m_p \approx 1{,}67 \cdot 10^{-27}$	n
Elektron	$e^- = -1{,}6 \cdot 10^{-19}$	$m_e = {}^{m_p}/_{1836} \approx 9{,}1 \cdot 10^{-31}$	e^-

▮ Tab. 1: Atombausteine

Elemente und Isotope

Da die Anzahl der Protonen im Kern das jeweilige chemische Element festlegt, spricht man bei ihr von der **Ordnungszahl Z** (Kernladungszahl). Im neutralen Atom entspricht die Zahl der Protonen auch der Zahl der Elektronen. Da der Kern (Protonen und Neutronen) zum größten Teil die Masse eines Atoms bestimmt, wird die **Massenzahl A** (Nukleonenzahl) eines Atoms von der Summe aus **Protonenzahl Z** und **Neutronenzahl N** gebildet: A = N + Z.
Ein Atom, das durch seine Nukleonen festgelegt ist, heißt allg. **Nuklid.** Übliche Schreibweise:

$^{Nukleonenzahl}_{Protonenzahl}Elementsymbol$, z. B.: $^{1}_{1}H, ^{12}_{6}C, ^{4}_{2}He$

Da die Protonenzahl bereits das Element festlegt, wird sie in dieser Schreibweise oft weggelassen:

$^{Nukleonenzahl}Elementsymbol$, z. B.: $^{1}H, ^{12}C, ^{4}He$

> Atome (allg. Nuklide) gleicher Protonenzahl Z, jedoch unterschiedlicher Neutronenzahl N heißen Isotope.

Isotope stehen im Periodensystem der Elemente am gleichen Ort. Sie gehören zwar zum selben chemischen Element, weisen aber verschiedene physikalische Eigenschaften auf (s. S. 88).
Die meisten Elemente sind Mischelemente, d. h. sie bestehen aus einem Gemisch unterschiedlicher Isotope. Nur 22 Elemente kommen in „Reinform" als Reinelemente mit nur einem Isotop vor. So gibt es z. B. beim Element Wasserstoff drei Isotope:

- „Normaler" Wasserstoff mit nur einem Proton $^{1}_{1}H$,
- schwerer Wasserstoff (sog. Deuterium D) aus einem Proton und einem Neutron $^{2}_{1}H$,
- künstlich erzeugter radioaktiven Wasserstoff Tritium T mit einem Proton und zwei Neutronen $^{3}_{1}H$.

Atommasse und Massendefekt

Die Masse der Atome wird üblicherweise als Vielfaches der atomaren **Masseneinheit u** angegeben und als relative Atommasse A_r bezeichnet. 1 u entspricht dabei 1/12 der Masse des $^{12}_{6}C$-Atoms:

$u = m(^{12}_{6}C)/12 = 1{,}660\,540 \cdot 10^{-27}$ kg

Jedoch ist die Masse eines Atoms nicht gleich der Summe seiner Elementarteilchen, sondern kleiner, was als **Massendefekt** bekannt ist. Ursache hierfür ist die sog. **Kernbindungsenergie,** also jene Energie, die bei der Bildung eines Atomkerns aus Elementarteilchen frei wird. Denn nach Einstein'scher Formel $E = m \cdot c^2$ lassen sich Energie und Masse ineinander umwandeln. Genauso ist im Atomkern Masse in Bindungsenergie umgewandelt, wodurch sich dieser „Verlust" an Masse erklärt. Durch das Verschmelzen leichter Kerne **(Kernfusion)** und das Spalten schwerer Kerne **(Kernspaltung)** kann man Kernenergie freisetzen, da hierbei die mittlere Bindungsenergie der Nukleonen vergrößert wird.

Die Atomhülle

Bohr'sches Atommodell

Nach diesem Modell bewegen sich die Hüllelektronen ähnlich wie Planeten um die Sonne auf einer ebenen Kreisbahn um den Atomkern, nur auf bestimmten sog. diskreten Bahnen bzw. Schalen, abhängig von ihrer Energie. Je weiter weg sich die Kreisbahn vom Atomkern befindet, desto größer ist die Energie der Elektronen. Diese Bahnen werden durch die Hauptquantenzahl n (mit n = 1, 2, 3, ...) gekennzeichnet und ihnen werden Buchstaben K (für n = 1), L (für n = 2), M (für n = 3) ... zugeordnet. Die Elektronen umlaufen strahlungsfrei auf festen Bahnen und können nur diskrete Energiezustände einnehmen. Unter Energieaufnahme ist ein „Sprung" auf eine weiter außen liegende Schale, unter Energieabgabe ein „Fallen" auf eine weiter innere Schale möglich (▮ Abb. 1). Dieses Modell liefert zwar eine erste Näherung, stößt jedoch bei näherer Betrachtung an seine Grenzen.

Quantenmechanisches Atommodell

Die Lösung der Bohr'schen Probleme liegt im Welle-Teilchen-Dualismus der Elektronen. Im wellenmechanischen Atommodell werden die Bahnen des Bohr'schen Modells durch räumliche stehende Wellen ersetzt, wobei jede Welle eine bestimmte Eigenfrequenz und somit Energie aufweist. Nach der **Schrödinger-Gleichung** lassen sich die Elektronenzustände als Lösung einer Wellengleichung beschreiben. Nach der **Unschärferelation von Heisenberg** ist es aber unmöglich, zu einer bestimmten Zeit Aufenthaltsort, Bewegungsrichtung und Geschwindigkeit eines Elektrons gleichzeitig anzugeben. Daher wird jedem Elektron ein als **Orbital** bezeichneter Raum zugewiesen, für den man die Aufenthaltswahrscheinlichkeit angeben kann und den man sich als eine Art **Ladungswolke** vorzustellen hat. Dabei wird dem Elektron die Möglichkeit gegeben, sich in allen drei Dimensionen zu bewegen. Form, Größe und Orientierung dieses Raumes hängen dabei von den **vier Quantenzahlen** ab: Jede Hauptschale (= K, L, M, N) wird als Zustand gleicher **Hauptquantenzahl n** (= 1, 2, 3, 4 ...) angesehen, die wiederum in n^2 Orbitale unterteilt werden kann. Die Orbitale sind hierbei Zustände der gleichen **Nebenquantenzahl l** (= 0, 1, 2 ...(n-1)) und werden als Neben- bzw. Unterschalen angesehen. Zusätzlich ordnet man den Orbitalen noch eine magnetische **Quantenzahl m** und eine **Spinquantenzahl s** zu, auf die hier nicht weiter eingegangen werden soll. Die Schalen werden je nach Energiezustand der Elektronen besetzt. Das sog. **Pauli-Prinzip** besagt, dass in einem Atom keine zwei Elektronen in allen vier Quantenzahlen übereinstimmen. Die möglichen Elektronenplätze sind für jede Hauptschale daher auf $2n^2$ limitiert, für jede Unterschale (Orbital) auf höchstens zwei.

Entstehung eines Moleküls

Wenn bei Atomen die äußersten Nebenschalen nicht vollständig mit Hüllelektronen besetzt sind, können sich Atome miteinander vereinen, sich die äußeren Schalen teilen und durch Eingehen einer chemischen Bindung den energetisch günstigen Schalenabschluss erreichen. Auf diese Weise entsteht durch Zusammenschluss von Atomen ein Molekül.

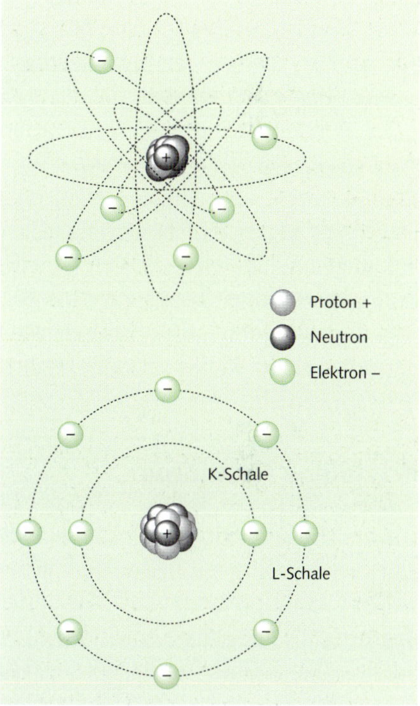

▮ Abb. 1: Das Bohr'sche Atommodell [20]

Zusammenfassung

- Atome werden in Atomkern und Atomhülle unterteilt; die Bausteine sind hierbei Protonen, Elektronen und Neutronen.
- Im Kern ist nahezu die gesamte Masse des Atoms auf einem Raum 100 000-mal kleiner als das Atom selbst konzentriert.
- Im Bohr'schen Atommodell bewegen sich die Elektronen auf diskreten Bahnen um den Kern.
- Nach dem quantenmechanischen Atommodell befinden sich Elektronen in einer als Orbital bezeichneten Ladungswolke größter Aufenthaltswahrscheinlichkeit.

Festkörper, Flüssigkeiten, Gase

Aggregatzustände der Materie

Unter dem Begriff des Aggregatzustandes versteht man die drei augenfälligsten makroskopischen Erscheinungsformen der Materie – **fest, flüssig und gasförmig.** Jeder uns bekannte Stoff kann in den Zustandsformen fest, flüssig und gasförmig auftreten (die einzige Ausnahme bildet hierbei Helium, das sich auch bei tiefsten Temperaturen nicht in den festen Zustand überführen lässt). Bestes Beispiel ist jedoch H_2O, das in Form von Eis, Wasser und Wasserdampf vorliegen kann. Dementsprechend gibt es **drei** verschiedene Aggregatzustände. Diese lassen sich durch Aufnahme oder Entzug von Energie ineinander umwandeln (s. S. 78, 80). Oftmals wird auch von der festen, flüssigen oder gasförmigen **Phase** eines Stoffes gesprochen. Die beiden Begriffe sind aber nicht deckungsgleich. Der Begriff der Phase ist umfassender. Durch sie wird ein Bereich festgelegt, in dem sich die Eigenschaften eines Stoffes nicht sprunghaft ändern. Da jedoch für den Alltag eine Unterscheidung der drei Aggregatzustände ausreichend ist, sollen deren Eigenschaften und Unterschiede genauer dargestellt werden.

Der feste Aggregatzustand

Festkörper weisen eine bestimmte feste Gestalt und ein festes Volumen auf, die sich nur durch Einwirken einer äußeren Kraft ändern lassen. Man spricht hierbei auch von Formstabilität. Zwischen den molekularen Bausteinen eines Festkörpers herrschen starke Kohäsionskräfte. Dabei muss man zwischen **kristallinen** und **amorphen** Festkörpern unterscheiden.

Kristalline Festkörper

Die molekularen Bausteine (Atome, Ionen, Moleküle ...) eines solchen Körpers weisen über weite Bereiche einen hohen Ordnungszustand auf. Man spricht von einer **Fernordnung.** Die Bausteine eines idealen Festkörpers sind regelmäßig in Form eines Gitters, der sog. **Gitterstruktur,** angeordnet (▮ Abb. 1 (a)). Jedoch ist die Anordnung in verschiedene Raumrichtungen unterschiedlich. Diese Anordnung der einzelnen Strukturen wird dabei durch die herrschenden zwischenmolekularen Kräfte festgelegt: Im Ordnungszustand heben sich diese anziehenden und abstoßenden Kräfte gegenseitig auf. Durch das Kräftegleichgewicht sind die einzelnen Teilchen in ihrer Anordnung also fixiert und können nicht ohne Aufwendung einer zusätzlichen Kraft von außen gegeneinander verschoben werden. Dennoch ist es möglich, dass die Teilchen Schwingungen um ihre stabile Gleichgewichtslage ausführen. Die kinetische Energie der Teilchen ändert sich dabei proportional mit der Temperatur (s. S. 74).
Die meisten Festkörper weisen jedoch eine **polykristalline Struktur** auf. Sie bestehen aus vielen mikroskopischen Kristallen, die diesem idealen Ordnungszustand nahe kommen, und aus Zwischenbereichen, die durch Fehlbau und Verunreinigung gekennzeichnet sind. Die einzelnen Kristalle sind dabei unregelmäßig verteilt angeordnet. Größere **Einkristalle,** die im Idealfall eine Kristallstruktur mit regelmäßigem Gitter aufweisen, sind in der Natur hingegen selten.

Amorphe Festkörper

In unserer Natur kommen auch vermeintliche feste Stoffe vor, die jedoch physikalisch eher zu den Flüssigkeiten gezählt werden müssen. Sog. amorphe Stoffe, wie beispielsweise Gläser, Wachse, Harze, zeigen keine regelmäßige Anordnung ihrer molekularen Bausteine. Sie weisen lediglich eine Nahordnung auf und ähneln **unterkühlten Flüssigkeiten.** Ferner besitzen sie auch keinen genauen Schmelzpunkt (s. S. 78, 80).

Der flüssige Aggregatzustand

Im Gegensatz zur starren Anordnung im Festkörper sind die Bausteine in Flüssigkeiten leichter gegeneinander verschiebbar. Sie sind nicht mehr an ihre Gleichgewichtslage gebunden. Allerdings sind sie auch hier nicht vollkommen frei beweglich und es herrscht innerhalb kleiner Volumenbereiche ein Ordnungszustand – die sog. **Nahordnung.**
Dies wird dadurch ausgelöst, dass die zwischenmolekulare Bindungskräfte zwar wesentlich kleiner sind als bei festen Stoffen, jedoch immer noch stark genug, um die Teilchen an einer freien Bewegung zu hindern. Die Bausteine weisen daher, wie die Teilchen im Festkörper, eher kleine Abstände zueinander auf. Diese sind jedoch im Mittel ein wenig größer als die bei festen Stoffen (▮ Abb. 1 (b)). Dies führt dazu, dass zwischen Feststoffen und Flüssigkeiten keine allzu großen Dichteunterschiede bestehen, wie dies beispielsweise gegenüber Gasen der Fall ist.
Aufgrund dieser Eigenschaften können Flüssigkeiten jede beliebige Gestalt annehmen und passen sich immer der Form eines äußeren Gefäßes an. Ihr Volumen hingegen ist jedoch fest.

Der gasförmige Aggregatzustand

In Gasen sind die molekularen Bausteine frei und ungeordnet beweglich. Zwischen ihnen herrschen nur mehr (mit Ausnahme von Zusammenstößen) vernachlässigbar kleine Kohäsionskräfte, weshalb ihr Abstand zueinander ziemlich groß ist und sie sich völlig beliebig anordnen (▮ Abb. 1 (c)). Sie weisen unter Normalbedingungen daher eine sehr viel kleinere Dichte auf als die von Flüssigkeiten oder Feststoffen.
Gase weisen dementsprechend kein festes Volumen auf.
Sie haben stattdessen stets das Bedürfnis jeden ihnen zur Verfügung stehenden Raum auszufüllen. In komprimierten

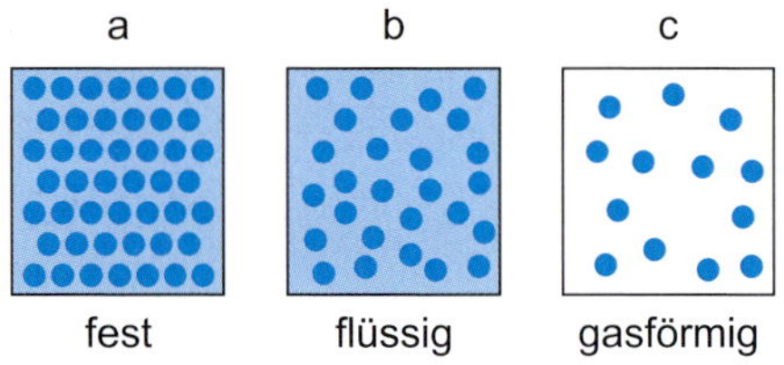

▮ Abb. 1: (a) Fester, (b) flüssiger und (c) gasförmiger Aggregatzustand

Aggregatzustand	Gestalt und Volumen	Teilchenanordnung	Teilchenbeweglichkeit
Fest	Feste Gestalt	Fest im Kristallgitter; kleiner gegenseitiger Abstand	Schwingungen um Gleichgewichtslage
Flüssig	Beliebige Gestalt; festes Volumen	Beliebig; kleiner gegenseitiger Abstand	Eingeschränkte freie Beweglichkeit
Gasförmig	Jedes Volumen wird ausgefüllt	Ungeordnet; großer gegenseitiger Abstand	Freie Beweglichkeit

Tab. 1: Wesentliche Unterschiede der Aggregatzustände

Gasen lässt sich zwar noch eine gewisse Nahordnung feststellen. Hingegen ist beim idealen Gas, wie beispielsweise unserer Luft, jede Ordnung aufgehoben (s. S. 74).
Zusammenfassend stellt Tabelle 1 die wesentlichen Unterschiede zwischen den Aggregatzuständen dar.

Physikalische Normbedingungen

Für die Physik sind die **Normbedingungen zur standardisierten Messung von Gasvolumina** folgendermaßen definiert:

- Normtemperatur: T = 273 K (0°C),
- Normdruck: P = 1013,25 hPa (mbar),
- Trockene Luft.

Dies lässt sich im Englischen zusammenfassen mit der Abkürzung **STPD,** was eine Abkürzung für **S**tandard **T**emperatur, **P**ressure, **D**ry darstellt. Solange diese Normbedingungen herrschen, nimmt ein mol eines idealen Gases immer ein Volumen von 22,414 Litern ein.

Physiologische Normbedingungen

In der Atemphysiologie geht man hingegen, um sich besser an die herrschenden Werte im Körper anzupassen, von folgenden Bedingungen aus:

- **ATPS** – Abkürzung für **A**mbient **T**emperature, **P**ressure, **S**aturated:
  - Aktuelle Temperatur,
  - Aktueller Luftdruck,
  - Wasserdampfgesättigte Luft;
- **BTPS** – Abkürzung für **B**ody **T**emperature, **P**ressure, **S**aturated:
  - Körpertemperatur (37°C),
  - Aktueller Luftdruck,
  - Wasserdampfgesättigte Luft.

Thermische Molekularbewegung

Die molekularen Bausteine eines Stoffes sind nicht in Ruhe, sondern stets in Bewegung und beeinflussen sich gegenseitig. Da die kinetische Energie der Teilchen sich proportional zur Temperatur ändert, spricht man auch von **thermischer Bewegung** bzw. der sog. **Wärmebewegung.** Im Gegensatz zu festen Stoffen, bei denen aufgrund der starken zwischenmolekularen Kräfte nur eine Schwingung um den Ruhezustand möglich ist, besteht diese Bewegung bei flüssigen und gasförmigen Stoffen in regellosen Zickzackbahnen der einzelnen Bausteine. Die Ablenkungen kommen hierbei entsprechend der Stoßgesetze (s. S. 10) durch Zusammenstöße mit anderen Bausteinen zustande. Man spricht hierbei auch von der **Brown'schen Molekularbewegung,** benannt nach dem Engländer Robert Brown, der diese Erscheinung bei flüssigen Stoffen beobachtete. Durch die Kohäsionskräfte wird diese Bewegung bei Flüssigkeiten begrenzt, so dass die Bausteine nicht als vollkommen frei beweglich anzusehen sind. Hingegen sind die Wechselwirkungskräfte bei Gasen so klein, dass sich die Teilchen zwischen zwei Zusammenstößen nahezu frei bewegen können.

Zusammenfassung

- Aggregatzustände stellen Erscheinungsformen der Materie dar und lassen sich in fest, flüssig und gasförmig unterteilen.
- Beim festen Aggregatzustand muss man zwischen kristallinen und amorphen Festkörpern unterscheiden.
- Im idealen Festkörper liegen die Bausteine streng geordnet und nahezu starr in Form eines Kristallgitters vor. Es sind nur Schwingungen um die Ruhelage möglich.
- Im flüssigen Zustand lassen sich die Bausteine eines Körpers begrenzt gegeneinander verschieben. In Gasen hingegen können sie sich frei bewegen.
- In makroskopisch scheinbar ruhenden Stoffen tritt immer eine molekulare Bewegung, die sog. Brown'sche Molekularbewegung auf.

G Wärmelehre

G Wärmelehre

Grundlagen Wärme

Allgemeines

Uns Menschen sind von der Natur zahlreiche Rezeptoren gegeben, die uns ein gewisses „Wärmeempfinden" ermöglichen. Diese Rezeptoren liefern uns allerdings nur eine subjektive und recht grobe Unterscheidung zwischen kalt, kühl, warm und heiß.
Da der Physiker nun nicht schätzen, sondern messen möchte, wie kalt oder warm ein Material ist, wurde zur objektiven und qualitativen Beschreibung die **Temperatur** als Maß für den thermischen Zustand eingeführt. Sie gibt dabei als makroskopisches Maß die sog. innere Energie eines Körpers, genauer die mittlere kinetische Energie seiner molekularen Bestandteile, wieder. Sie beschreibt also letztlich die Bewegung von Teilchen in einem Körper, unabhängig von dessen Aggregatzustand. Da die Temperatur zudem einen Zustand kennzeichnet, der von Masse und stofflicher Zusammensetzung eines Körpers unabhängig ist, stellt sie eine **Zustandsgröße** dar. Da sich mit ihr viele Eigenschaften eines Stoffes ändern, befasst sich die **Wärmelehre** mit dem Verhalten von Körpern unter Einfluss von Temperatur.

Temperaturskalen

Um die unterschiedlichen Temperaturen vergleichen zu können, wurden verschiedene Skalen eingeführt (▮ Abb. 1).

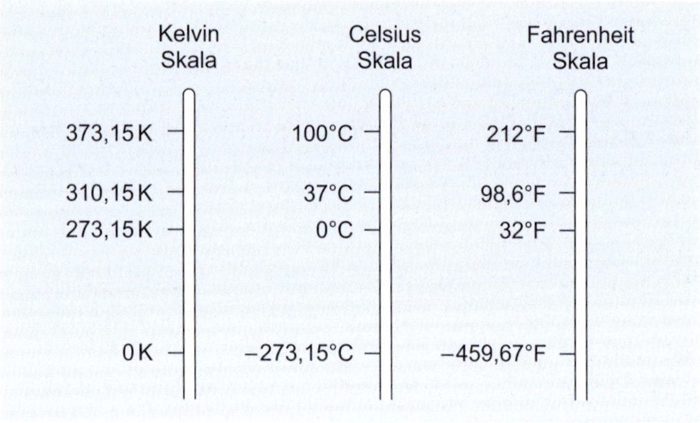

▮ Abb. 1: Drei verschiedene Temperaturskalen

Celsius-Skala

Sie stellt die bei uns im Alltag übliche Skala dar. Als Bezugspunkte dienen dabei der Siedepunkt (100 °C) und der Schmelzpunkt (0 °C) von Wasser unter Normalluftdruck (1013 hPa). Der Abstand zwischen diesen beiden Punkten wird nach Celsius in 100 gleiche Teile, die Celsius-Grade, geteilt. Diese Einteilung definiert eine Einheit der Temperatur und Temperaturdifferenz: t = 1 °C („Grad Celsius").

Fahrenheit-Skala

Vor allem im angelsächsischen Bereich wird in Grad Fahrenheit (°F) gemessen. Hierbei entsprechen 32 °F = 0 °C und 212 °F = 100 °C. Für die Umrechnung gilt:

$$°F = \frac{9}{5}t + 32 \quad (1)$$

Die Körpertemperatur des Menschen sollte also 9/5 · 37 + 32 = 98,6 °F betragen.

Kelvin-Skala

Bei der Celsius-Skalierung wurden die Bezugspunkte willkürlich auf das Wasser bezogen. Um einen unabhängigen, von Natur aus festgelegten Nullpunkt zu erreichen, wurde eine weitere Skala eingeführt:
Der Beginn dieser Skala wird vom sog. **absoluten Nullpunkt** gebildet, der bei −273,15 °C liegt – der tiefsten physikalischen Temperatur, bei dem jegliche Bewegung von Teilchen erstarrt, der jedoch in unserem Universum nicht erreicht wird. Man spricht bei der Kelvin-Skala von **absoluter Temperatur T,** die die Einheit T = 1 K (Kelvin) aufweist. Cave: Bei der Kelvin-Skala wird also kein Grad Zeichen (°) verwendet, die Intervalleinteilung der Celsius-Skala wird hier aber beibehalten. Jedoch sind die Nullpunkte beider Skalen gegeneinander verschoben:
Für t = 0 °C ist T = 273,15 K und T = 0 K ist t = −273,15 °C.
Allgemein gilt: T = t + 273,15 bzw. t = T − 273,15
(Anmerkung: Meist reicht jedoch der gerundete Wert von 273)
Cave: Bei Berechnungen von physikalischen Gleichungen muss die Temperatur verbindlich in Kelvin eingesetzt werden. Davon ausgenommen sind nur Temperaturdifferenzen, die sowohl in °C als auch in K angegeben werden können. Die Temperatur stellt somit eine Größe mit zwei gültigen Formelzeichen dar (t für die Celsius-Skala und T für die Kelvin-Skala).

Temperaturabhängige Stoffeigenschaften

Abhängig von der Temperatur ändern sich viele Eigenschaften eines Stoffes. Diese alle würden also prinzipiell Aussagen über dessen Temperatur erlauben. Folgend sind einige solcher temperaturabhängigen Eigenschaften gelistet.

Volumenausdehnung

Die Temperatur beschreibt letztlich die Teilchenbewegung im Inneren eines Körpers. Die Teilchen bewegen sich bei höheren Temperaturen stärker als bei niedrigeren, was in der Regel eine Ausdehnung des Körpers mit sich bringt. Generell lässt sich sagen, dass die Ausdehnung von Gasen dabei größer ist als die von flüssigen Stoffen, Flüssigkeiten sich aber wiederum stärker ausdehnen als Festkörper.
Allgemein gelten für die Volumenausdehnung eines festen, flüssigen oder gasförmigen Körpers folgende Formeln:

$$\Delta V = \gamma \cdot V_0 \cdot \Delta T \quad (1)$$

und $V = V_0 + \Delta V = V_0 \cdot (1 + \gamma \cdot \Delta T) \quad (2)$

Bei Temperaturerhöhung um ΔT vergrößert sich also das ursprüngliche Volumen V_0 des Körpers um ΔV auf das neue Volumen V. γ ist hierbei der **Volumenausdehnungskoeffizient** oder **kubischer Ausdehnungskoeffizient.**
Da dieser stark von der Temperatur

abhängt, gilt diese Formel jedoch nur in einem gewissen Temperaturbereich. In diesem verlaufen Volumenausdehnung und Temperatur dann **linear,** d. h. es lässt sich bei doppelter Temperaturerhöhung die doppelte Volumenausdehnung erreichen. Da bei Quecksilber der Volumenausdehnungskoeffizient γ über einen großen Bereich näherungsweise von der Temperatur unabhängig ist, wird seine Ausdehnung gerne in einem Flüssigkeitsthermometer zur Temperaturmessung hergenommen.
Aufgrund dieser Temperaturabhängigkeit des Volumens sind einige Sicherheitsvorkehrungen für den Alltag zu bedenken. So dürfen z. B. Gasbehälter nie ganz befüllt werden, auf Brücken werden Ausdehnungsfugen in die Fahrbahnen eingebracht.

Längenausdehnung fester Körper

Im Gegensatz zu flüssigen Körpern ist bei Festkörpern eine reine lineare Ausdehnung möglich. Hierbei gelten der Volumenausdehnung ähnliche Formeln:

$$\Delta l = \alpha \cdot l_0 \cdot \Delta T \quad (3)$$

und analog

$$l = l_0 + \Delta l = l_0 \cdot (1 + \alpha \cdot \Delta T) \quad (4)$$

α stellt hierbei den materialspezifischen **Längenausdehnungskoeffizient** dar, der bei kleinen Temperaturveränderungen relativ konstant, bei größeren allerdings selbst wieder temperaturabhängig ist. Man gibt daher Mittelwerte und den Gültigkeitsbereich an. Näherungsweise gilt für feste Körper:
$\alpha = 1/3 \cdot \gamma$
Da sich also die Länge als auch das Volumen eines Körpers mit Erhöhung der Temperatur ändern, spricht man auch von der **thermischen Ausdehnung** eines Körpers.

Gasdruck

Befindet sich ein ideales Gas in einem abgeschlossenen Behältnis (bleibt also das Volumen konstant), so ändert sich der Druck linear mit der herrschenden Temperatur. Druck und Temperatur sind zueinander direkt proportional – eine Erhöhung der Temperatur bringt eine Drucksteigerung in dem Behältnis mit sich. Mit einem Gasthermometer lässt sich demnach in einem weiten Temperaturbereich sehr genau die Temperatur messen.

Dichte

Aus den vorangegangenen Gesetzmäßigkeiten kann man auf eine weitere temperaturabhängige Veränderung schließen: Die Dichte ρ ist definiert als:

$$\rho = \frac{m}{V} \quad (5)$$

Ändert sich die Temperatur, so ändert sich demnach auch die Dichte eines Körpers, da sich ja das Volumen verändert. Jedoch ist diese Beziehung umgekehrt proportional – es folgt:

$$\rho = \frac{\rho_0}{1 + \gamma \cdot \Delta T} \quad (6)$$

Folglich nimmt die Dichte von flüssigen und festen Körpern bei Temperaturerhöhung im Allgemeinen ab.
Cave: Wasser zeigt allerdings eine Abweichung: Man bezeichnet dies als **Anomalie des Wassers.** Wasser hat bei 4 °C seine größte Dichte. Oberhalb und unterhalb von 4 °C ist die Dichte von Wasser stets kleiner. D. h., Wasser zieht sich bei Erwärmung von 0 °C auf 4 °C (genauer 3,98 °C) zusammen, erst danach dehnt es sich wieder aus. Die Dichte ist daher bei dieser Temperatur maximal. Der Volumenausdehnungskoeffizient γ von Wasser ist also bis 3,98 °C negativ, bei 3,98 °C genau 0; Danach ist er positiv. Dies ist der Grund, warum Gewässer im Winter von der Wasseroberfläche her zufrieren: Das Wasser von 4 °C sinkt aufgrund seiner hohen Dichte nach unten, während das kältere und demnach „leichtere" Wasser oben verbleibt – überlebenswichtig für Fische.

Elektrischer Widerstand

Die elektrische Leitfähigkeit eines Stoffes (und somit dessen elektrischer Widerstand) ist teilweise sehr stark abhängig von der Temperatur. Allgemein gilt: Bei Metallen nimmt bei steigender Temperatur der elektrische Widerstand zu – bei Halbleitern hingegen nimmt er ab und die elektrische Leitfähigkeit steigt.

Kontaktspannung bei Thermoelementen

Ein Thermoelement besteht aus zwei verschiedenen miteinander verbundenen Metalldrähten. An den Kontaktstellen treten Elektronen von dem Metall mit der kleineren Austrittsarbeit zu dem mit der größeren Austrittsarbeit über, woraus eine Kontaktspannung resultiert. Weisen beide Kontaktstellen die gleiche Temperatur auf, so kompensiert sich diese Spannung. Ist die Temperatur aber verschieden, so lässt sich eine Potentialdifferenz (Spannungsdifferenz) messen – die sog. Thermospannung. Diese Spannung ist proportional zur Temperaturdifferenz ΔT.

Zusammenfassung

- Die Temperatur dient als Maß für die innere Energie eines Körpers. Sie beschreibt letztendlich das Ausmaß seiner Teilchenbewegung.
- Die Wärmelehre befasst sich mit dem Verhalten von Körpern unter Einfluss von Temperatur.
- Die im Alltag gebräuchliche Temperaturskala ist die Celsius-Skala. Sie weist auf die Eigenschaft von Wasser bezogene Fixpunkte auf.
- Hingegen ist in der Physik die Kelvin-Skala von großer Bedeutung – in Berechnungen muss die Temperatur in Kelvin eingesetzt werden.
- Abhängig von der Temperatur ändern sich viele Eigenschaften von Stoffen – insbesondere Länge, Volumen, Druck und Dichte.

Wärmelehre I: Wärme als Energieform

Wie im vorherigen Kapitel erwähnt, ist die Temperatur ein Maß für die **innere Energie** eines Körpers. Eine Erhöhung seiner Temperatur bringt also eine Steigerung, eine Abkühlung hingegen eine Abnahme der kinetischen Energie seiner kleinsten Teilchen mit sich. Wenn einem Körper demnach Energie in Form von Wärme zugeführt wird, nimmt seine innere Energie und damit seine Temperatur zu. Ferner kann sich auch sein Aggregatszustand ändern (s. S. 80). Erwärmung bedeutet für den Körper also Energiezufuhr, Abkühlung hingegen stellt einen Energieentzug dar. Auch beim Verrichten von Arbeit an oder durch einen Körper selbst wird Energie zwischen zwei Systemen übertragen und damit ihre innere Energie geändert. **Wärme** ist demnach eine **Energieform,** die auch in **Energieeinheiten** gemessen wird. Der Energieerhaltungssatz (s. S. 14) besagt dabei, dass man innere Energie nur durch Umwandlung aus anderen Energiearten, wie z. B. mechanischer, elektrischer oder chemischer Energie, erreichen kann.

Wärmemenge und Wärmekapazität

Zur Temperaturänderung (und/oder der Änderung des Aggregatszustandes) eines Körpers muss eine bestimmte **Wärme** oder **Wärmemenge Q** zugeführt oder entzogen werden. Diese ist proportional zur Masse m des Körpers und dessen Temperaturänderung ΔT. Durch Einführung einer Proportionalitätskonstante c lässt sich folgende Formel schreiben:

$$Q = c \cdot m \cdot \Delta T \qquad (1)$$

Einheit von Q: **Joule (J)** wobei gilt: 1 J = 1 Nm = 1 Ws

c ist hierbei die **spezifische Wärmekapazität.** Sie stellt eine temperaturabhängige **Stoffkonstante** dar und bezeichnet diejenige Wärmemenge Q, die einem Körper von m = 1 kg zugeführt werden muss, um seine Temperatur T um 1 Kelvin zu erhöhen:

$$c = \frac{Q}{m \cdot \Delta T} \qquad (2)$$

Einheit: $[c] = {}^{J}\!/_{kg \cdot K}$

So beträgt beispielsweise die spezifische Wärmekapazität von Wasser c (H_2O) = 4,18 kJ/kg · K. Dies bedeutet, dass zur Erwärmung von 1 kg Wasser die Energie 4,18 kJ notwendig ist. Für die einfache, von der Masse m eines Körpers abhängige **Wärmekapazität C** gilt:

$$C = \frac{\Delta Q}{\Delta T} = c \cdot m \qquad (3)$$

Einheit: $[C] = {}^{J}\!/_{kg}$

Für Messungen in der Chemie nimmt man statt der Masse m eher die Stoffmenge n des zu untersuchenden Stoffes her, so dass besonders hier die sog. **molare Wärmekapazität C_m** verwendet wird:

$$C_m = \frac{Q}{n \cdot \Delta T} = \frac{C}{n} \qquad (4)$$

Einheit: $[C_m] = {}^{J}\!/_{mol \cdot K}$

Früher wurde statt der heutigen Einheit Joule die Wärmemenge Q in **Kalorie (cal)** angegeben. Sie war definitionsgemäß diejenige Energie, die zur Erwärmung von 1 g Wasser von 14,5 auf 15,5 °C nötig ist. Auch heute noch wird der Brennwert von Nahrungsmitteln häufig in cal und kcal angegeben. Diese Einheiten lassen sich näherungsweise mit dem Faktor 4,2 in Joule umrechnen: 1 kcal ≈ 4,2 kJ. Der Faktor entspricht dabei der spezifischen Wärmekapazität von Wasser.

Thermodynamische Systeme

In der Thermodynamik versteht man unter dem Begriff „System“, von dem im Folgenden die Rede sein wird, einen bestimmten räumlichen Bereich, der durch Grenzflächen von der Umwelt abgetrennt ist. Dabei werden drei Arten von Systemen unterschieden:

- **Offene Systeme** sind alle Systeme, die an ihren Grenzflächen sowohl Energie als auch Materie mit ihrer Umwelt austauschen können.
- Ein **geschlossenes System** bezeichnet den Fall, dass zwar kein Austausch von Materie möglich ist, jedoch kann es zu einem Energieaustausch an den Grenzflächen kommen.
- Bei **abgeschlossenen** oder **isolierten Systemen** sind weder Stoffaustausch noch Energieübertragung oder sonstige Wechselwirkungen möglich. Ein solches System ist nur theoretisch möglich und wird praktisch nur näherungsweise erreicht. Denn in der Praxis wird immer ein gewisser Energieaustausch mit der Umwelt stattfinden.

Wenn ein System mit seiner Umwelt in Wechselwirkung steht, so ist von Interesse, wie sich sein Zustand ändert. Wenn sich seine Eigenschaften dagegen nicht ändern, so liegt ein **thermodynamisches Gleichgewicht** vor.

Erster Hauptsatz der Wärmlehre

Dieser Satz stellt letztendlich eine besondere Formulierung des Energieerhaltungssatzes (s. S. 14) unter Einbeziehung der Wärme als weitere Energieform dar. Demnach gilt folgende Aussage:

> Wird einem System Wärme Q und mechanische Arbeit W zugeführt (Q > 0; W > 0) oder entnommen (Q < 0; W < 0), so ändert sich seine innere Energie U um ΔU:
>
> $$\Delta U = Q + W \qquad (5)$$

Die Änderung der inneren Energie eines Systems ist also gleich der Summe aus beiden Anteilen. Die Gesamtenergie bleibt erhalten und es geht keine Energie verloren. Dem System zugeführte Energie (Wärme bzw. Arbeit) wird definitionsgemäß positiv, vom System abgegebene Energie

negativ verrechnet. Daraus kann folgen, dass sich die Temperatur (Änderung der kinetischen Energie der Teilchen), das Volumen (Änderung des Molekülabstandes) oder auch der Aggregatzustand des Systems ändern.
In einem abgeschlossenem System, in dem von außen keine Energie zugeführt oder entzogen werden kann (siehe oben), folgt aus der Energieerhaltung:

Die Summe der inneren Energien, d.h. die Summe aus Wärme und mechanischer Energie, ist in einem abgeschlossenen System konstant.

Zweiter Hauptsatz der Wärmelehre

Da in unserer Natur nicht alle Prozesse, die der erste Hauptsatz der Wärmelehre zulassen würde, auch tatsächlich ablaufen, stellt der zweite Hauptsatz der Wärmelehre eine Einschränkung des ersten dar. Denn es ist gerade nicht möglich, jede Energieform beliebig ineinander umzuwandeln: Es ist unmöglich, dass sich z.B. ein Schiff dadurch in Bewegung setzt, dass es dem Meer Wärme entzieht und diese dann in mechanische Energie umwandelt. Der zweite Hauptsatz gibt demnach an, in welche Richtung thermodynamische Prozesse ablaufen. Eine der vielen verschiedenen Formen des Zweiten Hauptsatzes lautet demnach:

Es ist unmöglich, eine periodisch arbeitende Maschine zu bauen, die nichts anderes bewirkt, als die Erzeugung mechanischer Arbeit durch Abkühlung eines Wärmereservoirs.

Man hat also in der Thermodynamik **reversible** von **irreversiblen Prozessen** zu unterscheiden, die spontan nur in eine Richtung ablaufen können. So kann beispielsweise die in Wärme umgewandelte Energie niemals mehr vollständig zurückgewonnen werden.
So treten in der Realität bei Wärmekraftmaschinen wie Benzinmotor, Dampfmaschinen oder Wasserkraftwerken immer Verluste in Form von Wärme und Reibung auf. Diese irreversiblen Teilprozesse sorgen dafür, dass der reale thermische Wirkungsgrad kleiner ist als der einer idealen Wärmekraftmaschine – die Abwärme kann nicht mehr zur Gewinnung von Arbeit verwendet werden.
Natürlich interessiert den Physiker nun, in welche Richtung Prozesse ablaufen können. Als physikalische Größe dient hierzu die **Entropie S.** Allerdings ist nur deren Änderung von Interesse – denn bei jedem spontan ablaufenden Prozess erhöht sich die Entropie und nähert sich einem Höchstwert, dem thermodynamischen Gleichgewichtszustand, an. Sie wird deswegen differenziell durch ihre Änderung angeben:

$$dS = \frac{dQ}{T} \qquad (6)$$

$$\text{Einheit}: [S] = J/_K$$

Die Entropie stellt dabei eine Zustandsgröße eines Systems dar und beschreibt zusammen mit Temperatur, Volumen und Druck den Zustand eines Systems.
Sie lässt sich auch als **Maß für die Unordnung** in einem System auffassen. Da alles in unserem Universum eine möglichst hohe Unordnung anstrebt, nimmt die Gesamtentropie ständig zu – es gilt demnach:

In einem abgeschlossenen System nimmt die Entropie bei irreversiblen Prozessen stets zu. Nur solche Prozesse, bei denen die Entropie wächst, können spontan ablaufen ($dS > 0$).
Bei einem reversiblen Prozess hingegen ändert sich die Entropie nicht ($dS = 0$). Er steht daher immer im Gleichgewicht. Der Gleichgewichtszustand eines abgeschlossenen Systems ist im Zustand maximaler Entropie erreicht.
Die Entropie eines abgeschlossenen Systems kann niemals abnehmen. Sie kann nur gleich bleiben oder zunehmen. Es gilt: $\Delta S \geq 0$.

Durch dieses Entropieprinzip lässt sich nun der erste Hauptsatz der Wärmelehre insofern einschränken, dass alle Vorgänge, die eine Entropieverminderung mit sich bringen würden, von den Aussagen des ersten Hauptsatzes ausgeschlossen sind: So wird es beispielsweise nie dazu kommen, dass ein Apfel „von sich aus“ wieder zurück an seinen Platz am Baum springt. Dies wäre mit einer Ordnungssteigerung und einer Entropieverminderung verbunden, was einen Widerspruch zum Entropieprinzip darstellen würde. Allerdings ist der umgekehrte Vorgang möglich, da durch das Aufschlagen des Apfels auf den Erdboden und der damit verbundenen Umwandlung mechanischer Energie in Wärme eine Erhöhung der Unordnung und damit der Entropie stattgefunden hat. Der Vorgang ist demnach irreversibel.

Zusammenfassung

- Zur Temperaturänderung eines Körpers muss eine bestimmte Wärme bzw. Wärmemenge zugeführt oder entzogen werden.
- In der Thermodynamik wird zwischen offenen, geschlossenen und abgeschlossen Systemen unterschieden.
- Der erste Hauptsatz der Wärmelehre erweitert den Energieerhaltungssatz um die Wärme als eigene Energieform.
- Der zweite Hauptsatz der Wärmelehre gibt durch Einführung des Entropieprinzips an, ob und wie ein Prozess spontan abläuft.
- Unser Universum strebt einen möglichst hohen Grad an Unordnung an. Dabei lässt sich die Entropie als Maß für die Unordnung darstellen: Jeder Vorgang, der mit einer Entropieerhöhung verbunden ist, kann spontan ablaufen. Dagegen ist ein Prozess, der zur Entropieverminderung führt, nicht spontan möglich.

Wärmelehre II

Kinetische Gastheorie

Wie auf S. 66 und S. 72 bereits beschrieben, ist die Temperatur eines Gases als Maß für die innere Energie aufzufassen. Die Temperatur hängt demnach von der Geschwindigkeit seiner Teilchen ab. Dabei tritt die Geschwindigkeit der einzelnen Teilchen zwar rein zufällig auf, d. h. bei konstanter Temperatur können die Teilchen sehr verschiedene Geschwindigkeiten aufweisen. Dennoch ist die Verteilung ihrer Geschwindigkeiten, d. h. die Häufigkeit, mit der eine bestimmte Geschwindigkeit auftritt, von der Temperatur abhängig. Diese Abhängigkeit wird durch die **Maxwell-Boltzmann-Verteilung** wiedergegeben, die für jede Temperatur eine jeweils charakteristische Verteilungskurve aufweist.
▮ Abbildung 1 zeigt diese Häufigkeitsverteilung beispielhaft für drei verschiedene Temperaturen.
Hierbei ist zu beachten, dass diese Verteilung **asymmetrisch** ist, d. h. die mittlere Geschwindigkeit der Teilchen v_m ist stets größer als die am häufigsten auftretende Geschwindigkeit. Jedoch verschieben sich bei steigender Temperatur sowohl v_m der Teilchen als auch das Häufigkeitsmaximum zu größeren Werten, wobei gleichzeitig die Kurve flacher wird (die Fläche unter der Kurve bleibt aber konstant).
Demnach ist die mittlere kinetische Energie der Teilchen proportional zur Temperatur:

$$\tfrac{1}{2} \cdot m \cdot (v^2)_m \sim T \qquad (1)$$

Daraus folgt allgemein:

$$\bar{E} = \tfrac{1}{2} \cdot m \cdot (v^2)_m = \tfrac{1}{2} \cdot f \cdot k \cdot T \qquad (2)$$

f stellt hierbei die Anzahl der Freiheitsgrade der Bewegung dar. k ist die **Boltzmann-Konstante** mit $k = 1{,}38 \cdot 10^{-23}$ J/K.
Einatomige Gase, d. h. Gase, deren Moleküle nur aus einem Atom bestehen, kann man sich vereinfacht als Kugeln vorstellen, die drei Freiheitsgrade (entsprechend drei zueinander senkrechten Bewegungsrichtungen) aufweisen. Für die mittlere kinetische Energie $\bar{E}$ eines **einzelnen** Teilchens eines solchen Gases gilt folglich:

$$\bar{E} = \frac{3}{2} \cdot k \cdot T \qquad (3)$$

Wenn man also die Temperatur eines einatomigen Gases um 1 K erhöht, so erhöht sich die mittlere kinetische Energie eines Teilchens dieses Gases um $3/2 \cdot 1{,}38 \cdot 10^{-23}$ Joule.
Ist dagegen nicht die Energie eines einzelnen Teilchens, sondern die eines Mols des einatomigen Gases von Interesse, so muss man mit der **Avogadro-Konstanten** N_A, die die Anzahl der Teilchen pro Mol widerspiegelt, multiplizieren:

$$\overline{E_m} = N_A \cdot \bar{E} \qquad (4)$$

Mit $R = N_A \cdot k$ gilt dann:

$$\overline{E_m} = \frac{3}{2} \cdot R \cdot T \qquad (5)$$

R wird als **allgemeine Gaskonstante** bezeichnet. R = 8,31 J/K · mol
Cave: Die oben genannten Formeln gelten nur für einatomige Gase.

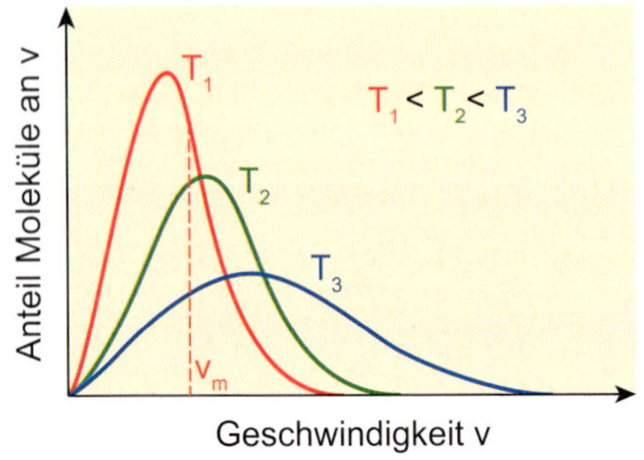

▮ Abb. 1: Boltzmann-Verteilung

Das Modell des idealen Gases

Bei einem idealen Gas sind die Moleküle vernachlässigbar klein gegenüber ihrem mittleren Abstand. Zwischen ihnen treten auch keine zwischenmolekularen Wechselwirkungen auf – sie ziehen sich weder an, noch stoßen sie sich ab. Sie können sich also vollkommen frei bewegen, und bei Zusammenstößen verhalten sie sich wie vollelastische Kugeln. Alle Gase, die diese Bedingungen nicht erfüllen, sind als **reale Gase** abzugrenzen.
Unter **Normalbedingungen** (s. S. 66) kann z. B. Luft als ideales Gas angesehen werden.

Spezielle Zustandsänderungen

Gesetz von Boyle-Mariotte

Laut diesem Gesetz bleibt in einer abgeschlossenen (idealen) Gasmenge bei konstanter Temperatur das Produkt aus Druck p und Volumen V konstant – es gilt für T = konst.:

$$p \cdot V = konst. \qquad (6)$$

und $p_1 \cdot V_1 = p_2 \cdot V_2 \qquad (7)$

p und V verhalten sich folglich indirekt proportional zueinander – nimmt p zu, so nimmt V ab und umgekehrt.
Eine Änderung dieser Art nennt man **isotherme Zustandsänderung (T = konst.).** Im zugehörigen p, V-Diagramm (▮ Abb. 2 (a)) sind die sog. **Isothermen** als Hyperbeln zu sehen.

Erstes Gesetz von Gay-Lussac

Bei konstantem Druck p nimmt das Volumen eines (idealen) Gases proportional mit der Temperatur zu.
Für p = konst. gilt also:

$$V \sim T \rightarrow \frac{V}{T} = konst. \qquad (8)$$

und $\dfrac{V_1}{T_1} = \dfrac{V_2}{T_2} \qquad (9)$

Man spricht von einer **isobaren Zustandsänderung (p = konst.).** Im V,T-Diagramm (▮ Abb. 2 (b)) ergeben die zugehörigen **Isobaren** Ursprungsgeraden.

Zweites Gesetz von Gay-Lussac

Es bleibt noch die **isochore Zustandsänderung (V = konst.)** übrig. Dieses zweite Gesetz besagt, dass bei konstantem Volumen auch der Quotient aus Druck und Temperatur eines (idealen)

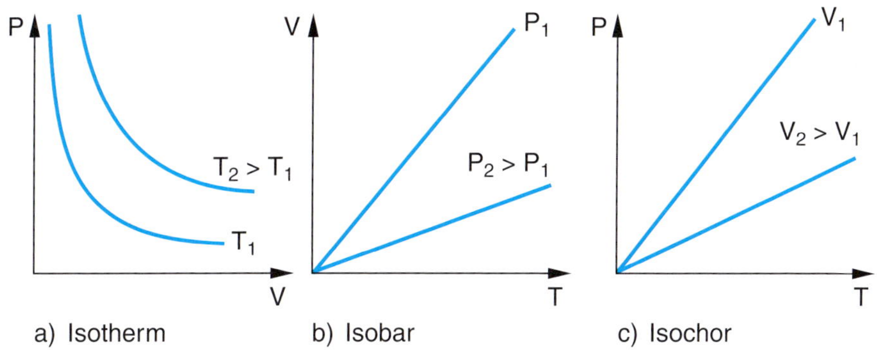

▮ Abb. 2: (a) Isotherme, (b) Isobare, (c) Isochore eines idealen Gases [4]

Gases konstant bleibt. Nimmt also die Temperatur zu, so steigt auch der Druck des Gases. Für V = konst. gilt:

$$p \sim T \rightarrow \frac{p}{T} = konst. \qquad (10)$$

und $\frac{p_1}{T_1} = \frac{p_2}{T_2}$ (11)

Im P,T-Diagramm (▮ Abb. 2 (c)) sind die **Isochoren** als Ursprungsgeraden zu sehen.
Aus diesen drei Spezialfällen lässt sich nun die Zustandsgleichung des idealen Gases ableiten.

Zustandsgleichung idealer Gase

Der Zustand eines idealen Gases wird durch die drei thermischen Zustandsgrößen Druck p, Volumen V und Temperatur T eindeutig beschrieben. Ändern sich bei idealen Gasen Druck, Volumen oder Temperatur, so ergibt sich für den Quotienten p · V/T stets der gleiche Wert.
Es gilt:

$$\frac{p \cdot V}{T} = konst. \qquad (12)$$

und $\frac{p_1 \cdot V_1}{T_1} = \frac{p_2 \cdot V_2}{T_2} = konst$ (13)

P ist hierbei der Druck des eingeschlossenen Gases, V sein Volumen und T seine thermodynamische Temperatur.
Unter Verwendung der allgemeinen Gaskonstante R lässt sich die Zustandsgleichung auch folgendermaßen schreiben:

$$p \cdot V = n \cdot R \cdot T \qquad (14)$$

n stellt hierbei die Stoffmenge in mol dar.
Unter Verwendung der Boltzmann-Konstante ergibt sich mit N als Teilchenzahl folgende Formel:

$$p \cdot V = N \cdot k \cdot T \qquad (15)$$

Gasgemische

Unter einem Gasgemisch versteht man eine Ansammlung unterschiedlicher gasförmiger Stoffe. Der **Gesamtdruck** des Gases stellt dabei die **Summe der Partialdrücke** der einzelnen Komponenten dar (Dalton'sches Gesetz). Die einzelnen Partialdrücke lassen sich hierbei aus dem Mengenverhältnis der verschiedenen Gase errechnen. So ist auch unsere atmosphärische Luft ein Gasgemisch unterschiedlicher Bestandteile (▮ Tab. 1).

	Anteil am Volumen in %	Partialdruck in bar (p_{ges} = 1 bar)
Stickstoff	78	0,78
Sauerstoff	21	0,21
Edelgase	1	0,01
Kohlendioxid	0,03	0,0003

▮ Tab. 1: Zusammensetzung der (trockenen) Luft (Werte gerundet)

Zusammenfassung

- Die Maxwell-Boltzmann-Verteilung spiegelt die temperaturabhängige Geschwindigkeitsverteilung der molekularen Bausteine von Gasen wider.
- Es müssen ideale Gase von realen Gasen unterschieden werden.
- Durch die drei thermischen Zustandsgrößen Druck, Volumen und Temperatur lässt sich der Zustand eines idealen Gases eindeutig beschreiben.
- Bei den speziellen Zustandsänderungen lassen sich isochore, isobare und isotherme Zustandsänderungen unterscheiden.

Wärmetransport

Wärme kann grundsätzlich auf drei verschiedene Arten übertragen bzw. transportiert werden: mittels **Wärmeleitung, Konvektion** und **Wärmestrahlung.**
Durch diese drei Arten der Wärmeübertragung wird stets versucht, eine bestehende Temperaturdifferenz auszugleichen. D. h., Wärme geht vom wärmeren Körper auf den kälteren über, so dass nach genügend langer Zeit und vorausgesetzt die Temperaturdifferenz zwischen den beiden Körpern wird nicht durch andere Vorgänge der Erwärmung oder Abkühlung aufrechterhalten, beide Körper schließlich dieselbe Temperatur aufweisen.

Wärmeleitung

Bei der Wärmeleitung wird Wärme innerhalb eines Körpers bzw. zwischen zwei Körpern, die in direktem Kontakt stehen, weitergegeben. Grundlage für das Verständnis dieses Zusammenhangs liefert die thermische Molekularbewegung (s. S. 66, S. 72). Bei der Wärmeleitung wird die innere Energie eines Körpers in Form von Stößen von Molekül zu Molekül weitergegeben. Wärmeleitung setzt immer eine Temperaturdifferenz voraus, die der Körper auszugleichen versucht. Hierbei ist zu beachten, dass also **kein Stoffaustausch** stattfindet, sondern ein **direkter Austausch von Wärme.** Dieser „Fluss" von Wärme kann stets nur von heißeren zu kälteren Regionen auftreten und ist irreversibel.
Im Modell kann man sich einen Stab der Länge l und der Querschnittsfläche A vorstellen, der an seinen beiden Enden unterschiedliche Temperaturen T_1 und T_2 aufweist (▮ Abb. 1).
Im Inneren des Stabes ist ein konstanter **Wärmestrom I** zum kälteren Bereich hin zu verzeichnen. Dieser Wärmestrom I wird definiert als pro Zeiteinheit t transportierte Wärmemenge Q:

$$I = \frac{dQ}{dt} \quad (1)$$

Einheit: $[I] = J/s = Watt$

Dabei ist der Wärmestrom umso größer, je größer die Querschnittsfläche A des Stabes ist. Außerdem ist er proportional zur Temperaturdifferenz $T_2 - T_1$ zwischen beiden Enden und indirekt proportional zur Länge l des Stabes.
Jedoch ist die Tatsache zu berücksichtigen, dass verschiedene Stoffe Wärme unterschiedlich gut leiten können.
So sind Metalle sehr gute Wärmeleiter. Hingegen leiten Wasser, Luft und allg. Flüssigkeiten und Gase Wärme deutlich weniger gut. Schlechte Wärmeleiter werden in der Technik als Isolierstoffe verwendet. So stellt Vakuum den besten Wärmeisolierstoff dar und wird z. B. in doppelwandigen Thermosflaschen zur Isolierung benutzt.
Allgemein wird die materialspezifische **Wärmeleitfähigkeit** durch die **Wärmeleitzahl λ** wiedergegeben und hat die Einheit $[\lambda] = W/_{m \cdot K}$
Demnach lässt sich für den Wärmestrom I vereinfacht folgende Formel zusammenfassen:

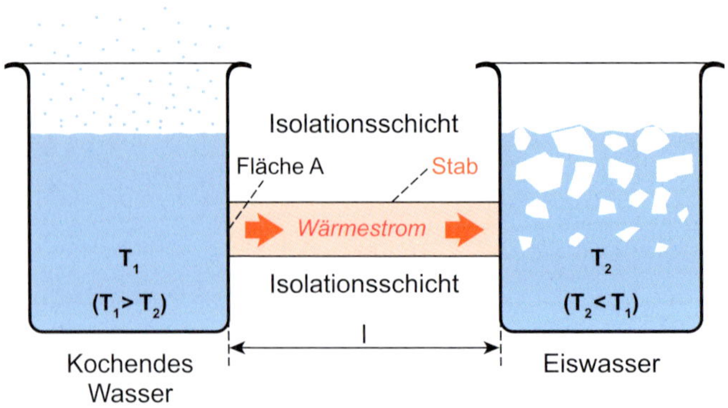

▮ Abb. 1: Wärmeleitung

$$I = \frac{dQ}{dt} = \lambda \cdot A \cdot \frac{T_2 - T_1}{l} \quad (2)$$

Allgemeiner gilt:

$$I = \frac{dQ}{dt} = \lambda \cdot A \cdot \frac{dT}{dx} \quad (3)$$

dT/dx beschreibt allgemein das Temperaturgefälle entlang des Wärme leitenden Körpers.

Konvektion

Wärmetransport, der auf dem Transport warmer Materie in einem beweglichen Medium beruht, wird Konvektion oder **Wärmeströmung** genannt. Im Gegensatz zur Wärmeleitung, bei der nur die Wärme als solche transportiert wird, ist bei der Konvektion also der Wärmetransport an einen **Stofftransport** gekoppelt. Diese Form des Transportes ist nur bei Flüssigkeiten und Gasen mög-

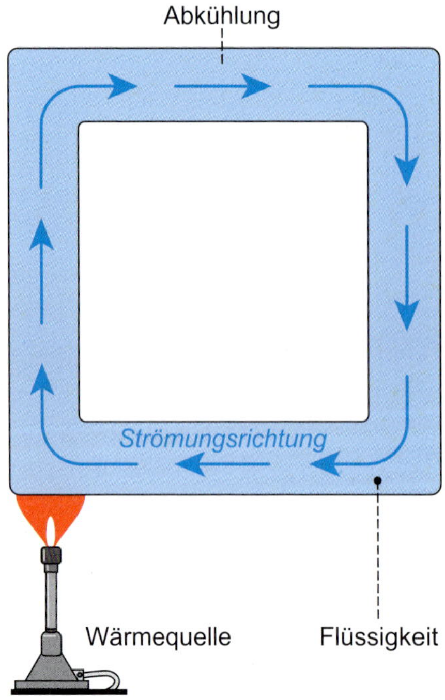

▮ Abb. 2: Konvektion

lich und gründet auf der Tatsache, dass mit jeder Temperaturveränderung auch eine Änderung der Dichte verbunden ist (s. S. 70). Erwärmt man z. B. eine Flüssigkeit, so dehnt sie sich aus, ihr Volumen nimmt zu und damit ihre Dichte ab. Infolge der Dichteabnahme erfährt die wärmere Flüssigkeit in kälterer Umgebung einen Auftrieb, steigt nach oben, und kältere Flüssigkeit strömt nach unten nach (▮ Abb. 2). Auf diese Weise kommt es zur Bewegung ganzer Flüssigkeitsmassen, die letztlich einen Temperaturausgleich zum Ziel haben.
Hierbei muss man zwei Formen der Konvektion unterscheiden:

- Bei der **freien** bzw. **natürlichen Konvektion** kommt der Stoff- und damit Wärmetransport allein durch den Temperatur- und somit Dichteunterschied zweier Regionen zustande. Bestes Beispiel hierfür ist die Steuerung des Klimas in unserer Erdatmosphäre durch Konvektion von Luftmassen.
- Hingegen werden bei der **erzwungenen Konvektion** äußere Kräfte ausgenutzt, die diesen Vorgang des Massentransportes begünstigen, wenn dieser von allein nicht oder nur insuffizient zustande kommen würde. So wird z. B. bei einer Warmwasserheizung das Wasser innerhalb des Leitungssystems nicht allein durch Temperaturunterschiede, sondern zusätzlich durch eine Umwälzpumpe angetrieben. Auch das Herz-Kreislauf-System des Menschen stellt ein System der erzwungenen Konvektion dar: Es dient nicht nur dem Stoffaustausch, sondern auch der Temperaturregulation, insbesondere von Haut und Akren. Unser Herz fungiert als Pumpe dieses Systems.

Wärmestrahlung

Auch wenn zwischen zwei Körpern jeglicher Kontakt oder Materie fehlt, ist dennoch ein Wärmetransport möglich. Dieser ist der sog. Wärmestrahlung vorbehalten:
Jeder Körper ist in der Lage, Wärmestrahlung abzugeben **(Emission)** und aufzunehmen **(Absorption).** Wärmestrahlung ist dabei wie Licht ein Teil der **elektromagnetischen Strahlung,** die auch im Vakuum (wie z. B. Sonnenstrahlen durch das Weltall) transportiert werden kann. Es muss hierbei also kein direkter Kontakt zwischen Körper und Umgebung bestehen.
Zur weiteren Betrachtung weise nun ein idealisierter **schwarzer Körper** die Eigenschaft auf, alle elektromagnetische Strahlung, die auf ihn eintrifft, zu absorbieren und in Wärme umzuwandeln. (Es gibt viele Stoffe, die diese Eigenschaft näherungsweise aufweisen. Einen idealen schwarzen Körper gibt es jedoch nicht.) Nach dem **Stefan-Boltzmann-Gesetz** lässt sich die mit der Wärmestrahlung ausgesandte Leistung P eines solchen schwarzen Körpers folgend beschreiben:

$$P = A \cdot \sigma \cdot T^4 \quad (4)$$

σ ist hierbei die **Stefan-Boltzmann-Konstante** mit $\sigma = 5{,}67 \cdot 10^{-8}\ W \cdot m^{2} \cdot K^{-4}$. T ist die absolute Temperatur des schwarzen Körpers. A ist die strahlende Fläche.
Im Idealfall ist die ausgestrahlte Leistung also proportional zur vierten (!) Potenz der absoluten Temperatur.

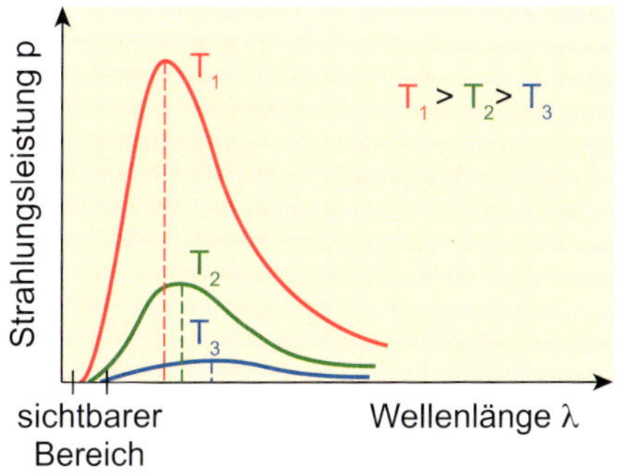

▮ Abb.3: Strahlungsleistung P eines schwarzen Körpers, abhängig von der Wellenlänge bei verschiedenen Temperaturen

Bei einer Verdoppelung der Temperatur erhöht sich also die Strahlungsleistung um den Faktor 16.
Es ist zu beachten, dass die mit der Emission von Wärmestrahlung verbundene Energiemenge unabhängig ist von der Umgebungstemperatur. Sie ist nur von der Temperatur des aussendenden Körpers und dessen Oberfläche abhängig.
Bei einer gewissen Temperatur des Körpers wird zwar ein ganzes Spektrum verschiedener Wellenlängen von Wärmestrahlung ausgesandt (▮ Abb. 3). Je höher die Temperatur des Körpers jedoch ist, desto kürzer sind die Wellenlängen, bei denen die Emissionskurve ihr Maximum hat **(Wien-Verschiebungsgesetz).**
In der Praxis bedeutet dies, dass wir die Wärmestrahlung der Mitmenschen nur deswegen nicht sehen können, da sie bei Körpertemperatur eine zu große Wellenlänge aufweist und dadurch nicht im sichtbaren Spektralbereich, sondern im **Infrarotbereich** liegt. Erst ab einer Temperatur von ca. 600 °C strahlen Körper im für uns sichtbaren Bereich Wärme ab.

Zusammenfassung

- Die Wärmeleitung stellt einen direkten zwischenmolekularen Wärmetransport dar. Sie hängt wesentlich von der stoffspezifischen Wärmeleitfähigkeit ab.
- Konvektion ermöglicht Gasen und Flüssigkeiten, mittels Massentransport einen Temperaturausgleich zu erzielen.
- Mittels Wärmestrahlung ist ein Wärmetransport zwischen Körpern ohne Kontakt möglich.

Änderung des Aggregatzustands I

Einführung

Bislang haben wir uns nur mit dem thermischen Verhalten eines Stoffes eines bestimmten Aggregatzustands bzw. einer bestimmten Phase beschäftigt. Wie bereits auf S. 72 erwähnt, ändert sich bei Energiezunahme oder -abnahme jedoch nicht nur die Temperatur eines Körpers, sondern es kann sich auch sein Aggregatzustand ändern. Dieses Verhalten soll nun näher beschrieben werden.

Phasenübergänge

Grundsätzlich lassen sich die drei Aggregatzustände (fest, flüssig und gasförmig s. S. 66) eines Stoffes abhängig von der Temperatur und dem Druck beliebig ineinander überführen. Am Beispiel H_2O lassen sich dabei diese Umwandlungen sehr anschaulich darstellen: Es kann in allen drei Aggregatzuständen vorliegen – als Eis bzw. Schnee, als Wasser und als Wasserdampf. Durch Änderung der Temperatur oder des Druckes ist ein Übergang in einen anderen Aggregatzustand möglich. Man spricht hierbei auch allgemeiner von **Phasenübergängen.** In ▮ Tabelle 1 sind diese Übergänge dargestellt.

Phasenübergang	Bezeichnung
fest → flüssig	Schmelzen
flüssig → fest	Erstarren (Gefrieren)
flüssig → gasförmig	Verdampfen
gasförmig → flüssig	Kondensieren
fest → gasförmig	Sublimieren
gasförmig → fest	Resublimieren (Verfestigen)

▮ Tab. 1: Übersicht der Phasenübergänge

Umwandlungswärme

Je nachdem, in welche Richtung diese Phasenumwandlungen ablaufen, wird dabei Energie frei oder verbraucht. Der Grund hierfür liegt in der unterschiedlichen molekularen Struktur der Aggregatzustände, die ineinander umgewandelt werden müssen (s. S. 66). Die Energiedifferenz, um von einem in den anderen Aggregatzustand zu gelangen, wird als **Umwandlungswärme** bezeichnet. Diese Wärmemenge ist dafür verantwortlich, dass die Temperatur bei Erreichen der Umwandlungstemperatur trotz weiterer Zuführung bzw. Abgabe von Energie solange konstant bleibt, bis die gesamte Stoffmenge an der Phasenumwandlung teilgenommen hat (▮ Abb. 1).
Zusätzlich lassen sich die jeweiligen Umwandlungstemperaturen auch durch Variation des herrschenden Druckes verändern. Diese Veränderung ist wiederum abhängig von der Volumenänderung während des Umwandlungsprozesses, denn mit der Phasenumwandlung ist auch immer eine Veränderung der Dichte und damit des Volumens eines Stoffes verbunden.

Schmelzen und Erstarren

Beim Übergang vom festen in den flüssigen Zustand (Schmelzen) muss Wärmeenergie zugeführt werden, die als sog. **Schmelzwärme** verbraucht wird. Die während dieser Umwandlung herrschende Temperatur, die sog. **Schmelztemperatur,** bleibt dabei trotz weiter zugeführter Wärmeenergie solange konstant, bis die gesamte Stoffmenge in die flüssige Phase überführt wurde. Beim umgekehrten Vorgang, dem Erstarren, wird dagegen bei konstant bleibender Temperatur, der **Erstarrungstemperatur,** die sog. **Erstarrungswärme** nach außen abgegeben. Dabei gilt: Schmelztemperatur = Erstarrungstemperatur; Schmelzwärme = Erstarrungswärme
Diese einheitlichen Temperaturen lassen sich jedoch nur für alle Stoffe mit kristallinem Aufbau feststellen. Für amorphe Stoffe wie Glas gibt es keine bestimmte Schmelz- oder Erstarrungstemperatur. Stattdessen findet ein stetiger Phasenübergang von weich über zäh nach flüssig statt.
Die Umwandlungstemperaturen ändern sich aber mit dem Druck, abhängig von der Volumenänderung. Nimmt, wie bei den meisten Stoffen, beim Schmelzen das Volumen zu, so ist dies mit einer Steigerung der Schmelztemperatur bei Druckerhöhung verbunden. Nimmt hingegen, wie beim Wasser, das Volumen beim Schmelzen ab (s. S. 70), so führt Druckerhöhung zu einer Verminderung der Schmelztemperatur. Da jedoch die Volumenänderung beim Schmelzen ziemlich gering ist, zieht nur eine sehr große Veränderung des Druckes eine merkliche Veränderung der Umwandlungstemperatur mit sich.

Verdampfen und Kondensieren

Die Umwandlung des flüssigen Aggregatszustandes in den gasförmigen Zustand wird als Verdampfen bezeichnet. Wie beim Schmelzen wird auch beim Verdampfen Energie benötigt, die als **Verdampfungswärme** bezeichnet wird. Diese wird beim umgekehrten Vorgang, dem Kondensieren, als **Kondensationswärme** frei. Allerdings bleibt auch hier die Temperatur während des Übergangs wieder konstant.
Nun muss man jedoch unterscheiden,

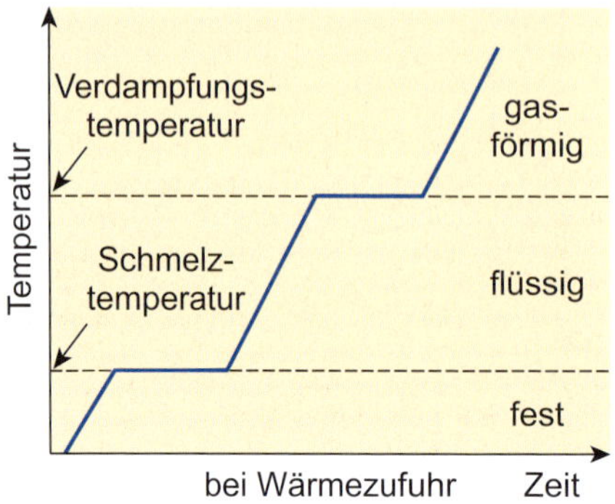

▮ Abb. 1: Phasenumwandlungen

ob die Umwandlung des flüssigen in den gasförmigen Zustand nur an der Oberfläche der Flüssigkeit, oder auch in ihrem Inneren stattfindet:

- Ist die Energiezufuhr so groß, dass es im Inneren der flüssigen Phase zu Verdampfung kommt, sich also Dampfblasen bilden, die an die Oberfläche steigen, so bezeichnet man diese Art der Verdampfung als **Sieden.** Die Temperatur, bei der dies stattfindet, wird als Siedetemperatur bezeichnet.
- Hingegen ist aber, unabhängig von Druck und Temperatur, eine Verdampfung der Flüssigkeit an einer freien Oberfläche möglich. Dieses Verdampfen unterhalb der Siedetemperatur ist als **Verdunsten** bekannt.

Dies ist dadurch möglich, dass die Flüssigkeit die für die Phasenumwandlung nötige Wärme (Energie) entweder ihrer Umgebung oder ihrem eigenen Energievorrat entnimmt. Folglich nimmt die Temperatur der Umgebung bzw. der Flüssigkeit ab. Die als Verdampfungswärme aufzubringende Energie macht sich als **Verdunstungskälte** bemerkbar. Dies ermöglicht unserem Körper, sich durch die Verdunstung von ausgetretenem Schweiß abzukühlen. Allgemein lässt sich hierbei festhalten, dass die Verdunstung einer bestimmten Flüssigkeitsmenge umso schneller erfolgt, je größer ihre freie Oberfläche ist, je höher ihre Temperatur, je niedriger ihre Siedetemperatur und je weniger das umgebende Gas bereits mit Dampf gesättigt ist (s. S. 80).
Dagegen ist zum Sieden immer eine gewisse **Siedetemperatur** notwendig. Diese Siedetemperatur ist für jeden Stoff unter Normalbedingungen charakteristisch. Allerdings ändert sie sich mit dem Druck, und es kann nur zum Sieden kommen, wenn der Dampfdruck der Flüssigkeit gleich groß ist wie der äußere Druck (s. S. 80). Tritt hingegen eine Abkühlung ein, bzw. ist der äußere Druck geringer als der Dampfdruck, so kommt es zu umgekehrter Phasenumwandlung – der Kondensation. Folglich bringt eine Erhöhung des **äußeren Druckes** eine Erhöhung der Siedetemperatur mit sich. Eine Druckerniedrigung dagegen führt zu einer niedrigeren Siedetemperatur. Dies führt z. B. dazu, dass Wasser nur unter Normaldruck (1013,25 hPa) bei 100 °C siedet. In einem Dampfkochtopf hingegen, in dem Überdruck herrscht, liegt die Siedetemperatur z. B. bei 110 °C. Andererseits kann man Wasser auf der Zugspitze (2963 m) bereits unter 100 °C zum Kochen bringen, denn die Siedetemperatur ist dort infolge der Erniedrigung des Luftdruckes deutlich niedriger als auf Meereshöhe.
Auch das **Volumen** eines Stoffes ändert sich beim Verdampfen bzw. Kondensieren. Allgemein nimmt das Volumen von Stoffen beim Verdampfen sehr zu, beim Kondensieren sehr ab. Aufgrund des Zusammenhangs von Volumenänderung während der Phasenumwandlung und der Druckänderung treten deshalb bereits bei sehr geringen Veränderungen des Druckes große Veränderungen der Siedetemperatur ein.

Labile Zustände

Allerdings ist es auch möglich, dass eine Flüssigkeit in der flüssigen Phase verharrt, obwohl eine höhere Temperatur als die Siedetemperatur herrscht. Man spricht hierbei von **Siedeverzug** durch Überhitzen. So lässt sich z. B. in einem keimfreien Glas Wasser auf über 200 °C erhitzen, ohne dass dieses siedet. Bei starker Überhitzung oder einer kleinen Störung dieses Zustandes kann dann explosionsartig der Siedevorgang einsetzen. Auch bei umgekehrter Umwandlung, der Kondensation, kann ein **Kondensationsverzug** durch Unterkühlung eintreten. Ähnliches gilt auch für den Schmelz- und Erstarrungsvorgang: Es kann bei reiner Schmelze die Erstarrungstemperatur unterschritten werden, ohne dass es zur Kristallisation kommt. Dies wird als **Unterkühlung** der Schmelze bezeichnet und tritt insbesondere auf, wenn die feste Phase einen komplexen molekularen Bau aufweist. All diese Vorgänge lassen sich durch leichte Erschütterungen oder durch das Einbringen von Keimen, die eine Phasenumwandlung erleichtern, vermeiden.

Sublimation

Eine direkte Umwandlung von festen in den gasförmigen Aggregatszustand ist auch möglich, was sich bei der Bildung von Eiskristallen in der Luft zeigt. Die flüssige Phase wird dementsprechend „übersprungen". Dieser Prozess, der auch in umgekehrter Richtung stattfinden kann, wird als Sublimation bezeichnet. Die dazu nötige Energie, die sog. **Sublimationswärme,** setzt sich dabei additiv aus Schmelzwärme und Verdampfungswärme zusammen. Allerdings ist dieser Phasenübergang nur unterhalb des sog. Tripelpunktes möglich (s. S. 80).

Zusammenfassung

- ✖ An Phasenübergängen lassen sich die drei Aggregatzustände von Stoffen, abhängig von Temperatur und Druck, ineinander überführen.
- ✖ Für diese Umwandlung muss eine gewisse Menge an Energie, die sog. Umwandlungswärme, zugeführt bzw. entzogen werden.
- ✖ Neben den klassischen stabilen Phasenumwandlungen können auch labile Zustände auftreten.

Änderung des Aggregatzustands II

Phasendiagramm

Die Temperaturen, bei denen Phasenübergänge stattfinden, sind für alle Stoffe verschieden und bei Normalbedingungen (s. S. 66) jeweils für sie charakteristisch. Sie ändern sich aber mit Veränderungen des herrschenden Druckes. In einem sog. **Phasendiagramm** lässt sich das gesamte Erscheinungsbild eines Stoffes nun übersichtlich darstellen. Als Beispiel wird hier das Phasendiagramm von Wasser angeführt (▮ Abb. 2).
Im Phasendiagramm lassen sich demnach drei Kurven unterscheiden, die verschiedene Aggregatzustände abgrenzen. Dabei stehen entlang der Kurven jeweils zwei unterschiedliche Phasen im Gleichgewicht.

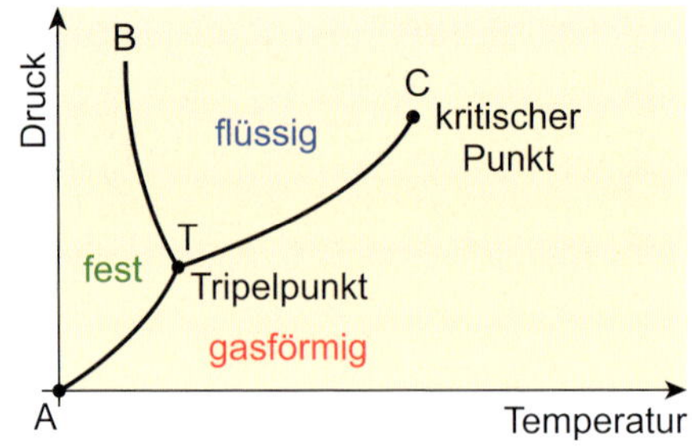

▮ Abb. 2: Phasendiagramm des Wassers

Tripelpunkt

Es gibt auch einen Punkt, an dem die drei Phasen fest, flüssig und gasförmig gleichzeitig stabil existieren. Dieser Punkt wird als **Tripelpunkt** bezeichnet und gibt jenen Punkt an, an dem Festkörper, Flüssigkeit und Gas im Gleichgewicht stehen.

Sättigungsdampfdruck und Dampfdruckkurve

Die Kurve zwischen den Punkten T und C ist die **Verdampfungskurve (Dampfdruckkurve).**
Sie teilt das Phasendiagramm in zwei Bereiche auf: Oberhalb der Kurve kann nur der flüssige, unterhalb nur der gasförmige Aggregatzustand existieren. Entlang dieser Kurve stehen jedoch Dampf und Flüssigkeit im Gleichgewicht. Diesen Gleichgewichtszustand kann man so deuten: Man schließe im Modell eine gewisse Menge an Flüssigkeit in einen Behälter ein. Analog zu den Überlegungen der kinetischen Gastheorie (s. S. 74) folgen auch Flüssigkeitsmoleküle der Maxwell-Boltzmann-Verteilung. Sie weisen also, abhängig von der Temperatur, verschieden hohe Geschwindigkeiten und somit kinetische Energien auf. Diejenigen Teilchen, deren kinetische Energie groß genug ist, um die zwischenmolekularen Anziehungskräfte zu überwinden, können aus der Flüssigkeit austreten und in die gasförmige Phase übergehen. Dadurch entsteht im Raum über der Flüssigkeit ein Gasdruck, den man als **Dampfdruck** bezeichnet. Gleichzeitig treten auch Gasmoleküle in die flüssige Phase ein, bis sich letztlich ein Gleichgewichtszustand einstellt. Dann treten genauso viele Moleküle aus der Flüssigkeit aus, wie umgekehrt in sie eintreten. Verdampfung und Kondensation stehen also im dynamischen Gleichgewicht. Dabei stellt sich über der Flüssigkeit der sog. **Sättigungsdampfdruck** ein. Dieser hängt allein von Temperatur und Art der Flüssigkeit ab. Der Dampf ist bei Erreichen dieses Druckes **gesättigt.** Bei Erwärmung sind mehr Flüssigkeitsmoleküle in der Lage, die flüssige Phase zu verlassen und treten aus. Folglich nimmt in der Flüssigkeit die Dichte ab, wohingegen in der gasförmigen Phase die Dichte und mit ihr der Sättigungsdampfdruck zunimmt. Beim sog. **kritischen Punkt** weisen dann Flüssigkeit und Dampf die gleiche Dichte auf. Es besteht zwischen beiden Phasen somit kein Unterschied mehr. Oberhalb der dazugehörigen **kritischen Temperatur** lassen sich Gase also nicht mehr verflüssigen.

Schmelzkurve

Zwischen den Punkten T und B erstreckt sich die **Schmelzkurve.** Auf ihr verläuft, abhängig vom Druck, die Schmelztemperatur, bei der feste und flüssige Phase koexistieren. Bei Wasser bzw. Eis zeigt sich allerdings eine Besonderheit: Im Gegensatz zu den meisten anderen Stoffen weist ihre Schmelzkurve eine negative Steigung auf – der Druck nimmt mit steigender Umwandlungstemperatur ab. Dies liegt an der **Anomalie des Wassers:** Da Wasser bei 4 °C seine größte Dichte aufweist, steigt die Dichte beim Schmelzen an. Eis lässt sich demnach ohne Veränderung der Temperatur allein durch Druckerhöhung verflüssigen, was eine **Gefrierpunktserniedrigung** darstellt. Bei Nachlassen des Druckes gefriert das Wasser wieder. Dieser Vorgang wird als **Regelation** bezeichnet.

Sublimationskurve

Zwischen Punkt A und T verläuft die sog. **Sublimationskurve.** Entlang dieser Kurve stehen feste und gasförmige Phase im Gleichgewicht. Dies zeigt also, dass bei einem Druck, der kleiner sein muss als derjenige beim Tripelpunkt, eine direkte Umwandlung von fester in gasförmiger Phase und umgekehrt möglich ist. Bei solch niedrigen Drücken können also die Stoffe unabhängig von der Temperatur nicht in flüssiger Phase existieren. Dies ist beispielsweise für Kohlendioxid bereits bei Atmosphärendruck der Fall: Daher geht festes CO_2 (sog. **Trockeneis**) unter Normaldruck von 1013 hPa bei −78 °C durch Sublimation unter Aufnahme von Sublimationswärme aus der Umgebung in den gasförmigen Zustand über.

Modellvorstellung der Umwandlungswärmen

Mit der kinetischen Wärmetheorie lassen sich Umwandlungswärmen so erklären: Moleküle üben aufeinander Anziehungskräfte, sog. **Kohäsionskräfte,** aus, deren Stärke vom gegenseitigen Abstand der Moleküle abhängt. Die Aggregatszustände unterscheiden sich nun in der Anordnung der Moleküle, in ihrem gegenseitigen Abstand und dadurch in ihrem Energiegehalt.

Schmelzen und Erstarren

In einem Feststoff besteht die Bewegung der molekularen Teilchen rein aus elastischen Schwingungen um eine feste Ruhelage. Führt man ihm Wärme zu, so werden die Schwingungsamplituden größer. Die mittlere kinetische Energie der Teilchen und damit die Temperatur des Stoffes nehmen dabei zu. Die Zunahme der Bewegungsenergie der Teilchen vergrößert den mittleren Abstand zwischen den Teilchen und somit auch das Volumen des Körpers. Ist jedoch eine bestimmte, für den jeweiligen Stoff charakteristische Schmelztemperatur erreicht, sind die kinetische Energie der Teilchen und der mittlere Abstand voneinander für die feste Phase bereits maximal. Die Wärmeenergie wird nun dazu verwendet, die Kohäsionskräfte der Teilchen zu überwinden, so dass diese ihre festen Gitterplätze verlassen können – die Gitterbindungen werden aufgebrochen und die Teilchen sind nun gegeneinander verschiebbar. Hierdurch wird der Energiegehalt des Systems erhöht – die feste Phase geht in die energiereichere flüssige Phase über. Während dieser Umwandlung vergrößert sich der mittlere Teilchenabstand. Dies führt zu einer erhöhten potentiellen Energie der Teilchen und zu einer Volumenzunahme des Stoffes. Dabei bleibt trotz weiterer Wärmezufuhr die Temperatur des Systems konstant, bis die gesamte Stoffmenge in die flüssige Phase umgewandelt wurde. Erst nach völliger Phasenumwandlung lässt sich durch Wärmezufuhr wieder die Temperatur des Stoffes erhöhen, da diese Energie jetzt in kinetische Energie der nun frei beweglichen Teilchen umgesetzt wird.
Beim umgekehrten Vorgang, dem Erstarren, nimmt bei der Erstarrungstemperatur die innere Energie des Systems ab. Durch Wärmeentzug wird die flüssige Phase in die energieärmere feste Phase umgewandelt: Infolge der Energieabgabe nach außen wird der mittlere Abstand zwischen den Teilchen geringer, und es können die Bindekräfte eines festen Stoffes wirksam werden. Die Temperatur bleibt wiederum konstant. Das Volumen nimmt im Allgemeinen hingegen ab.

Verdampfen und Kondensieren

Analog zu den genannten Modellen lassen sich, entsprechend der herrschenden zwischenmolekularen Kräfte, auch Verdampfen und Kondensieren erklären. Beim Verdampfen muss dabei zwischen Verdunsten und Sieden unterschieden werden. So gelingt es beim Verdunsten den schnellsten Teilchen bereits vor Erreichen der Siedetemperatur, die Anziehungskräfte zu überwinden und in die gasförmige Phase einzutreten. Durch den Verlust energiereicher Teilchen nimmt die Temperatur der Flüssigkeit ab. Um eine weitere Temperaturerhöhung und schließlich die Siedetemperatur zu erreichen, muss also dieser Verlust von Energie durch erhöhte Wärmezufuhr von außen überwunden werden.

Luftfeuchtigkeit

Unter Luftfeuchtigkeit versteht man den Anteil von Wasserdampf in der atmosphärischen Luft. Sie wird durch die Verdunstung von Wasser an der Oberfläche von Gewässern, aber auch Festlandflächen gewährleistet. Jedoch wird der Gleichgewichtszustand, der Sättigungsdampfdruck, meist nicht erreicht, so dass die Luft **ungesättigt** bleibt. Durch Abkühlung unter den sog. **Taupunkt** lässt sich der Wasserdampf aber übersättigen, so dass er kondensiert, was sich als Regen, Nebel, Tau oder Schnee sichtbar macht.
Bei der Angabe der Luftfeuchtigkeit lassen sich nun unterscheiden:

▶ **Absolute Luftfeuchtigkeit:** Sie entspricht dem jeweiligen Partialdruck des Wasserdampfes in der Luft:

$$f_{abs} = \frac{Wasserdampfmasse}{Volumen} \quad (1); \quad \text{Einheit: } \frac{kg}{m^3}$$

▶ **Maximale Luftfeuchtigkeit:** Bei der maximalen Luftfeuchtigkeit f_{max} ist der Partialdruck des Wasserdampfes gleich dem Sättigungsdampfdruck bei einer gegebenen Temperatur. Die Luft ist mit Wasserdampf gesättigt.
▶ **Relative Luftfeuchtigkeit:** Sie entspricht dem Verhältnis aus absoluter (also tatsächlich herrschender) und maximaler Luftfeuchtigkeit und wird meist in Prozent angegeben.
Sie lässt sich mit einem **Hygrometer** messen:

$$f_{rel} = \frac{f_{abs}}{f_{max}} \quad (2)$$

Zusammenfassung

- In einem Phasendiagramm lassen sich die Aggregatzustände eines Stoffes in Abhängigkeit von Druck und Temperatur anschaulich darstellen.
- Die bei der Phasenumwandlung auftretende Übergangswärme lässt sich mit der kinetischen Wärmetheorie deuten.
- Die Luftfeuchtigkeit bezeichnet den Gehalt von Wasserdampf in der atmosphärischen Luft.

Stoffgemische

Bei den bisherigen Betrachtungen sind wir von einer strikten Trennung zwischen den klassischen Aggregatszuständen fest, flüssig und gasförmig ausgegangen. Wie uns jedoch das Öffnen einer Sektflasche, das Auflösen von Kaffeepulver in Wasser oder jeder Barkeeper beim Mixen eines Cocktails beweisen, können sich gasförmige, feste und flüssige Stoffe in Flüssigkeiten lösen. Bei der auf diese Weise entstandenen Lösung haben sich die Moleküle der gelösten Substanz vollständig mit denen des Lösungsmittels vermischt. Man spricht daher nicht mehr von reinen Lösungsmitteln, sondern Stoffgemischen oder Lösungen. So sind alle natürlich vorkommenden Flüssigkeiten Gemische unterschiedlicher Substanzen: Im Blut oder auch im Meerwasser ist eine Vielzahl von Gasen, Salzen, Feststoffen und Flüssigkeiten gelöst. Meist ist die Löslichkeit von Stoffen jedoch begrenzt. Ihre maximale Löslichkeit hängt von der Temperatur des Lösungsmittels ab.

Konzentrationsangaben von Lösungen

▶ Die **Stoffmengenkonzentration c** (veraltet: **Molarität** der Lösung) bezeichnet den Quotienten aus Stoffmenge n des gelösten Stoffes und dem Volumen V der Lösung:

$$c = \frac{n}{V} \qquad (1)$$

übliche Einheit: $[c] = {}^{mol}/_{l}$; SI-Einheit: $[c] = {}^{mol}/_{m^3}$

▶ Die **Molalität b** gibt den Quotienten aus Stoffmenge n des Stoffes und der Masse des Lösungsmittels (Cave: Nicht der Masse der Lösung) wieder:

$$b = \frac{n}{m} \qquad (2)$$

Einheit: $[b] = {}^{mol}/_{kg}$

▶ Die **Massenkonzentration β** ergibt sich aus der Masse des gelösten Stoffes bezogen auf das Volumen der Lösung:

$$\beta = \frac{m}{V} \qquad (3)$$

Einheit: $[\beta] = {}^{g}/_{l}$; SI-Einheit: $[\beta] = {}^{kg}/_{m^3}$

Gas in einer Flüssigkeit

Gase können sich, wie uns das Beispiel der Sektflasche zeigt, bis zu einem bestimmten Grad in Flüssigkeiten lösen. Die Grenze der maximalen Löslichkeit wird durch Temperatur, Druck und Art des Gases bestimmt.

> Nach dem Henry-Daltonschen Gesetz ist die Konzentration des gelösten Gases proportional zum Partialdruck des Gases über der Flüssigkeit.

Vereinfacht lässt sich also schreiben:

$$c_{gas} = \alpha_{gas} \cdot P_{gas} \qquad (4)$$

c_{gas} ist die Konzentration des gelösten Gases, α_{gas} die Proportionalitätskonstante und P_{gas} der Partialdruck des Gases.

Die Proportionalitätskonstante α hängt jedoch von Temperatur und chemischer Löslichkeit des Gases ab. Sie nimmt mit steigender Temperatur ab. Oftmals wird für die Löslichkeit eines Gases der **Bunsen'sche Löslichkeitskoeffizient** angegeben. Hierbei handelt es sich um das bei Normaldruck (s. S. 66) in 1 cm^3 Flüssigkeit gelöstem Gasvolumen in cm^3. Dieser ist auch temperaturabhängig und ist jeweils für ein bestimmtes Gas gelöst in einer bestimmten Flüssigkeit gültig.
Im **Blutplasma** bei 37 °C beträgt der Löslichkeitskoeffizient für $\mathbf{O_2}$ 0,024; für $\mathbf{CO_2}$ 0,49. Sauerstoff kann sich also im Blutplasma des Menschen im Vergleich zum CO_2 viel schlechter lösen. Wenn der im Blut physikalisch gelöste Sauerstoff die einzige Möglichkeit für den Organismus wäre, jede einzelne Zelle mit genügend O_2 zu versorgen, käme es sehr schnell zu einem O_2-Defizit. Die Lösung dieses Problems liegt in der Tatsache, dass der überwiegende Anteil von O_2 und CO_2 chemisch gebunden an Hämoglobin vorliegt und mit den Erythrozyten transportiert wird. Für den Organismus steht somit eine gegenüber dem rein physikalisch gelösten O_2 um nahezu hundertfache Menge an O_2 zur Verfügung.

Raoultsches Gesetz

Wenn wir uns an das Phasendiagramm des Wassers erinnern (s. S. 80), so lässt sich der Aggregatszustand eines Stoffes, abhängig von Temperatur und Druck, eindeutig darstellen. Jedoch sind wir in diesem Diagramm von Wasser als reinem Lösungsmittel ausgegangen. Verunreinigungen, wie beispielsweise das Auflösen von Salzen in diesem Lösungsmittel, wurden bisher nicht berücksichtigt. Jedoch ist mit diesem Einbringen nicht flüchtiger Stoffe ein folgenträchtiger Prozess verbunden:
Die Salzmoleküle dissoziieren im Lösungsmittel in positiv und negativ geladene Ionen (Kationen und Anionen), die aufgrund ihrer Polarität Wassermoleküle um sich lagern. Die gelösten Salzteilchen verteilen sich gleichmäßig im Lösungsmittel und üben zusätzliche Anziehungskräfte auf die Flüssigkeitsmoleküle aus. Es ist also für ein Teilchen der flüssigen Phase, verglichen mit einem reinen Lösungsmittel, mehr Energie notwendig, um die zwischenmolekularen Anziehungskräfte zu überwinden und aus der Flüssigkeit in die gasförmige Phase überzutreten. Im Vergleich zum reinen Lösungsmittel wird also bei sonst gleicher Temperatur der Dampfdruck einer Lösung kleiner. Der gelöste Stoff bewirkt eine **Dampfdruckerniedrigung** (▮ Abb. 1).

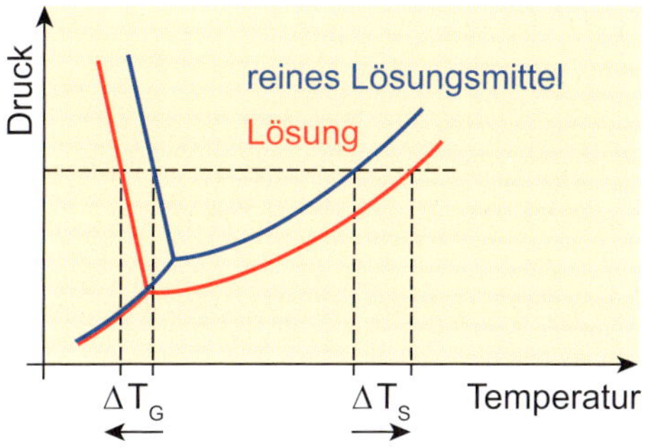

▌Abb. 1: Verschiebung der Dampfdruckkurve

Nach dem **Raoultschen Gesetz** lässt sich bezüglich der Dampfdruckerniedrigung ΔP schreiben:

$$\frac{\Delta P}{P_0} = \frac{P_0 - P_l}{P_0} = \frac{n_l}{n_l + n_0} \approx \frac{n_l}{n_0} \quad (5)$$

P_0 ist hierbei der Dampfdruck des reinen Lösungsmittels; P_l der Dampfdruck des Lösungsmittels über einer Lösung. n_l stellt die Stoffmenge des gelösten Stoffes dar; n_0 die Stoffmenge des reinen Lösungsmittels.

Dabei gilt zu beachten:

Die Dampfdruckerniedrigung ist völlig unabhängig von der Art des gelösten Stoffes und des Lösungsmittels. Sie hängt rein von der Konzentration der gelösten Teilchen im Lösungsmittel, also von dem Verhältnis der jeweiligen Stoffmengen ab.

Wie aus ▌Abbildung 1 ferner ersichtlich ist, bringt die Dampfdruckerniedrigung zwei Effekte mit sich:

▶ Dadurch, dass es nur zum Sieden kommen kann, wenn der Dampfdruck gleichgroß ist wie der äußere (Atmosphären-) Druck (s. S. 80), wird bei Lösungen der Siedepunkt erst bei höheren Temperaturen erreicht als bei reinen Lösungsmitteln. Man spricht von einer **Siedepunktserhöhung** (in ▌Abb. 1 ΔT_S). Im Phasendiagramm ist die Dampfdruckkurve nach unten verschoben.

▶ Durch die starken Anziehungskräfte zwischen gelösten Teilchen und den Teilchen des Lösungsmittels ist der Gefrierpunkt von Lösungen verglichen mit dem von reinen Lösungsmitteln zu niedrigeren Temperaturen verschoben. Dies wird als **Gefrierpunktserniedrigung** (in ▌Abb. 1 ΔT_G) bezeichnet. Die zugehörige Schmelzkurve ist nach links verschoben. Im Modell lässt sich dies damit beschreiben, dass die gelösten Teilchen als Fremdkörper die Teilchen des Lösungsmittels an der Ausbildung der Kristallgitterstruktur hindern. Umgekehrt bedeutet dies auch, dass der Schmelzvorgang einer Lösung im Vergleich zum reinen Lösungsmittel bereits bei niedrigeren Temperaturen stattfindet. Diese Tatsache nutzt man im Winterdienst beim Streuen mit Salz aus, um die Vereisung der Straßen zu verhindern.

Auch für Siedepunktserhöhung und Gefrierpunktserniedrigung gilt aufgrund des Zusammenhangs mit der Dampfdruckerniedrigung, dass sie nur von der Konzentration der gelösten Teilchen abhängen.

Zusammenfassung

- ✖ In der Natur vorkommende Flüssigkeiten sind Stoffgemische, in denen Gase, andere Flüssigkeiten und Festkörper gelöst sein können.
- ✖ Die Konzentration eines in einer Flüssigkeit gelösten Gases ändert sich proportional mit dem Partialdruck, den dieses Gas über der Flüssigkeit einnimmt.
- ✖ Das Einbringen eines Stoffes in ein reines Lösungsmittel bringt eine Dampfdruckerniedrigung mit sich. Diese ist proportional zur Konzentration des gelösten Stoffes.
- ✖ Die Dampfdruckerniedrigung ist mit einer Siedepunktserhöhung und einer Gefrierpunktserniedrigung verbunden.

Diffusion und Osmose

Diffusion

Aufgrund der **thermischen Molekularbewegung** (s. S. 66) in Flüssigkeiten und Gasen sind die molekularen Bausteine ständig in Bewegung. Durch laufende Zusammenstöße untereinander entsteht eine ungeordnete Zickzackbewegung. Diese scheinbar völlig ziellose Bewegung hat ein Ziel, nämlich eine homogene Durchmischung der Moleküle in einem bestimmten Volumen zu erreichen.

> Jede Flüssigkeit und jedes Gas hat das Bestreben, einen gegebenen räumlichen Konzentrationsunterschied selbstständig auszugleichen. Der zugehörige Transportvorgang wird Diffusion genannt.

Es handelt sich also um einen automatischen Mischvorgang, der erst zu Ende ist, wenn sich im vorgegebenen Raum eine einheitliche Konzentration, also eine homogene Verteilung der einzelnen Teilchen eingestellt hat.
Die Ursache hierfür liegt letztlich im **zweiten Hauptsatz der Wärmelehre** (s. S. 72): Denn ein hoher Konzentrationsunterschied zwischen zwei Regionen stellt einen **geordneten Zustand** mit niedriger Entropie dar. Da der Konzentrationsausgleich mit einer **Zunahme der Unordnung,** also einer Entropieerhöhung verbunden ist, kann dieser Vorgang spontan ablaufen und ist irreversibel.

Modellvorstellung

Im Modell kann man sich das im **Blut** gelöste O_2 und CO_2 vorstellen (▌Abb. 1). Im Versuch teile man ein Blutgefäß durch eine Trennwand in zwei Teile. Auf der linken Seite seien nur O_2-Moleküle enthalten, auf der rechten Seite nur CO_2-Moleküle (▌Abb. 1 (a)). Entfernt man die Trennwand, so zeigen beide gelösten Stoffe das Bestreben, sich gleichmäßig in dem ihnen nun zur Verfügung stehenden Raum zu verteilen. Im Einzelnen findet zwar über die ehemalige Grenze eine ungeordnete Bewegung statt. In der Summe bewegen sich aber mehr Teilchen vom Ort höherer zum Ort niedriger Konzentration. Es findet also für O_2 ein Nettostrom von links nach rechts statt, für CO_2 in die umgekehrte Richtung. Beide Ströme finden erst ein Ende, wenn sich der anfängliche Konzentrationsunterschied ausgeglichen hat (▌Abb. 1 (b)).

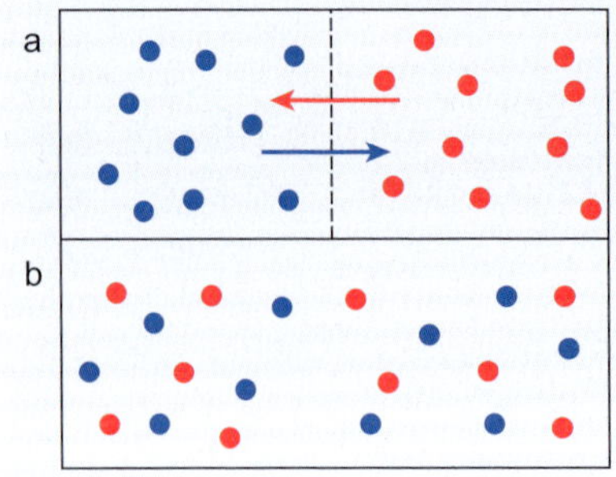

▌Abb. 1: Konzentrationsausgleich durch Diffusion

Diffusionsgesetz

Die Diffusionsvorgänge lassen sich nun mithilfe von Gleichungen anschaulich beschreiben. Ähnlich dem Temperaturgefälle bei der Wärmeleitung (s. S. 76) kann man hierbei von einem Konzentrationsgefälle dc/dx sprechen, das die Änderung der Konzentration dc über die Wegstrecke dx angibt. Der Fluss von Teilchen pro Zeiteinheit Δt über die Querschnittsfläche A, die senkrecht zur Bewegungsrichtung x der Teilchen steht, ist proportional zu diesem Konzentrationsgefälle. D. h., je größer der Konzentrationsunterschied ist, desto größer ist der Nettostrom über die Fläche A. Natürlich ist der Fluss auch umso größer, je größer die Fläche A ist. Dies lässt sich nun so zusammenfassen:

$$\frac{\Delta n}{\Delta t} \approx A \cdot \frac{dc}{dx} \quad (1)$$

Mit der Einführung einer Proportionalitätskonstanten, dem **Diffusionskoeffizienten D,** der die Einheit m^2/s aufweist lässt sich das **Diffusionsgesetz** (erstes Ficksches Gesetz) anführen:

$$\frac{dn}{dt} = -D \cdot A \cdot \frac{dc}{dx} \quad (2)$$

Der Stoffmengenfluss dn/dt gibt hierbei den sog. **Diffusionsstrom** wieder. Der Diffusionskoeffizient, mit ihm der Diffusionsstrom und damit die Geschwindigkeit des Konzentrationsausgleiches hängen von Temperatur, Art und Größe der Teilchen und bei Gasen auch vom Druck ab: Sie nehmen mit steigender Temperatur zu. Wegen der verminderten Beweglichkeit der Teilchen bei flüssigen Stoffen weisen Flüssigkeiten sehr viel kleinere Diffusionsgeschwindigkeiten auf als Gase.

Diffusion im Organismus

Aufgrund dieser Tatsache ist in unserem Körper die Versorgung der einzelnen Regionen mit Nährstoffen und O_2 allein durch Diffusion nicht ausreichend.
Er benötigt zum Überwinden größerer Strecken zusätzlich das Herz-Kreislauf-System, das als System der erzwungenen Konvektion (s. S. 76) fungiert.
Die Versorgung der einzelnen Zelle geschieht jedoch dann über die Zellmembran durch Diffusion. Dabei ist zu beachten, dass die Membran möglichst dünn und gut **permeabel** (durchlässig) für den gelösten Stoff sein sollte. Demnach lässt sich ein **Permeabilitätskoeffizient P** angeben, der für die einzelne Membran und den diffundierenden Stoff charakteristisch ist. Aufgrund der relativ langen Diffusionsdauer kann die Diffusion den limitierenden Faktor der Zellversorgung darstellen. Jedoch ist neben diesem passiven Transport mittels Diffusion auch ein aktiver Transport mittels verschiedener Transporter möglich. Diese ermöglichen einen Stofftransport auch gegen ein Konzentrationsgefälle, kosten jedoch Energie.

Osmose

Bei der Osmose handelt es sich um eine **Diffusion durch eine semipermeable (halbdurchlässige) Membran.** D. h., die Membran ist so beschaffen,

dass die Lösungsmittelmoleküle zwar die Membran durchdringen können, die gelösten Stoffe hingegen nicht. Besser wäre es, von einer selektiv-permeablen Membran zu sprechen, die nur bestimmte gelöste Stoffe diffundieren lässt. Die meisten natürlichen Membranen sind selektiv-permeabel. Sie lassen nur Wasser und kleine Moleküle diffundieren, während größere Teilchen oder Teilchen bestimmter Ladung die Poren nicht durchdringen können.
Im einfachen Modell stellt eine solche Membran also ein Art Sieb dar, das z. B. nur für das Lösungsmittel Wasser durchlässig ist (Abb. 2). Um einen Konzentrationsausgleich zwischen den zwei Kompartimenten (den zwei Räumen, die durch die Membran getrennt werden) zu ermöglichen, ist es nötig, dass das Lösungsmittel durch die Membran vom Ort niedriger zum Ort höherer Konzentration diffundiert. Dadurch wird der Bereich mit ursprünglich höherer Konzentration verdünnt. Jedoch erhöht sich mit der damit verbundenen Volumenzunahme auch der Druck in diesem Kompartiment, und es entsteht ein Überdruck.
Das Lösungsmittel kann theoretisch nur solange einströmen, bis ein bestimmter Maximalwert, der sog. **osmotische Druck,** erreicht ist.

Der osmotische Druck stellt die durch Osmose über einer semipermeablen Membran maximal erreichbare Druckdifferenz dar.

Beim Erreichen des osmotischen Druckes würde ein dynamisches Gleichgewicht herrschen. Jedoch stellt sich dieses in der Natur aufgrund der damit

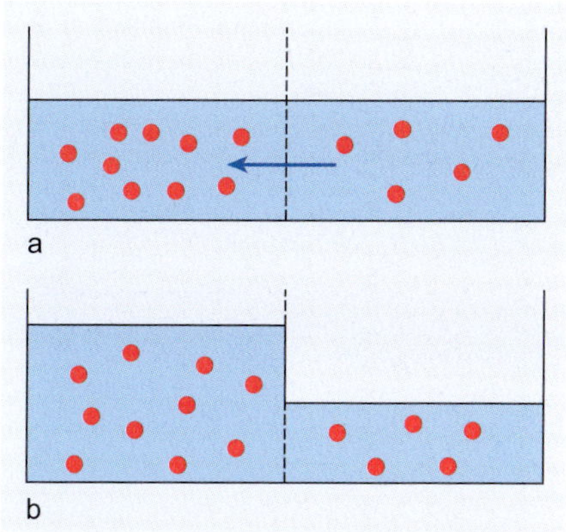

Abb. 2: Konzentrationsausgleich durch Osmose

verbundenen extremen mechanischen Beanspruchung der Zellwände normalerweise nicht ein, und der Zustrom wird bereits vorher durch den herrschenden Überdruck abgebremst. Trotzdem lässt sich mithilfe des **van't Hoffschen Gesetzes** für verdünnte Lösungen der osmotische Druck p_{osm} folgend angeben:

$$P_{osm} = \frac{n}{V} \cdot R \cdot T \quad (3)$$

n ist hierbei die Stoffmenge der im Volumen V der Lösung gelösten Teilchen. T stellt die absolute Temperatur dar; R die allgemeine Gaskonstante.
Folglich ist der osmotische Druck rein von der Stoffmenge der gelösten Teilchen, also dem Konzentrationsunterschied beider Kompartimente abhängig. Er ist unabhängig von der Beschaffenheit der gelösten Teilchen und des Lösungsmittels.

Osmose im Organismus

Als **osmotisch wirksame Teilchen** werden nur solche Teilchen angesehen, die eine selektiv-permeable Membran nicht durchdringen können. Diese sind in der Lage, bei einem bestehenden Konzentrationsgefälle über der Membran Lösungsmittelmoleküle (meist Wasser) anzuziehen und sie an einem erneuten Herausdiffundieren zu hindern. Alle anderen Teilchen, die durch die Membran diffundieren können, entfalten keine osmotische Wirkung.
Die **Osmolarität** einer Lösung gibt dabei die Anzahl der osmotisch aktiven Teilchen pro Liter Lösung an und stellt daher ein Maß für den osmotischen Druck dar. Die Einheit ist osmol/l. (Cave: Bei ionischen Substanzen wie NaCl muss hierbei die Anzahl der entstehenden Ionen verrechnet werden.)
Die Osmolarität des Blutes (0,29 osmol/l) spielt bei Infusionen eine wichtige Rolle: Zu gering konzentrierte (hypoosmolare, im Bezug auf das Blutplasma **hypotone**) Lösungen führen zum Einströmen von Wasser in die Zellen und können im Extremfall deren Platzen bewirken. Zu hohe (hyperosmolare, im Bezug auf das Blutplasma **hypertone**) Konzentrationen lassen die Zellen schrumpfen. Daher sollten nur zum Blutplasma **isotone** Lösungen infundiert werden, die den gleichen osmotischen Druck erzeugen.

Zusammenfassung

- Diffusion ermöglicht einen automatischen Konzentrationsausgleich in Lösungen.
- Bei der Osmose findet dieser Konzentrationsausgleich durch Diffusion über eine semipermeable Membran statt.
- Der sich aufbauende osmotische Druck stellt die natürliche Grenze der Osmose dar.

H Ionisierende Strahlung

H Ionisierende Strahlung

Radioaktivität

Grundlagen

So wie im richtigen Leben kommt es auch in der Physik immer wieder auf eine Balance zwischen zwei Kräften an. So muss in jedem Atomkern (s. S. 64) immer ein bestimmtes Verhältnis zwischen Neutronen- und Protonenzahl herrschen. Dieses Verhältnis liegt bei leichten Nukliden etwa bei 1, bei schweren bei bis zu 1,6. Bei ungünstigem Verhältnis zwischen Neutronen und Protonen versucht der Kern durch spontanes Aussenden von Teilchen und Strahlung ein besseres Gleichgewicht zu erreichen. Es handelt sich hierbei also um einen spontanen Prozess, der das Verhältnis Neutronen zu Protonen ändert. Diesen Prozess der **spontanen Umwandlung von Atomkernen** bezeichnet man als **Radioaktivität.** Dabei wandelt sich das Isotop in ein anderes Element um. Das ursprüngliche Isotop bezeichnet man als **instabil** oder **radioaktiv.** Das ausgesandte Teilchen ist nichts anderes als die weltberühmte **radioaktive Strahlung.** Den zurückbleibenden Kern nennt man **Tochterkern.** Dem gegenüber bezeichnet man den ursprünglichen Kern als **Mutterkern.**

Zerfalls- und Strahlungsarten

Nun gibt es mehrere Arten von Kernumwandlungen, bei denen verschiedene Teilchen ausgesandt werden.

Alpha-Zerfall

Beim Alpha-Zerfall werden aus dem Kern zwei Protonen und zwei Neutronen ausgesandt. Diese Teilchen werden in ihrer Gesamtheit als ein **α-Teilchen** bezeichnet, was vom Aufbau her einem ganzen **Heliumkern** entspricht. Wegen der hohen Bindungsenergie innerhalb dieses Heliumkernes wird er nur als Ganzes ausgesandt. Das emittierte α-Teilchen (= Heliumkern) lässt also einen um die Nukleonenzahl (= Protonen und Neutronen) A = 4 und die Ordnungszahl (= Protonenzahl) Z = 2 reduzierten Tochterkern zurück. Diese Art des Kernzerfalls tritt vor allem **bei schweren Kernen** auf.
Ein gutes Beispiel für den α-Zerfall ist Radium-226:

$${}^{226}_{88}Ra \rightarrow {}^{222}_{86}Rn + {}^{4}_{2}\alpha$$

Allgemein: ${}^{A}_{Z}X \rightarrow {}^{A-4}_{Z-2}Y + {}^{4}_{2}\alpha$

Beta⁻-Zerfall

Bei einem zu großen Neutronenüberhang wandelt der Kern ein Neutron in ein Elektron und ein Proton um (zusätzlich entsteht auch noch ein sog. Antineutrino $\overline{\nu_e}$). Das Proton bleibt im Kern, wohingegen das Elektron emittiert wird. Das (aus dem Kern stammende!) **Elektron** wird hierbei als **β-Teilchen** bezeichnet. Das zusätzliche Antineutrino wird auch ausgesandt.
Da hierbei das ausgestoßene Elektron negativ geladen ist, bezeichnet man diesen Prozess als β^--Zerfall.
Beispiel hierfür ist der Zerfall von Thorium 234:

$${}^{234}_{90}Th \rightarrow {}^{234}_{91}Pa + {}^{0}_{-1}\beta^- + \overline{\nu_e}$$

Allgemein: ${}^{A}_{Z}X \rightarrow {}^{A}_{Z+1}Y + {}^{0}_{-1}\beta + \overline{\nu_e}$

Die Nukleonenzahl des Tochterkerns ist also gleich geblieben, die Ordnungszahl hat sich jedoch um 1 erhöht.

Beta⁺-Zerfall

Bei zu großem Protonenüberschuss hingegen kommt es zu einer Umwandlung eines Protons in ein Neutron und ein Positron (zusätzlich entsteht hier noch ein Neutrino ν_e). Beim **Positron** handelt es sich um nichts anderes als ein **positiv geladenes Elektron.** Es ist das Antiteilchen des Elektrons und als solches (wie das Antineutrino) der Antimaterie zugehörig. Das Positron wird gemeinsam mit dem Neutrino ausgesandt, wohingegen das Neutron im Kern zurückbleibt. Auch hier bleibt die Nukleonenzahl des Tochterkerns konstant, die Ordnungszahl nimmt hingegen um 1 ab:

$${}^{13}_{7}N \rightarrow {}^{13}_{6}C + {}^{0}_{1}\beta^+ + \nu_e$$

Allgemein: ${}^{A}_{Z}X \rightarrow {}^{A}_{Z-1}Y + {}^{0}_{1}\beta^+ + \nu_e$

Ein Beispiel für die Anwendung des β^+-Zerfalls in der Medizin ist die **Positronenemissionstomographie (PET):** Trifft das von einem Positronenemitter (meist Fluor-18) ausgesandte Positron auf ein Elektron, vernichten sie sich gegenseitig, und es werden im Winkel von 180° zueinander zwei Photonen (sog. Vernichtungsstrahlung) mit der Energie von jeweils 511 keV ausgesandt. Die Materie der beiden Teilchen wird hierbei also in Energie verwandelt. Da diese Photonen zeitgleich, genau entgegengesetzt und mit derselben Energie ausgesandt werden, können sie selektiv mithilfe eines sog. Detektorringes registriert werden.
Bei der PET handelt es sich um ein bildgebendes Verfahren in der Nuklearmedizin, bei dem genau dieser Effekt ausgenutzt wird, um die **Stoffwechselaktivität von Geweben** räumlich darzustellen. Sie findet vor allem in der Onkologie, Endokrinologie und Kardiologie Verwendung.

Gammastrahlung

Während beim Alpha- und Beta-Zerfall materielle Teilchen ausgesandt werden, werden bei der Gammastrahlung **elektromagnetische Wellen hoher Energie** (sog. Gammaquanten) ausgesandt. Es handelt sich hierbei um einen Prozess, der fast alle radioaktiven Zerfälle begleitet, denn bei vielen Kernumwandlungen (also α- und β-Zerfälle) entsteht übergangsweise erst ein angeregter Tochterkern, der noch überschüssige Energie besitzt. Durch das Aussenden solcher Gammastrahlen wird der Tochterkern diese Energie los und kann somit in den energetischen Grundzustand wechseln.

Allgemein: ${}^{A}_{Z}X^* \rightarrow {}^{A}_{Z}X + {}^{0}_{0}\gamma$ (* angeregt)

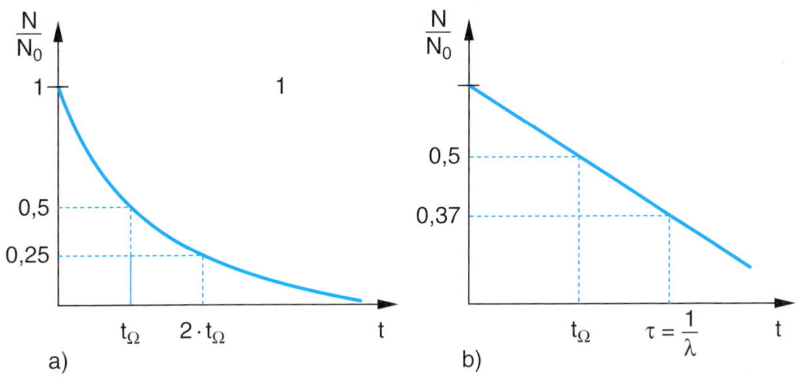

Abb. 1: Das radioaktive Zerfallsgesetz (a) in linearer (b) in halblogarithmischer Darstellung [24]

Bei der Gammastrahlung handelt es sich **um Photonen sehr hoher Energie,** die – im Gegensatz zur niederenergetischeren Röntgenstrahlung – aus dem Atomkern ausgesandt werden. Da immer nur Strahlen ganz bestimmter Energie emittiert werden können, spricht man in diesem Zusammenhang auch von einem diskreten Energiespektrum.

Zerfallsgesetz

Die **Aktivität** eines radioaktiven Präparats beschreibt die Anzahl an Zerfällen, die in genau diesem Präparat in einem bestimmten Zeitintervall (für gewöhnlich eine Sekunde) stattfinden.
Einheit: 1 **Bequerel** (1 Bq) = 1 Zerfall pro Sekunde.
In früherer Zeit war die Einheit Curie (Ci) = $3{,}77\ 10^{10}$ Bq
Geht man von ΔN Zerfällen im Zeitintervall t aus, so ist die Aktivität A:

$$A = \frac{\Delta N}{t} \quad (1)$$

Die Aktivität eines radioaktiven Präparats ist proportional zur Anzahl der noch nicht zerfallenen Kerne:

$$\frac{\Delta N}{t} \sim N \quad (2)$$

D. h., die Aktivität ist umso größer, je mehr noch nicht zerfallene „frische" Kerne vorhanden sind. Mithilfe einer Proportionalitätskonstanten, der sog. **Zerfallskonstanten** λ gilt:

$$A = \frac{\Delta N}{t} = \lambda \cdot N \quad (3)$$

Je größer die materialspezifische Zerfallskonstante λ ist, desto größer ist die Tendenz des Kerns zu zerfallen.

Die mittlere Lebensdauer τ eines Kerns bezeichnet die Zeitspanne, nach welcher noch 1/e, also etwa 37% der ursprünglichen Zahl der Kerne vorhanden sind:

$$\tau = \frac{1}{\lambda} \quad (4)$$

Nach mathematischer Umformung erhält man das **Zerfallsgesetz** (Abb. 1):

$$N_{(t)} = N_0 \cdot e^{-\lambda t} \quad (5)$$

N_0 ist die Anzahl der zum Zeitpunkt ‚t_0 = 0 unzerfallenen Kerne. $N_{(t)}$ ist die Zahl der zum Zeitpunkt t unzerfallenen Kerne.
Wichtig: Es handelt sich hierbei also um eine exponentielle Abnahme der noch nicht zerfallenen Kerne, somit der radioaktiven Zerfälle und damit auch der Radioaktivität des jeweiligen Präparates.
Da die Aktivität proportional zur Anzahl der noch nicht zerfallenen Kerne ist, gilt:

$$A(t) = A_0 \cdot e^{-\lambda t} \quad (6)$$

Dabei ist $A_0 = \lambda \cdot N_0$.

Die **Halbwertszeit $T_{½}$** gibt diejenige Zeit an, nach der von der ursprünglichen Kernzahl die Hälfte zerfallen ist ($N(T_{½}) = ½\, N_0$):

$$T_{½} = \frac{\ln 2}{\lambda} \quad (7)$$

Natürliche und künstliche Radioaktivität

Radioaktive Stoffe kommen in der Umwelt überall und ganz natürlich vor. Sie sind Teil unseres Universums. Da bei ihrem Zerfall häufig erneut radioaktive Tochterkerne entstehen, d. h. auf einen Zerfall erneut ein oder mehrere Zerfälle folgen, spricht man oft von **Zerfallsreihen.**
Allerdings lassen sich auch auf künstliche Weise Radionuklide erzeugen. Mithilfe eines **Teilchenbeschleunigers** werden hierzu Elemente meist mit Protonen beschossen, worauf eine Kernreaktion stattfindet, es zu Kernumwandlungen kommt und instabile, also radioaktive Elemente entstehen.

Zusammenfassung

- Radioaktivität ist der Prozess des spontanen Umwandelns von instabilen Atomkernen mithilfe der Aussendung von Teilchen und Strahlung.
- Dabei kann, muss aber nicht immer ein stabiler Tochterkern entstehen, weswegen man auch von radioaktiven Zerfallsreihen spricht.
- Es gibt verschiedene Zerfalls- und Strahlungsarten, die für das jeweilige Isotop charakteristisch sind.
- Die Anzahl der unzerfallenen Kerne als auch die Aktivität eines Radionuklids nehmen exponentiell mit der Zeit ab.

Röntgenstrahlung

Grundsätzliches

Bei der Erzeugung von Röntgenstrahlen nutzt man den Effekt, dass immer dann, wenn ein geladenes Teilchen auf ein Hindernis trifft, dieses abgebremst werden kann und die dabei entstehende Energie in Form von Wärme und elektromagnetischer Strahlung abgegeben wird. Die hierbei ausgesandten **elektromagnetischen Wellen** liegen im Wellenlängenbereich von ca. **10^{-9} m bis 10^{-11} m** und werden als Röntgenstrahlen bezeichnet.

Röntgenröhre

Bei einer Röntgenröhre (▮ Abb. 1) werden **Elektronen** von einer **Glühkathode** ausgesandt. Die Glühkathode ist im Prinzip ein Widerstandsdraht, der durch den sog. **Heizstrom** erhitzt wird. Durch eine hohe Beschleunigungsspannung zwischen **Anode** und Kathode werden die aus der Glühkathode thermisch freigesetzten Elektronen im elektrischen Feld zwischen Kathode und Anode zur Anode hin beschleunigt. Dabei nehmen sie abhängig von der Stärke der angelegten Spannung U Energie W auf (W hierbei in der Einheit eV = Elektronenvolt):

$$W = e \cdot U \quad (1)$$

Treffen diese energiereichen Elektronen nun auf Atome des Anodenmaterials, werden sie durch Stoßprozesse unterschiedlich stark abgebremst. Hierdurch wird die ursprünglich kinetische Energie der Elektronen frei, die zu 99% in Form von Wärme und zu 1% als elektromagnetische Röntgenstrahlung (Photonen) abgegeben wird.

> Der Wirkungsgrad einer Röntgenröhre ist sehr klein – er liegt bei 1%.

Wegen der starken Hitzeentwicklung an der Anode muss diese gekühlt und ein hitzebeständiges Material (z. B. Molybdän) verwendet werden. Zusätzlich werden sog. Drehanoden angewandt, so dass der sog. Brennfleck auf eine ringförmige Bahn verteilt wird.

Röntgenbremsspektrum

Durch die unterschiedlich starke Abbremsung der Elektronen und die zufällige Verteilung der frei werdenden Energie in Form von Wärme und Strahlung entsteht das **Emissionsspektrum** der Röntgenröhre. Die ausgesandten Photonen können also unterschiedlich große Wellenlängen und daraus folgend verschieden hohe Energie aufweisen. Man spricht in diesem Zusammenhang von einer kontinuierlichen Wellenlängenverteilung bzw. einem **kontinuierlichen Bremsstrahlenspektrum.** Wenn das auftreffende Elektron seine gesamte kinetische Energie in genau einem Stoßprozess abgibt, besitzt das ausgesandte Röntgenquant (Photon) die maximal erreichbare Energie:

$$E_{kin} = e \cdot U = h \cdot f_{max} \quad (2)$$

Mit $f = \frac{c}{\lambda}$ gilt dann:

$$\lambda_{min} = \frac{h \cdot c}{e \cdot U} \quad (3)$$

Charakteristisches Spektrum

Neben der Bremsstrahlung tritt auch ein sog. charakteristisches Spektrum auf (▮ Abb. 2):
Dies ist dann der Fall, wenn ein auftreffendes Elektron aus einem Atom der Anode ein Elektron aus einer inneren Schale herausschlägt und daraufhin ein Elektron aus einer weiter außen liegenden Schale in diese Lücke fällt. Dieser Vorfall ist mit der Emission von Photonen mit diskreten Energien (s. S. 52) verbunden. Die Energiedifferenz und somit die Wellenlänge der emittierten Photonen ist hierbei abhängig vom jeweiligen Anodenmaterial, weshalb man von einem (anodenabhängigen) charakteristischen Spektrum spricht. Dagegen ist die Bremsstrahlung unabhängig vom Anodenmaterial.

Variable Größen

> Je höher die Heizspannung der Glühkathode, desto mehr Elektronen treten aus und desto mehr Photonen werden folgend von der Anode ausgesandt.

Folge: Die Strahlungsintensität nimmt zu, die Energieverteilung (Strahlungsqualität) bleibt hingegen gleich.

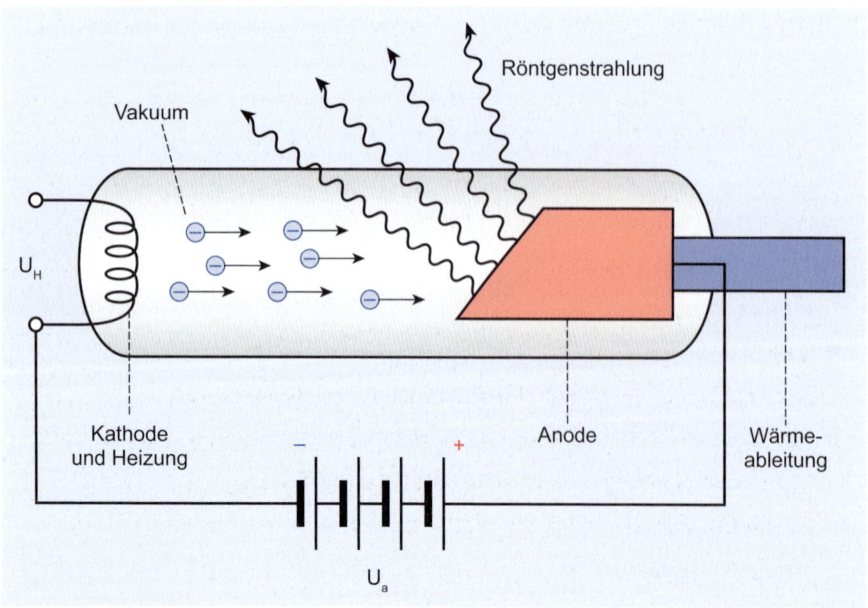

▮ Abb. 1: Schematische Darstellung einer Röntgenröhre

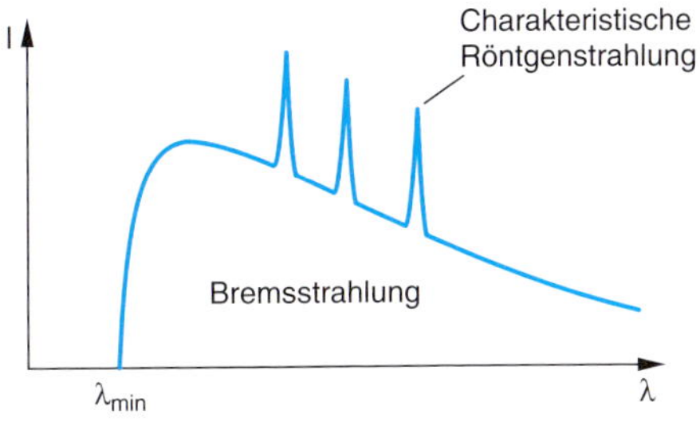

Abb. 2: Das Spektrum einer Röntgenröhre [24]

> Je höher die angelegte Anodenspannung, desto höher ist die kinetische Energie der Elektronen und desto energiereicher sind die ausgesandten Photonen.

Abhängig von der Energie der erzeugten Photonen unterscheidet man:

- **weiche Strahlung (< 100 keV)** angewandt für Mammographie, Kinderradiologie,
- **harte Strahlung (100 keV–1 MeV)** für die normale Projektionsradiographie,
- **ultraharte Strahlung (> 1 MeV)** für Strahlentherapie.

Absorption und Streuung von Röntgenstrahlung

Treffen Röntgenstrahlen (Photonen) nun auf Materie, werden sie absorbiert und gestreut. Hierdurch wird die **Intensität** (= „die Zahl der Teilchen pro Zeiteinheit") der Röntgenstrahlung geschwächt. Diese **Schwächung** wächst mit der Länge des durchstrahlten Materials und ist proportional zur ursprünglichen Intensität. Mit der Einführung einer Materialkonstanten, dem sog. **Schwächungskoeffizienten μ,** erhält man in mathematischer Darstellung:

$$I = I_0 \cdot e^{-\mu d} \quad (4)$$

I ist die durchgelassene Strahlenintensität, I_0 die ursprüngliche Intensität und d die Schichtdicke.
Da die Strahlung und somit deren Intensität im durchstrahlten Material exponentiell abnimmt, gibt man oft eine **Halbwertsdicke d_H** an, welche die Schichtdicke eines Materials kennzeichnet, nach der sich die Intensität auf 50% reduziert hat:

$$d_H = \frac{\ln 2}{\mu} \quad (5)$$

Entstehung des Röntgenbildes

Der Schwächungskoeffizient ist von Größen wie Dichte und Ordnungszahl des durchstrahlten Materials als auch von der Wellenlänge der Strahlung abhängig. Die Schwächung der Röntgenstrahlung ist umso größer, je größer die Dichte und die Ordnungszahl des durchstrahlten Materials sind. Auf dieser Tatsache beruht die Entstehung eines Röntgenbildes (Abb. 3):
Mit ihrem hohen Anteil an Kalzium absorbieren Knochen im Gegensatz zum übrigen Gewebe die Röntgenstrahlen stärker. Folglich wird die Intensität derjenigen Strahlen, die durch die Knochen geschossen werden, extrem geschwächt. Es können nur wenige diese durchdringen und hinter dem Körper auf den Röntgenschirm treffen. Es entsteht das charakteristische Röntgenbild.

Strahlenschutz

Wie schon erwähnt, besitzt die Röntgenstrahlung ein kontinuierliches Spektrum. Somit würden also auch Röntgenquanten niedriger Wellenlänge und damit niedriger Energie die Röntgenröhre verlassen. Diese würden aber bereits in den oberen Gewebeschichten des Körpers absorbiert werden, nicht zur Bildentstehung beitragen und nur eine unnötige Strahlenbelastung darstellen. Daher wird der niederenergetische Anteil der Röntgenstrahlung durch dünne Metallfolien herausgefiltert. Man spricht von einer **Aufhärtung** der Röntgenstrahlung.

Wegen der Streuung der Röntgenstrahlung ist eine Abschirmung der für die Fragestellung unrelevanten Anteile des Patienten notwendig. Hierfür stehen diverse Vorrichtungen und Schürzen zur Verfügung. Diese bestehen meist aus Blei, da dieses mit seiner hohen Ordnungszahl (Z = 82) die Strahlen sehr gut abschirmen kann.
Zur eigenen Sicherheit sollte man an das sog. **„quadratische Abstandsgesetz"** denken, nach dem die Intensität einer Strahlenquelle mit $1/r^2$ (r ist dabei der Abstand zur Strahlenquelle) abnimmt.

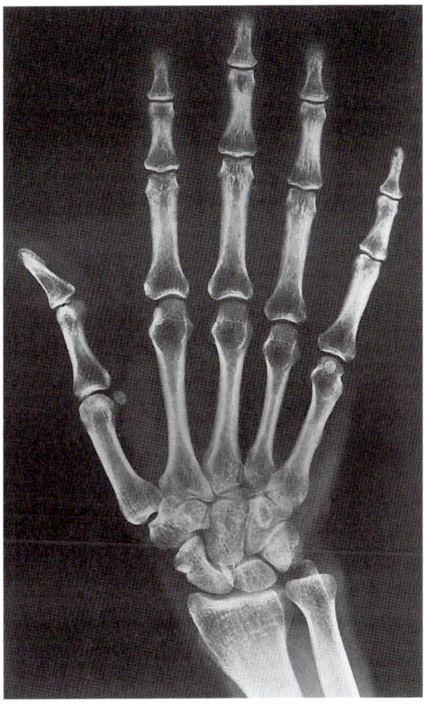

Abb. 3: Durchstrahlung eines Patienten [25]

Zusammenfassung

- Röntgenstrahlen sind Photonen bzw. elektromagnetische Wellen im Wellenlängenbereich von ca. 10^{-9} m bis 10^{-11} m.
- Diese werden in einer Röntgenröhre durch Abbremsung hochenergetischer Elektronen erzeugt.
- Neben einem kontinuierlichen Röntgenbremsspektrum tritt auch ein vom Anodenmaterial abhängiges charakteristisches Spektrum auf.
- Durch Absorption von Röntgenstrahlen in Geweben unterschiedlicher Dichte und Ordnungszahl entsteht das typische Röntgenbild.
- Strahlenschutz ist im Umgang mit Röntgenstrahlen ein nicht zu vernachlässigender Punkt.

Nachweismethoden und Messgrößen

Messgeräte zum Nachweis ionisierender Strahlung

Da dem Menschen von Natur aus kein Sinnesorgan geschenkt wurde, um ionisierende Strahlung zu detektieren, ist er auf spezielle Messgeräte angewiesen. Bei diesen nutzt man den Effekt, dass ionisierende Strahlen auf unterschiedliche Weise mit Materie in Wechselwirkung treten (s. S. 94).

Ionisationskammer

Ionisierende Strahlung kann, wie ihr Name ja bereits verrät, Luft bzw. Gas ionisieren, sprich aus Gasatomen ein oder mehrere Elektronen abspalten, so dass Ionen entstehen.
Tritt ionisierende Strahlung genügend hoher Energie in eine Kammer ein, so entstehen positive Gasionen und negative Elektronen. Herrscht in der Kammer zusätzlich ein elektrisches Feld, z. B. das eines **Plattenkondensators,** so werden diese Teilchen durch die angelegte Spannung gemäß ihrer Ladung getrennt und zu den gegenpoligen Platten des Kondensators gezogen, wobei man einen Stromfluss verzeichnen kann. Üblicherweise wählt man eine genügend große Spannung U, so dass alle pro Zeiteinheit erzeugten Ladungsträger von den Platten „abgesaugt" werden. Der dann fließende **Sättigungsstrom** ist proportional zur Intensität der ionisierenden Strahlung.

Geiger-Müller-Zählrohr

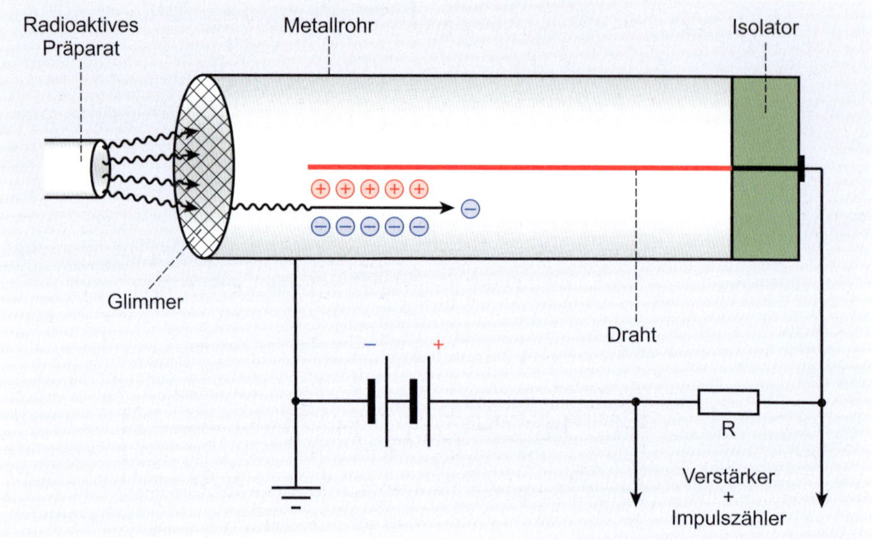

Abb. 1: Zählrohr

Dieses Gerät gleicht vom Prinzip her einer Ionisationskammer, die bei sehr hohen Spannungen betrieben wird.
Im Gegensatz zur klassischen Ionisationskammer kann hierbei bereits ein einziges einfallendes Teilchen einen messbaren Stromstoß hervorrufen.
Hierbei wird eine Hochspannung zwischen der Wand eines mit Gas gefüllten Zylinderrohres und einem in ihm mittig gespannten Draht angelegt (▮ Abb. 1).
Wand und Draht dienen hierbei als gegenpolige Elektroden: Trifft ionisierende Strahlung ein, so wandern die erzeugten positiven Ionen zur negativen (geerdeten) Rohrwand, wohingegen die Elektronen zum positiven Draht beschleunigt werden. Das elektrische Feld ist im Zählrohr jedoch nicht homogen, sondern nimmt zur Mitte radial sehr stark zu. Dies führt dazu, dass in der Nähe des Drahtes die Elektronen so stark beschleunigt werden, dass sie durch ihre hohe kinetische Energie selbst wieder Gasatome ionisieren können und somit weitere Ladungsträger erzeugen. Es entsteht eine **Ionenlawine.** Der hierdurch erzeugte Stromstoß fließt über den Draht ab und erzeugt am Widerstand R einen Spannungsstoß, der verstärkt, mit einem Zählgerät registriert und durch einen Lautsprecher in ein akustisches Signal verwandelt werden kann.
Durch Verwendung eines genügend großen Widerstandes R und Zusatz mehratomiger Dämpfe (z. B. Alkohol) erlischt die Entladung. Die Zeit, in der das Zählrohr auf keine weiteren Teilchen anspricht, also kein weiteres ionisierendes Teilchen nachgewiesen werden kann, bezeichnet man als **Totzeit** des Zählrohres.
Registriert man in der Zeit Δt eine Anzahl von ΔN Spannungsimpulsen, so gilt für die **Impuls- oder Zählrate Z:**

$$Z = \frac{\Delta N}{\Delta t} \qquad (1)$$

Da der Spannungsstoß unabhängig von der Energie des einfallenden ionisierenden Teilchens ist, kann man mit einem derartigen Zählrohr Strahlungsintensitäten gut messen, jedoch kann man keine Rückschlüsse auf die Energie der Strahlung ziehen. Dies bleibt sog. **Proportionalzählrohren** und Szintillationszählern vorbehalten.

Szintillationszähler

Die Elektronen von Szintillatorsubstanzen, wie NaJ- oder CsJ-Kristallen, werden durch ionisierende Strahlung derart angeregt, dass sie beim Rückfall in den Grundzustand Lichtblitze (Photonen) emittieren. Diese werden bei einem **Photomultiplier** auf eine Photokathode K geleitet. Auf dieser werden von den Photonen Elektronen ausgelöst, die über weitere Elektroden, den sog. Dynoden, vervielfacht werden (▮ Abb. 2).
Im elektrischen Feld wird jedes Elektron so stark beschleunigt, dass es aus der folgenden Elektrode zwei oder mehr Elektronen herausschlagen kann. Diese können anschließend aus der nächsten Elektrode erneut Elektronen herausschlagen usw.
Man spricht hierbei von einer **Sekundärelektronenvervielfachung** und einer **„Elektronenlawine"**, die man als verstärkten Photostrom I_A messen kann. Auf diese Weise lassen sich kleinste Aktivitäten radioaktiver Stoffe nachweisen.

Filmdosimeter

Filmdosimeter kommen auch in der Medizin beim Umgang mit radioaktiven

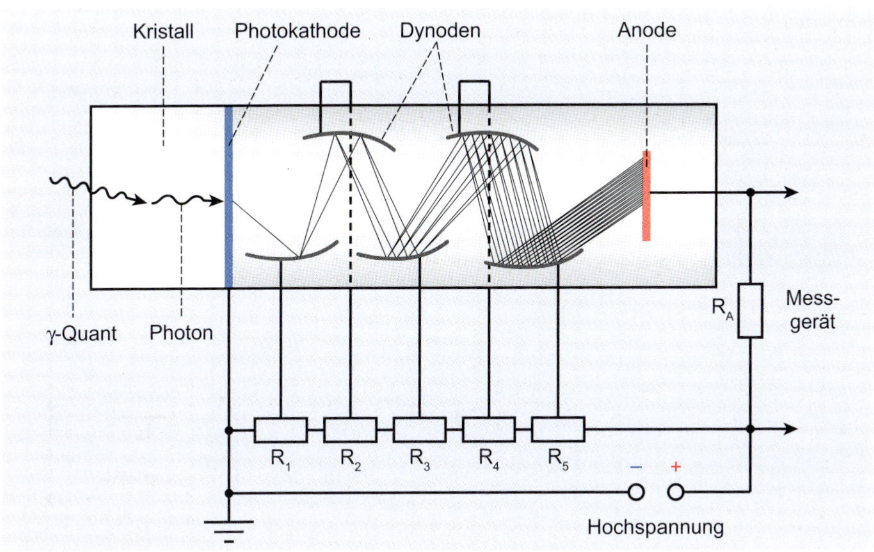

Abb. 2: Szintillationszähler

Stoffen häufig zur Verwendung. Sie dienen zur Messung der Personendosis und müssen als eine Art Plakette ständig am Körper getragen werden. „Herzstück“ der Messung ist ein einfaches Stück Film im Innern des Dosimeters, das, gegen Licht abgeschirmt, durch ionisierende Strahlung geschwärzt wird. Um den Film befinden sich verschiedene und unterschiedlich dicke Metallplättchen, an denen die Strahlung unterschiedlich stark absorbiert wird. Die **Schwärzung des Films** dient somit als Maß für die Strahlenbelastung dieser Person. Durch die verschiedenen Abdeckungen und Schwärzungen kann man Rückschlüsse auf Art und Energie der Strahlung ziehen.

Dosimetrie

Um die Wirkung ionisierender Strahlung quantitativ erfassen und vergleichen zu können, wurden verschiedene Messgrößen eingeführt.
Im Gegensatz zur **Aktivität,** die nur Aussagen über radioaktive Stoffe, also den Ausgangspunkt, nicht den Endpunkt ionisierender Strahlung geben kann, bezieht sich die **Dosis** auf die potentielle Strahlenwirkung auf den Strahlungsempfänger, uns Menschen. Die Grundlage für die Dosimetrie stellt also die vom Strahler auf den Absorber übertragene Energie dar. Hierbei werden nachfolgende Begriffe unterschieden:

Energiedosis

Die Energiedosis D bezeichnet diejenige Energiemenge, die von einem Objekt der Masse m aufgenommen bzw. absorbiert wird:

$$D = \frac{E}{m} \quad (2)$$

Einheit: **Gray** (Gy): $[D] = 1Gy = 1 \tfrac{J}{kg}$

Ionendosis

Da sich die Energiedosis leider nicht unmittelbar messen lässt, behilft man sich durch eine weitere Größe, die Ionendosis I.
Die durch Strahlung verursachten Ionisationen bedingen in einem definierten Luftvolumen der Masse m eine bestimmte Ladung Q der Ionen eines Vorzeichens, die man messen kann:

$$I = \frac{Q}{m} \quad (3)$$

Einheit: $[I] = 1 \tfrac{C}{kg} = 1 \tfrac{As}{kg}$

Da die Energiemenge, die zur Ionisierung eines Moleküls nötig ist, für alle Stoffarten bekannt ist, lässt sich durch die Ionendosis auch immer die entsprechende Energiedosis errechnen.

Äquivalentdosis

Bei gleicher Energiedosis können die einzelnen Strahlungsarten bei gleichem Material des Gewebes unterschiedlich starke Strahlenschädigung hervorrufen. Um die Wirkung der verschiedenen Strahlungsarten zu berücksichtigen, wird ein **Bewertungsfaktor q** eingeführt, der von der Strahlenart abhängig ist.
Die Äquivalentdosis H ergibt sich dann aus dem Produkt von Energiedosis D und Bewertungsfaktor q:

$$H = q \cdot D \quad (4)$$

Einheit: **Sievert** (Sv): $[H] = 1Sv = 1 \tfrac{J}{kg}$

Zusätzlich sind noch die **Organ-Äquivalentdosis** und die **effektive Dosis,** die einen **gewebespezifischen Wichtungsfaktor** berücksichtigen, zu nennen.

Zusammenfassung

- Zum Nachweis ionisierender Strahlen sind spezielle Messgeräte nötig.
- Die Ionisationskammer wird gewöhnlich im Sättigungsbereich betrieben, in dem der Sättigungsstrom proportional zur Strahlungsintensität ist.
- In einem Geiger-Müller-Zählrohr können aufgrund der Totzeit nicht alle ionisierenden Teilchen nachgewiesen werden.
- Mit einem Sekundärelektronenvervielfacher lassen sich auch kleinste Aktivitäten ionisierender Strahlung nachweisen.
- Das Filmdosimeter dient zur Messung der Personendosis und muss in vielerlei Einrichtungen vom medizinischen Personal getragen werden.
- Um die Wirkung ionisierender Strahlung quantifizieren zu können, wurden verschiedene Dosisgrößen eingeführt.

Strahlenwirkungen

Grundsätzliches

In diesem Kapitel soll die Wechselwirkung zwischen ionisierender Strahlung und Materie genauer beleuchtet werden. Hierbei sind grundsätzlich **Absorption, Streuung und Reflexion** zu unterscheiden. Da es sich bei ionisierender Strahlung sowohl um hochenergetische Teilchen als auch Photonen handelt, beide jedoch grundsätzlich unterschiedliche Phänomene und Wechselwirkungen mit Materie mit sich bringen, ist eine Unterscheidung unbedingt notwendig. Während α- und β-Strahlung sowie Neutronen zur **Teilchenstrahlung** zählen, sind Röntgen- und γ-Strahlen der **Photonenstrahlung** zugehörig.
Zusätzlich sind **direkt ionisierende Strahlenarten,** wie α-, β-Strahlen, von **indirekt ionisierenden Strahlen,** wie Photonenstrahlung und Neutronen, zu differenzieren.

Photonenstrahlung

Hochenergetische Photonen, wie γ-Strahlen oder Röntgenstrahlung, haben die größte Reichweite aller ionisierender Strahlen. Ihre Reichweite bzw. Eindringtiefe in ein bestimmtes Material ist nicht scharf begrenzt, sondern ihre Intensität nimmt exponentiell mit der Eindringtiefe ab. Wie auf S. 90 bereits beschrieben, verringert sich nach einer Schichtdicke d die Intensität I_0 auf:

$$I = I_0 \cdot e^{-\mu \cdot d} \qquad (1)$$

Da diese Schwächung im Wesentlichen durch Absorption und Streuung bedingt ist, setzt sich der sog. **Schwächungskoeffizient μ** (Einheit: m^{-1}) aus dem **Absorptionskoeffizienten μ_{abs}** und dem **Streukoeffizienten μ_{streu}** zusammen (s. S. 91). Hierbei ist zu beachten, dass schwere Elemente, insbesondere Blei, besonders große Schwächungskoeffizienten haben, was deren Einsatz als Abschirmmaterial begründet.
Genauer betrachtet, wird die Schwächung der hochenergetischen Photonen durch mehrere Wechselwirkungen ausgelöst: Photoeffekt, Compton-Effekt und Paarbildung.

Photoeffekt

Hierbei wird das einfallende Photon von einem (Hüll-)Elektron des Absorbermaterials absorbiert. Das Photon überträgt dabei seine gesamte kinetische Energie auf dieses sog. Photoelektron, das, vorausgesetzt die Energie ist groß genug, daraufhin befähigt ist, davonzufliegen (▮ Abb. 1 (a)).
Die gesamte kinetische Energie des Photons wird in Ionisationsarbeit W_A und kinetische Energie des ausgelösten Elektrons umgewandelt:

$$h \cdot v = W_A + \tfrac{1}{2} \cdot m \cdot v^2 \qquad (2)$$

Falls die Energie des einfallenden Photons also größer ist als die Mindestenergie zur Elektronenablösung aus dem Absorbermaterial, so steht der Rest dem ausgelösten Elektron als kinetische Energie zur Verfügung. Zu beachten ist hierbei, dass die Energie der Photoelektronen also von der Energie – der Frequenz, des einfallenden Photons – abhängig ist, während die Anzahl an Photoelektronen proportional zur ursprünglichen Strahlungsintensität ist.
Der Photoeffekt tritt hauptsächlich bei niedrigen Photonenenergien unter 600 keV auf. Darüber nimmt sein Beitrag zur Abschwächung der Strahlung stark ab.

Compton-Effekt

Beim Compton-Effekt wird das einfallende Photon an einem Elektron gestreut. Es gibt hierbei nur einen Teil seiner kinetischen Energie an das Elektron ab. Es bleibt daher bestehen und fliegt mit niedrigerer Energie, also niedrigerer Frequenz, abgelenkt von seiner ursprünglichen Bahn weiter. Das sog. Compton-Elektron wird herausgelöst und weist die Energie $E_e = E_\gamma - E_{\gamma'}$ auf (▮ Abb. 1 (b)).
Der Compton-Effekt ist die dominierende Wechselwirkung bei mittleren Photonenergien.

Paarbildung

Nach Einsteins Formel $E = m \cdot c^2$ lassen sich Masse und Energie beliebig ineinander umwandeln. Masse kann sich also in Energie umwandeln und umgekehrt auch Energie in Masse. Man nennt dies **Äquivalenz von Masse und Energie.** Diese Überlegung ist notwendig, um den Effekt der Paarbildung verstehen zu können.
Bei der Paarbildung erzeugt nämlich im Nahbereich eines Atomkerns ein auftreffendes Photon sehr hoher Energie ein Elektron-Positron-Paar (▮ Abb. 1 (c)). Das Photon selbst wird bei dieser Umwandlung vernichtet – Masse und Energie sind ineinander umgewandelt worden. Das ursprüngliche Photon muss dabei mindestens die Energie der Ruhemassen der beiden Teilchen aufweisen:

$$E_\gamma = h \cdot f \geq 2 \cdot (m_e \cdot c^2) = 2 \cdot 511 keV = 1{,}022 MeV \qquad (3)$$

$m_e \cdot c^2$ ist dabei die Ruheenergie eines Elektrons.
All jene Energie, die das Photon zusätzlich zur Ruheenergie von 1,022 MeV mitbringt, wird in kinetische Energie der beiden neu entstandenen Teilchen umgewandelt. Die gesamte Strahlungsenergie des Photons wird also in Ruhemasse und in kinetische Energie der beiden neuen Teilchen verwandelt.

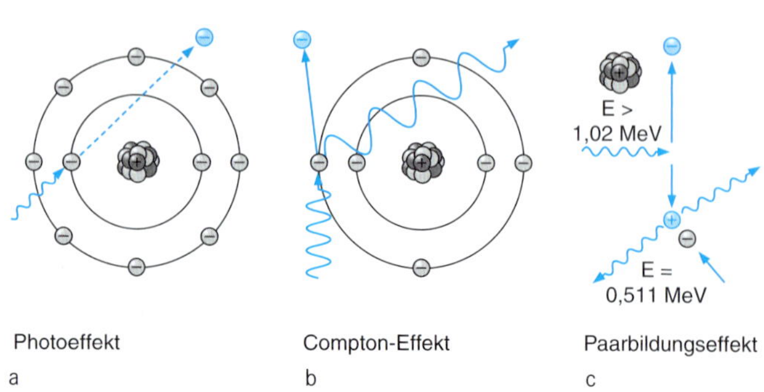

▮ Abb. 1: Wechselwirkungen von Photonenstrahlung mit Materie: (a) Photoeffekt, (b) Compton-Effekt und (c) Paarbildungseffekt [24]

Trifft ein Positron auf ein Elektron, so tritt der gegenteilige Effekt, die Paarvernichtung ein – Positron und Elektron vernichten sich gegenseitig, und es kommt zur Aussendung von zwei γ-Quanten (s. S. 88, PET).

Teilchenstrahlung

Im Gegensatz zur Photonenstrahlung weisen Teilchenstrahlen wie α-Strahlen, β-Strahlen oder Neutronen, eine **definierte Reichweite** auf. Diese ist von der Teilchenart, Teilchenenergie sowie Dichte des durchstrahlten Materials abhängig. Generell wird Teilchenstrahlung im durchstrahlten Material durch mechanische Stöße, Anregung und Ionisation **abgebremst,** während man bei Photonenstrahlung nur von **Abschwächung** der Intensität sprechen kann.

α-Strahlen

Aufgrund ihrer großen Masse und ihrer zweifach positiven Ladung haben α-Strahlen (Heliumkerne) eine kurze Reichweite. Sie weisen ein hohes Ionisationsvermögen auf und verlieren dadurch auf sehr kurzer Strecke einen großen Anteil ihrer Energie. Ihre Reichweite beträgt in Luft nur einige Zentimeter. Pro Zentimeter Luft kommt es zur Bildung von etwa 40 000 Ionenpaaren. So lassen sie sich bereits durch ein Blatt Papier abschirmen.

β-Strahlen

Gegenüber den Heliumkernen weisen die β-Strahlen (Elektronenstrahlen) ein geringeres Ionisationsvermögen und eine größere Reichweite auf. Sie werden anhand von Wechselwirkungen mit Elektronen sowohl durch inelastische (Ionisation und Anregung von Atomen) und elastische Streuung als auch durch Wechselwirkung mit anderen Atomkernen (Coulomb-Streuung und Erzeugung von Bremsstrahlung) abgebremst und abgelenkt. Ihre Reichweite beträgt in Luft rund 5 m pro MeV. β-Strahlung lässt sich durch eine 1 mm dicke Aluminiumschicht bereits fast völlig abschirmen.

Neutronen

Im Gegensatz zu α- und β-Strahlen sind Neutronen ungeladen und somit indirekt ionisierend. Sie werden von Atomkernen nicht abgestoßen und verlieren ihre Energie v. a. durch Zusammenstoß mit Protonen des Wasserstoffs, die ihrerseits auf ihrer Bahn dann Ionisationen auslösen können. Daraus folgt eine bei kurzer Reichweite hohe Ionisationsdichte. Die Abschirmung von Neutronen gelingt somit am besten durch wasserstoffreiche Materialien.

Strahlenbelastung und Strahlenschutz

Die Strahlenexposition des Menschen durch ionisierende Strahlen gliedert sich in zwei Anteile: Die **natürliche Strahlenbelastung** durch natürliche Quellen sowie die **zivilisationsbedingte Strahlenbelastung** durch künstliche Quellen.
Zu den natürlichen Quellen ionisierender Strahlen zählen terrestrische Strahlung (natürliche Radionuklide in der Erde), die kosmische Strahlung (Höhenstrahlung) sowie Radionuklide in Luft (Radon und Radonfolgeprodukte) und Nahrung.

Hingegen fallen unter die zivilisationsbedingten Strahlenquellen alle von Menschenhand erzeugten Radionuklide in technischen Einrichtungen, kerntechnischen Anlagen, der Kernwaffen-Fallout, die Tschernobyl-Folgen und insbesondere im Bereich der Medizin.
Ionisierende Strahlung ist immer mit der Gefahr von irreparablen **somatischen** und **genetischen Schäden** am Menschen verbunden: Sie führt zu Strukturveränderungen durch Bindungsbrüche an der DNA und nachfolgend zur Bildung von Radikalen. Ein sorgsamer Umgang mit Strahlenquellen und eine sorgfältige Indikationsstellung von Röntgen und CT ist unerlässlich.
Zum Vergleich: Die mittlere effektive Jahresdosis von kosmischer Strahlung beträgt in Deutschland ca. 0,4 mSv – **eine** Röntgenaufnahme des Thorax hingegen bereits 0,3 mSv, eine CT-Aufnahme des Thorax sogar bis zu 20 mSv!
Deshalb muss jede unvermeidbare Strahlenexposition für Patient und Personal so gering wie möglich gehalten werden. Dabei ist auf **Abstand, Abschirmung** und **kurze Bestrahlungsdauer** und durch den Einsatz neuer Technologien auf eine **Verringerung der Strahlenintensität** zu achten.

Zusammenfassung

- Bei ionisierender Strahlung ist zwischen Teilchenstrahlung und Photonenstrahlung zu unterscheiden.
- Photonenstrahlen können nur abgeschwächt werden. Ihre Intensität nimmt exponentiell mit der Eindringtiefe in ein Material bzw. Gewebe ab.
- Bei Photonenstrahlung treten beim Durchgang durch Materie drei unterschiedliche Effekte auf: Photoeffekt, Compton-Effekt und Paarbildung. Die Verteilung dieser drei Erscheinungen ist hauptsächlich abhängig von der Energie der Strahlung.
- Teilchenstrahlen weisen hingegen eine definierte Reichweite auf und werden beim Durchgang durch Materie abgebremst.

I Anhang

I Anhang

Formeln und Zahlenwerte

B Mechanik

Kreisbewegung
ω: Winkelgeschwindigkeit; v: Bahngeschwindigkeit; f: Frequenz; r: Radius

$$\omega = \frac{v}{r} = 2\pi f$$

a_Z: Zentripetalbeschleunigung;
ω: Winkelgeschwindigkeit

$$a_Z = \omega^2 r$$

Kräfte
F: Kraft; m: Masse; a: Beschleunigung

$$\vec{F} = m \cdot \vec{a}$$

Energie, Arbeit, Leistung
W: Arbeit; F: Kraft; s: Weg
(für F = konst.)

$$W = \vec{F} \cdot \vec{s} = F \cdot s \cdot \cos\alpha$$

W_{Kin}: kinetische Energie; m: Masse;
v: Geschwindigkeit

$$W_{kin} = \frac{1}{2} m v^2$$

W_{Pot}: potentielle Energie; m: Masse;
g: Gravitationsbeschleunigung; h: Höhe

$$W_{Pot} = m \cdot g \cdot h$$

P: Leistung: ΔW: Arbeit, Δt: Änderung der Zeit

$$P = \frac{\Delta W}{\Delta t}$$

Strömung
R: Strömungswiderstand in starrem Rohr; η: Viskosität; l: Rohrlänge;
r: Rohrradius (Hagen-Poiseuille'sches Gesetz)

$$R = 8 \cdot \frac{\eta \cdot l}{\pi} \cdot \frac{1}{r^4}$$

C Elektrizitätslehre

Elektrisches Feld
E: El. Feldstärke; F: Kraft, die das Feld ausübt; q: Ladung, auf die F wirkt

$$\vec{E} = \frac{\vec{F}}{q}$$

W: Zur Verschiebung der Ladung im Feld benötigte Arbeit; q: Ladung;
E: Feldstärke; d: Distanz parallel zu den Feldlinien

$$W = q \cdot E \cdot d$$

U: Spannung; E: el. Feldstärke;
d: Abstand der Leiter

$$U = E \cdot d$$

Elektrischer Widerstand
R: Widerstand; U: Spannung; I: Strom

$$R = \frac{U}{I}$$

W: el. Energie; U: Spannung; I: Strom;
t: Zeit

$$W = U \cdot I \cdot t$$

Elektrische Kapazität
C: Kapazität; Q: Ladung auf den Platten;
U: anliegende Spannung

$$C = \frac{Q}{U}$$

Magnetfelder, Induktion
B: magn. Flussdichte; F: Kraft auf einen Leiter; I: Strom durch den Leiter;
l: Länge des Leiters

$$B = \frac{F}{I \cdot l}$$

F_L: Lorentzkraft auf eine bewegte Ladung; q: Ladung; v: Geschwindigkeit der Ladung; B: magn. Flussdichte

$$F_L = q \cdot v \cdot B$$

Φ: magn. Fluss durch eine Leiterschleife; A: Fläche der Leiterschleife; B: magn. Flussdichte

$$\Phi = \vec{A} \cdot \vec{B}$$

U: induzierte Spannung in einer Spule;
n: Windungszahl; Φ: magn. Fluss durch die Spule

$$U_{ind} = -n \cdot \frac{\Delta\Phi}{\Delta t} = -n \cdot \dot{\Phi}$$

Wechselspannung
U(t): Spannung zum Zeitpunkt t;
U_0: maximale Spannung; ω: Kreisfrequenz der Spannung

$$U(t) = U_0 \cdot \sin(\omega \cdot t)$$

I(t): Strom zum Zeitpunkt t; I_0: maximaler Strom; ω: Kreisfrequenz des Stroms;
φ: Phasenverschiebung zwischen U und I

$$I(t) = I_0 \cdot \sin(\omega \cdot t + \varphi)$$

U_{Eff}: Effektivwert einer sinusförmigen Wechselspannung; U_0: Maximalwert

$$U_{Eff} = \frac{U_0}{\sqrt{2}}$$

D Schwingungen und Wellen

Schwingungen
y(t): Auslenkung zum Zeitpunkt t;
y_0: maximale Auslenkung; ω: Keisfrequenz; φ: Phasenverschiebung

$$y(t) = y_0 \cdot \sin(\omega \cdot t + \varphi)$$

$F_R(t)$: Rückstellkraft zum Zeitpunkt t;
m: Masse; ω Kreisfrequenz; y(t): Auslenkung zum Zeitpunkt t

$$F_R(t) = -m \cdot \omega^2 \cdot y(t)$$

Fadenpendel
T: Schwingungsdauer; l: Fadenlänge;
g: Gravitationsbeschleunigung

$$T = 2\pi \cdot \sqrt{\frac{l}{g}}$$

Wellen
v_{Ph}: Phasengeschwindigkeit;
λ: Wellenlänge; f: Frequenz

$$v_{Ph} = \lambda \cdot f$$

(für die Lichtgeschwindigkeit gilt dieselbe Formel)

E Optik

Licht
E: Energie eines Photons; f: Lichtfrequenz; h: Planck'sches Wirkungsquantum ($h = 6{,}6261 \cdot 10^{-34}$ Js = $4{,}1357 \cdot 10^{-15}$ eVs)

$$E = h \cdot f$$

Geometrische Optik
n: Brechzahl; c_0: Lichtgeschwindigkeit im Vakuum; c: Lichtgeschwindigkeit im Medium

$$n = \frac{c_0}{c}$$

α: Einfallswinkel; β: Brechungswinkel; n: Brechzahl

$$\frac{\sin\alpha}{\sin\beta} = \frac{n_2}{n_1}$$

Linsengleichungen
B: Bildgröße; G: Gegenstandsgröße; b: Bildweite; g: Gegenstandsweite; f: Brennweite

$$\frac{B}{G} = \frac{b}{g}$$

$$\frac{1}{g} + \frac{1}{b} = \frac{1}{f}$$

$$\frac{1}{f_{gesamt}} = \frac{1}{f_1} + \frac{1}{f_2}$$

Auflösungsgrenze des Mikroskops
d: kleinster noch auflösbarer Abstand; λ: Lichtwellenlänge; n: Brechzahl; α: Halber Öffnungswinkel des Objektivs

$$d = \frac{\lambda}{n \cdot \sin\alpha}$$

G Wärmelehre

Dichte
ρ: Dichte; m: Masse; V: Volumen

$$\rho = \frac{m}{V}$$

Wärme
Q: durch Wärme zugeführte (abgeführte) Energie; c: Spezifische Wärmekapazität; m: Masse; ΔT: Temperaturerhöhung (-erniedrigung)

$$Q = c \cdot m \cdot \Delta T$$

Kinetische Gastheorie
$\bar{E}$: mittlere kinetische Energie eines Teilchens; k: Boltzmann-Konstante ($k = 1{,}38 \cdot 10^{-23}$ J/K); T: Temperatur des Gases

$$\bar{E} = \frac{3}{2} \cdot k \cdot T$$

$\bar{E}_m$: mittlere kinetische Energie eines Mols eines einatomigen Gases; R: allgemeine Gaskonstante (R = 8,31 J/K · mol)

$$\bar{E}_m = \frac{3}{2} \cdot R \cdot T$$

Zustandsgleichung des idealen Gases
p: Druck eines eingeschlossenen Gases; V: Gasvolumen; T: Temperatur

$$\frac{p \cdot V}{T} = konst.$$

Raoultsches Gesetz
ΔP: Dampfdruckerniedrigung; P_0: Dampfdruck des reinen Lösungsmittels; n_l: Stoffmenge des gelösten Stoffes; n_0: Stoffmenge des reinen Lösungsmittels

$$\frac{\Delta p}{p_0} = \frac{n_l}{n_0}$$

Osmotischer Druck
p_{osm}: osmotischer Druck; n: Stoffmenge des gelösten Stoffes; V: Volumen der Lösung R: allgemeine Gaskonstante; T: absolute Temperatur

$$p_{osm} = \frac{n}{V} \cdot R \cdot T$$

H Ionisierende Strahlung

Zerfallsgesetz
N_0: Zahl der zum Zeitpunkt $t_0 = 0$ unzerfallenen Kerne; $N_{(t)}$: Zahl der zum Zeitpunkt t unzerfallenen Kerne; λ: Zerfallskonstante

$$N_{(t)} = N_0 \cdot e^{-\lambda t}$$

Aktivität
A(t): Aktivität eines radioaktiven Präparats zur Zeit t; A_0: Aktivität zum Zeitpunkt t_0; λ: Zerfallskonstante

$$A(t) = A_0 \cdot e^{-\lambda t}$$

Halbwertszeit
$T_{1/2}$: Zeit, nach der von ursprünglicher Kernzahl die Hälfte zerfallen ist; λ: Zerfallskonstante

$$T_{1/2} = \frac{\ln 2}{\lambda}$$

Konstanten
Die fettgedruckten Konstanten sollte man laut GK können.

Gravitationsbeschleunigung g	9,81 m/s² (für IMPP: 10 m/s²)
Dichte von Wasser ρ_{Wasser}	10^3 kg/m³
Vakuumlichtgeschwindigkeit c	$3 \cdot 10^8$ m/s
Schallgeschwindigkeit in Luft	330 m/s
Avogadro-Konstante N	$6 \cdot 10^{23}$ 1/mol
Molares Gasvolumen (Normbedingungen)	22,4 l/mol
Brechzahl von Luft n_{Luft}	1
Elektrische Feldkonstante ε_0	$8{,}8542 \cdot 10^{-12}$ C/Vm
Magnetische Feldkonstante μ_0	$1{,}257 \cdot 10^{-6}$ Vs/(Am)
Elementarladung e	$1{,}602 \cdot 10^{-19}$ C
„Kreiszahl" π	≈ 3,14
Eulersche Zahl e (Basis in e-Funktionen)	≈ 2,72

Aufgaben I

Mechanik

1.1 (B 8 „Bewegung I")
Eine Kugel rollt auf einem 1,20 m hohen Tisch mit der Geschwindigkeit $v = 2$ m/s im rechten Winkel auf die Kante zu und fällt runter. In welcher Entfernung zum Tisch kommt sie auf dem Boden auf? Sämtliche Reibungswiderstände sind zu vernachlässigen.

1.2 (B 10 „Bewegung II")
Ein Auto fährt mit einer Geschwindigkeit von 50 km/h in eine Kurve mit dem Radius 30 m. Wie groß ist die Zentripetalbeschleunigung, die benötigt wird, um das Auto in der Kurve zu halten? Woher kommt die notwendige Kraft?

1.3 (B 10 „Bewegung II")
Wie groß ist die Geschwindigkeit, mit der ein Gewehr der Masse 5 kg beim Abfeuern einer Kugel der Masse 12 g gegen die Schulter des Schützen schlägt? (Anfangsgeschwindigkeit der Kugel 900 m/s).

1.4 (B 12 „Kräfte")
Ein Wagen mit der Masse 1500 kg fährt über eine gewölbte Brücke mit dem Radius $r = 50$ m. Wie schnell muss der Wagen fahren, um von der Brücke abzuheben?

1.5 (B 12 „Kräfte")
Wie verändert sich die Winkelgeschwindigkeit einer Eiskunstläuferin, wenn sie die Arme an den Körper anlegt? (Ihr Trägheitsmoment halbiert sich dabei.)

1.6 (B 14 „Energie, Arbeit, Leistung")
Ein 70 kg schwerer Mann steigt in den dritten Stock (45 Treppenstufen à 20 cm). Welche Energie muss er dazu theoretisch aufbringen?

1.7 (B 14 „Energie, Arbeit, Leistung")
Ein Fadenpendel wird so ausgelenkt, dass es sich 4 cm über der Ruhelage befindet. Welche Geschwindigkeit erreicht es beim Durchgang durch die Mitte?

1.8 (B 16 „Verformung I")
Ein Taucher taucht aus 10 m Tiefe mit angehaltenem Atem auf. In der Tiefe entsprach der Druck in den Lungen dem Umgebungsdruck, ihr Volumen betrug 7 l. Welches Volumen hätten sie theoretisch an der Oberfläche? Was würde vermutlich passieren?

1.9 (B 16 „Verformung I")
Eine Eisenstange hat ein Volumen von 1,2 l ($\rho_{Eisen} = 7{,}9$ kg/l). Nach welcher Zeit kommt sie am Boden eines 2 m tiefen Teichs an?

1.10 (B 18 „Verformung II")
Blut hat eine Dichte von etwa $1{,}1 \cdot 10^3$ kg/m³ und bei 37 °C eine Oberflächenspannung von schätzungsweise $7 \cdot 10^{-2}$ N/m. Wie hoch kann es in einem Röhrchen (z. B. für die Blutgasmessung) mit $r = 1$ mm höchstens steigen?

1.11 (B 20 „Strömung")
In der Niere wird die Volumenstromstärke des Blutes im Glomerulus von Vas afferens und Vas efferens reguliert. Im Vas afferens kommt es – unter Normalbedingungen – zu einem starken Abfall des arteriellen Mitteldrucks. Obwohl die Glomeruluskapillaren eher dünner als das Vas afferens sind, kommt es hier zu praktisch keinem Druckabfall. Wieso?

Elektrizitätslehre

2.1 (C 24 „Ladung und Strom")
Ein Elektron wird in einem homogenen elektrischen Feld der Stärke 150 V/m aus der Ruhe beschleunigt. Welche Geschwindigkeit hat es nach einer Strecke von 2 cm (Gravitationswirkung vernachlässigbar, Elektronenmasse $m_e = 9{,}1 \cdot 10^{-31}$)?

2.2 (C 24 „Ladung und Strom")
Das Elektron aus Aufgabe 2.1 (Geschwindigkeit $v = 1{,}03 \cdot 10^6$ m/s) befindet sich in einem sehr alten EKG-Monitor mit einem Röhrenbildschirm. Das Elektron wird vertikal durch zwei Kondensatorplatten der Länge $l = 5$ cm abgelenkt. Wie stark muss das elektrische Feld zwischen den Platten sein, damit das Elektron um $s = 2$ cm nach unten abgelenkt wird? Welche Platte muss positiv geladen sein ($m_e = 9{,}1 \cdot 10^{-31}$)?

2.3 (C 26 „Spannung und Potenzial")
Ein Plattenkondensator wird so aufgestellt, dass beide Platten übereinander parallel zum Erdboden liegen. Eine Kugel der Masse 1,5 g und der Ladung +10 µC kommt in das Feld. Wie hoch muss die Spannung an den Kondensatorplatten sein, damit die Kugel schwebt (Plattenabstand $d = 5$ cm)?

2.4 (C 28 „Elektrischer Widerstand")
In der Schaltung in ▮ Abb. 1 haben die Widerstände folgende Werte: $R_1 = 470\ \Omega$; $R_2 = 1\ k\Omega$; $R_3 = 10\ \Omega$; $R_4 = 72\ \Omega$; $R_5 = 3\ k\Omega$; $R_6 = 600\ \Omega$. Die Spannung U beträgt 12 V. Welchen Strom zeigt der Strommesser (unter der Spannungsquelle) an?

2.5 (C 30 „Stromkreise")
Welche Spannung zeigt der Spannungsmesser aus ▮ Abb. 1 (parallel zu R_4, Werte wie in Aufgabe 2.5) an?

2.6 (C 30 „Stromkreise")
Bei der Defibrillation wird eine Energie von 200 J abgegeben. Der Schock dauert 20 ms. Welche Spannung muss das Gerät liefern, damit ein Strom von 14 A fließt?

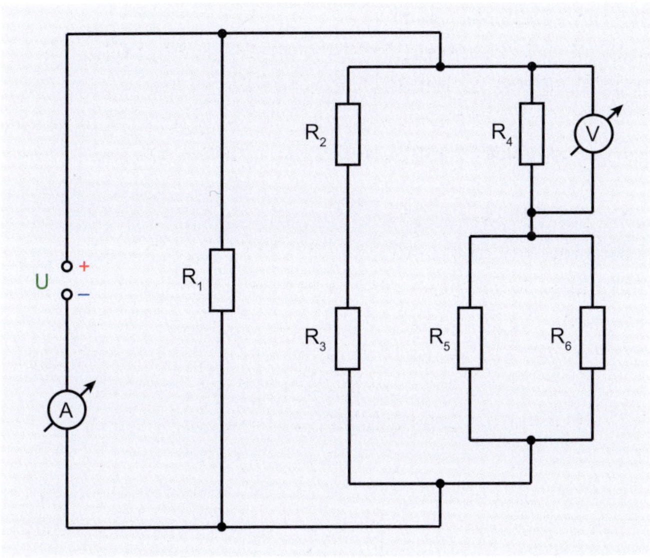

Abb. 1: Zu Aufgabe 2.4/2.5; Werte s. Aufgabe

2.7 (C 32 „Elektrische Kapazität")
Ein luftgefüllter Plattenkondensator ($A = 30\ cm^2$; $d = 0{,}01$ cm) wird mit einer Gleichspannungsquelle ($U = 12$ V) über einen Widerstand $R = 10\ k\Omega$ verbunden. Nach welcher Zeit ist die Stromstärke auf 1 % des Ausgangswertes abgesunken ($\varepsilon_0 = 8{,}8542 \cdot 10^{-12}$ C/Vm)?

2.8 (C 32 „Elektrische Kapazität")
Der Kondensator aus Aufgabe 2.8 (Kapazität $C = 26{,}6$ nF) ist immer noch mit der Spannungsquelle verbunden. Jetzt wird der Raum zwischen seinen Platten mit destilliertem (also nicht leitendem) Wasser ($\varepsilon_R = 81$) gefüllt. Wie hoch ist seine neue Ladung?

2.9 (C 34 „Elektrische Leiter")
In einer Zelle beträgt die Natriumkonzentration 10 mmol/l, im Interstitium 140 mmol/l. Wie hoch ist das Na-Gleichgewichtspotential ($R = 8{,}3\ ^{J}/_{K \cdot mol}$; $T = 310$ K; $F = 96\,500\ ^{A \cdot s}/_{mol}$)?

2.10 (C 36 „Magnetfelder und Strom")
Welche Kraft übt das Magnetfeld eines MRT ($B = 3$ T) pro Meter auf eine senkrecht dazu verlaufende Stromleitung aus, durch die ein Gleichstrom ($I = 0{,}5$ A) fließt?

2.11 (C 36 „Magnetfelder und Strom")
Wie groß ist die magnetische Flußdichte des Feldes um eine Überlandleitung ($I = 100$ A) in 5 m Abstand?

2.12 (C 38 „Magnetfelder und Materie, Induktion")
Eine Spule (Querschnittsfläche $A_0 = 50\ cm^2$, 100 Wicklungen) dreht sich mit einer Frequenz von 20 Hz in einem homogenen Magnetfeld ($B = 0{,}2$ T). Die Drehachse steht dabei senkrecht zu den Feldlinien. Wie lautet das Spannungs-Zeit-Gesetz? Wie hoch ist der Maximalwert der induzierten Spannung?

2.13 (C 40 „Wechselspannung")
Man schaltet einen Kondensator parallel zu einer Spule. Wie verhält sich die Gesamtimpedanz dieser Schaltung bei unterschiedlichen Frequenzen?

Schwingungen und Wellen

3.1 (D 44 „Schwingungen")
Bei einem Fadenpendel wird die Schwingungszeit $T_1 = 2{,}3$ s gemessen. Dann wird der Faden um 32 cm gekürzt und damit eine Schwingungszeit von $T_2 = 2$ s gemessen. Wie hoch ist die Gravitationsbeschleunigung g am Versuchsort?

3.2 (D 46 „Wellen I")
Wie sieht das Bild aus, wenn man jemanden schallt, ohne Sono-Gel zu verwenden? Wieso?

3.3 (D 48 „Wellen II")
Wie klein dürfen Objekte im Körper sein, um sie mit einem Ultraschallkopf der Frequenz 1 MHz gerade noch sehen zu können (Schallgeschwindigkeit im Körper ca. 1500 m/s)?

Aufgaben II

Optik

4.1 (E1 „Licht")
Welche Energie (in J) weist ein einzelnes Photon auf, das sich im Vakuum mit der Wellenlänge $\lambda = 5{,}4 \cdot 10^{-7}$ m fortbewegt?

4.2 (E1 „Licht")
Wie weit ist ein Stern von uns durchschnittlich entfernt, wenn wir wissen, dass von ihm ausgesandtes Licht 4,3 Lichtjahre benötigt, um zu uns zu gelangen? Vereinfacht soll hierbei nur von einer Ausbreitung von Licht im Vakuum ausgegangen werden.

4.3 (E2 „Geometrische Optik I")
Ein Lichtstrahl trifft unter dem Einfallswinkel $\alpha = 35°$ auf eine ebene Wasserfläche.
a) Wie groß ist der Winkel des reflektierten Anteils?
b) Um welchen Winkel β wird der Lichtstrahl gebrochen, wenn $n_{wasser} = 1{,}33$?
c) Um welchen Betrag ändert sich die Lichtgeschwindigkeit im Wasser?

4.4 (E2 „Geometrische Optik I")
Quarzglas hat (bei einer Wellenlänge von 589 nm) die Brechzahl n = 1,46. Wie groß ist der Grenzwinkel der Totalreflexion beim Übergang von Quarzglas in Luft?

4.5 (E3 „Geometrische Optik II")
Eine Sammellinse soll einen senkrecht auf ihrer optischen Achse stehenden, 5 cm großen Gegenstand auf einem 2 m entferntem Schirm abbilden. Wie groß ist das Bild des Gegenstandes, wenn die Brennweite der Linse 4 cm beträgt?

4.6 (E3 „Geometrische Optik II")
Wie groß ist die gesamte Brechkraft einer Linsenkombination aus zwei Sammellinsen der Brennweiten $f_1 = 5$ cm und $f_2 = 8$ cm?

4.7 (E4 „Wellenoptik")
Erklären Sie vereinfacht die Wirkungsweise eines Gitterspektrometers.

4.8 (E5 „Optische Instrumente")
Bei einem Mikroskop weist das Objektiv die Markierung „20x" und „N.A. 0,65" auf. Wie groß sind Brennweite und Auflösungsvermögen des Objektivs bei Licht der Wellenlänge 589 nm?

Wärmelehre

6.1 (G1 „Grundlagen Wärme")
Ein Stück Kupferdraht weist bei einer Temperatur von 15 °C die Länge 1,500 m auf. Welche Länge nimmt der Draht ein, wenn man ihn auf 95 °C erwärmt? (Hinweis: Der Längenausdehnungskoeffizient von Kupfer $\alpha = 16{,}8 \cdot 10^{-6}\ {}^{1}\!/_{K}$)

6.2 (G1 „Grundlagen Wärme")
Quecksilber hat bei 20 °C eine Dichte von $\rho = 13{,}55\ {}^{1}\!/_{g \cdot cm^3}$. In welche Richtung und um wie viel Prozent verändert sich seine Dichte, wenn man es auf 80 °C erwärmt? (Hinweis: Der Volumenausdehnungskoeffizient von Quecksilber $\gamma = 0{,}182 \cdot 10^{-3}\ {}^{1}\!/_{K}$)

6.3 (G2 „Wärmelehre I")
500 g Wasser der Temperatur $T_1 = 20$ °C werden mit 200 g Wasser der Temperatur $T_2 = 85$ °C vermischt. Welche Mischungstermperatur T_m stellt sich dabei ein? (Hinweis: $c_{Wasser} = 4{,}2\ {}^{J}\!/_{g \cdot K}$)

6.4 (G2 „Wärmelehre I")
In einem Isoliergefäß befinden sich 1500 g Wasser einer Temperatur von 15 °C. Welche Temperatur erreicht das Wasser, wenn man einen Tauchsieder der Leistung 250 W für 10 Minuten bei 220 V in dieses Wasser eintaucht? (Hinweis: $c_{Wasser} = 4{,}2\ {}^{J}\!/_{g \cdot K}$; Der Wasserwert des Isoliergefäßes beträgt 250 g)

6.5 (G3 „Wärmelehre II“)

Eine Probe eines idealen Gases nimmt bei der Temperatur 30 °C ein Volumen von 1,2 Litern ein. Wie groß ist die zugehörige Volumendifferenz, wenn man es, bei gleich bleibenden Druckverhältnissen, auf 90 °C erhitzt?

6.6 (G4 „Wärmetransport“)

Um wie viel Prozent nimmt die Wärmestrahlung einer Herdplatte ab, wenn sich ihre Temperatur von 100 °C auf 20 °C erniedrigt?

6.7 (G5 „Änderung des Aggregatzustands I“)

In ein Gefäß mit 2 Litern Wasser der Temperatur 85 °C werden 200 g Eis der Temperatur –15 °C hinzugegeben. Welche Temperatur ergibt sich hierbei? (Hinweis: spezif. Schmelzenergie von Eis = 334 J/g; $c_{Wasser} = 4{,}2\ {}^{J}/_{g \cdot K}$; $c_{Eis} = 2{,}0\ {}^{J}/_{g \cdot K}$)

6.8 (G7 „Stoffgemische“)

Unabhängig von der Art des gelösten Stoffes senkt jedes Mol an Teilchen, das man in einem kg Wasser löst, den Gefrierpunkt von Wasser um jeweils genau 1,86 K. Dies wird als **molare Gefrierpunktserniedrigung** bezeichnet.

a) Wie hoch muss demnach die Molalität b von Streusalz gelöst in 1 l (kg) Wasser sein, wenn der Winterdienst eine Gefrierpunktserniedrigung auf –9,3 °C erreichen will?
b) Wie viel Gramm NaCl müssen dann in einem Liter Wasser gelöst sein, wenn die molare Masse M von NaCl = 58,5 g/mol beträgt?

6.9 (G8 „Diffusion und Osmose“)

Eine semipermeable Membran trennt im Versuch einen Behälter in zwei Kompartimente. Auf der einen Seite der Membran ist reines Lösungsmittel, auf der anderen Seite eine Lösung enthalten. Welcher osmotische Druck stellt sich ein, wenn bei einer Temperatur von 30 °C die Konzentration der osmotisch wirksamen Teilchen 2 mol/Liter beträgt? (Hinweis: R = 8,31 J/K · mol)

Ionisierende Strahlung

7.1 (H1 „Radioaktivität“)

Das Kobaltisotop ^{60}Co wird in der Medizin zur äußerlichen Bestrahlung von Tumoren eingesetzt.

a) Wie hoch ist die Aktivität des Präparates, wenn in der Bestrahlungszeit von 18 Minuten $9 \cdot 10^{14}$ Zerfälle aufgetreten sind?
b) Man gehe davon aus, dass zum Zeitpunkt der Messung die Anzahl der noch nicht zerfallenen Kerne $N = 2 \cdot 10^{20}$ war. Wie groß ist demnach die Halbwertszeit von ^{60}Co?
c) Nach welcher Zeit t ist die Aktivität des Präparats auf 75% abgefallen?

7.2 (H2 „Röntgenstrahlung“)

Eine Röntgenröhre wird mit der Anodenspannung von 110 kV betrieben.

a) Wie hoch ist die Energie, die die Elektronen nach Verlassen der Glühkathode dabei aufnehmen?
b) Wie groß ist hierbei die minimale Wellenlänge der emittierten Bremsstrahlung?

7.3 (H3 „Nachweismethoden und Messgrößen“)

Die mittlere jährliche Strahlenbelastung rein durch die Natur bedingt liegt in Deutschland bei rund 2,1 mSv. Wie hoch ist die Äquivalentdosis aufgrund dieser natürlichen Strahlenbelastung nach 75 Lebensjahren im Vergleich zu einer CT-Aufnahme des Thorax von rund 7mSv, die nur wenige Sekunden dauert?

7.4 (H4 „Strahlenwirkungen“)

Eine Photokathode wird mit Licht der Wellenlänge 434 nm bestrahlt. Wie groß ist die kinetische Energie eines der schnellsten ausgelösten Elektronen, wenn die Auslösearbeit $W_A = 2{,}25$ eV beträgt?

Lösungen I

Mechanik

1.1
Geg.:
v = 2 m/s; h = 1,2 m

Ges.:
s

Lsg.:
Da der freie Fall nach unten und die Bewegung nach vorne unabhängig voneinander ablaufen, lassen sie sich getrennt berechnen. Zunächst wird (durch Umstellen des Beschleunigungs-Zeit-Gesetzes) die Fallzeit der Kugel berechnet:

$$t=\sqrt{\frac{2h}{g}}\ ;\ t=\sqrt{\frac{2\cdot 1{,}2m}{9{,}81\,m/s^2}}=0{,}49s$$

Jetzt berechnen wir, wie weit sie in diesen 0,49 s fliegt:

$$s=v\cdot t\ ;\ s=2\,m/s\cdot 0{,}49s=0{,}98m$$

1.2
Geg.:
v = 50 km/h = 13,89 m/s; r = 30 m

Ges.:
a_Z

Lsg.:

$$a_Z=\frac{v^2}{r}\ ;\ a_Z=\frac{(13{,}89\,m/s)^2}{30m}=6{,}43\,m/s^2$$

Die Haftreibungskraft der Reifen am Asphalt verursacht diese Beschleunigung, die das Auto in der Kurve hält.

1.3
Der Gesamtimpuls des Systems Kugel-Gewehr muss 0 sein. Beide Impulse müssen betragsmäßig gleich sein und entgegengesetzte Vorzeichen haben.

Geg.:
m_{Gewehr} = 5 kg; m_{Kugel} = 0,012 kg; v_{Kugel} = 900 m/s

Ges.:
v_{Gewehr}

Lsg.:

$$p_{Kugel}=-p_{Gewehr}\ ;\ m_{Kugel}\cdot v_{Kugel}=m_{Gewehr}\cdot(-v_{Gewehr})$$

$$v_{Gewehr}=-\frac{m_{Kugel}\cdot v_{Kugel}}{m_{Gewehr}};\ v_{Gewehr}=-\frac{0{,}012kg\cdot 900\,m/s}{5kg}=-2{,}16\,m/s$$

Das Gewehr bewegt sich mit einer Geschwindigkeit von 2,16 m/s in die der Kugelflugbahn entgegengesetzte Richtung.

1.4
Geg.:
m = 1500 kg; r = 50 m

Ges.:
v_{max}

Lsg.:
Die Kraft, die das Auto auf der Brücke, also auf dem Kreisbogen hält, ist die Schwerkraft. Übersteigt die Zentripetalkraft die Schwerkraft, wird das Auto abheben.

$$F_G=m\cdot g\ ;\ F_Z=m\frac{v^2}{r}\ ;\ m\cdot g=m\cdot\frac{v^2}{r}$$

$$v=\sqrt{r\cdot g}\ ;\ v=\sqrt{50m\cdot 9{,}81\,m/s^2}=22{,}15\,m/s=79{,}74\,km/h$$

Wenn das Auto schneller als etwa 80 km/h fährt, hebt es von der Brücke ab.

1.5
Der Drehimpuls ist konstant, daher ändert sich mit dem Trägheitsmoment zwangsläufig auch die Winkelgeschwindigkeit.

$$L=\omega_{angel.}J_{angel.}\ ;\ L=\omega_{ausgestr.}J_{ausgestr.}$$

$$J_{angel.}=\frac{1}{2}J_{ausgestr.}$$

Daraus ergibt sich:

$$\omega_{angel.}\cdot\frac{1}{2}J_{ausgestr.}=\omega_{ausgestr.}\cdot J_{ausgestr.}$$

$$\omega_{angel.}=2\omega_{ausgestr.}$$

Die Winkelgeschwindigkeit verdoppelt sich beim Anlegen der Arme.

1.6
Geg.:
h = 45 · 0,2 m = 9 m; m = 70 kg

Ges.:
W

Lsg.:

$$W=m\cdot g\cdot h$$

$$W=70kg\cdot 9{,}81\,m/s^2\cdot 9m=6180{,}3J=6{,}2kJ$$

In der Realität bräuchte man wegen beträchtlicher Reibungsverluste vermutlich eher mehr.

1.7
Geg.:
h = 4 cm = 0,04 m

Ges.:
v

Lsg.:
In der Mitte wird die komplette potentielle Energie, die das Pendel hat, in kinetische Energie umgewandelt.

$$W_{Pot}=m\cdot g\cdot h;\ W_{Kin}=\frac{1}{2}m\cdot v^2$$

$$m\cdot g\cdot h=\frac{1}{2}m\cdot v^2$$

$$v=\sqrt{2gh}\ ;\ v=\sqrt{2\cdot 9{,}81\,m/s^2\cdot 0{,}04m}=0{,}89\,m/s$$

1.8
Geg.:
h = 10 m; V_{tief} = 7 l; ρ_{Wasser} = 1 kg/l = 10^3 kg/m³;

Ges.:
V_{oben};

Lsg.:
Berechnung des Wasserdrucks:

$$p(10m)=10^3\,{}^{kg}/_{m^3}\cdot 9{,}81{}^{m}/_{s^2}\cdot 10m=98{,}1\cdot 10^2Pa=0{,}98bar$$

Da der Luftdruck dazukommt, herrscht ein Druck von 1,98 bar. Das Lungenvolumen an der Oberfläche betrüge dann:

$$p_{unten}\cdot V_{unten}=p_{oben}\cdot V_{oben}$$

$$V_{oben}=\frac{p_{unten}\cdot V_{unten}}{p_{oben}};\; V_{oben}=\frac{1{,}98bar\cdot 7l}{1bar}=13{,}9l$$

Das Lungenvolumen würde sich etwa verdoppeln, vermutlich käme es zu einem Lungenriss.

1.9

Geg.:
$V = 1{,}2$ l; $\rho_{Eisen} = 7{,}9$ kg/l; $\rho_{Wasser} = 1$ kg/l; $h = 2$ m;

Ges.:
t

Lsg.:
Die Gewichtskraft (hier: positives Vorzeichen) zieht das Eisen nach unten und die Auftriebskraft drückt es hoch (hier: negatives Vorzeichen). Die Addition der beiden Kräfte ergibt die Kraft, die die Stange nach unten beschleunigt.

$$F_{ges}=F_G-F_A=m\cdot g-\rho_{Wasser}\cdot V\cdot g=\rho_{Eisen}\cdot V\cdot g-\rho_{Wasser}\cdot V\cdot g=V\cdot g\cdot(\rho_{Eisen}-\rho_{Wasser})$$

$$F_{ges}=1{,}2\cdot 10^{-3}m^3\cdot 9{,}81{}^{m}/_{s^2}\cdot(7{,}9\cdot 10^3{}^{kg}/_{m^3}-10^3{}^{kg}/_{m^3})=81{,}2N$$

$$F=m\cdot a;\; s(t)=\frac{1}{2}a\cdot t^2=\frac{F}{2\cdot m}\cdot t^2$$

$$t=\sqrt{\frac{2\cdot s\cdot \rho_{Eisen}\cdot V}{F}};\; t=\sqrt{\frac{2\cdot 2m\cdot 7{,}9\frac{kg}{l}\cdot 1{,}2l}{81{,}2N}}=0{,}68s$$

1.10

Geg.:
$\rho_{Blut} = 1{,}1\cdot 10^3$ kg/m³; $\sigma = 7\cdot 10^{-2}$N/m; $r = 1\cdot 10^{-3}$ m;

Ges.:
h_{max}

Lsg.:

$$h_{max}=\frac{2\cdot\sigma}{r\cdot\rho\cdot g};\; h_{max}=\frac{2\cdot 7\cdot 10^{-2}\,{}^{N}/_{m}}{1\cdot 10^{-3}m\cdot 1{,}1\cdot 10^3{}^{kg}/_{m^3}\cdot 9{,}81{}^{m}/_{s^2}}=0{,}013m$$

1.11

Das Vas afferens ist ein einzelnes, eher langes Gefäß. Die Glomeruluskapillaren sind mehrere kurze, parallel geschaltete Gefäße. Da bei Parallelschaltung der Gesamtwiderstand abnimmt und er außerdem proportional zur Länge des Gefäßes ist, ist der Gefäßwiderstand im Glomerulus gering. Durch den geringen Widerstand kommt es zu fast keinem Druckabfall.

Elektrizitätslehre

2.1

Alle Energie, die das Elektron durch das elektrische Feld erhält, wird zu kinetischer Energie.

Geg.:
$q = e = 1{,}602\cdot 10^{-19}$ C; $m_e = 9{,}1\cdot 10^{-31}$ kg; $E = 150$ V/m; $d = 0{,}02$ m

Ges.:
v

Lsg.:

$$W_{Kin}=W_{El};\; \frac{1}{2}m\cdot v^2=q\cdot E\cdot d$$

$$v=\sqrt{\frac{2q\cdot E\cdot d}{m}};\; v=\sqrt{\frac{2\cdot 1{,}602\cdot 10^{-19}C\cdot 150{}^{V}/_{m}\cdot 0{,}02m}{9{,}1\cdot 10^{-31}kg}}=1{,}03\cdot 10^6\,{}^{m}/_{s}$$

2.2

Wichtig ist es, die Längenbezeichnungen nicht durcheinanderzuwerfen (Skizze machen!). Da sich die beiden Bewegungen (Geschwindigkeit v nach vorne, Beschleunigung a nach unten) überlagern, ohne sich zu beeinflussen, wird mit v die Zeit t ausgerechnet, die sich das Elektron zwischen den Ablenkplatten befindet, in der die Platten also Zeit haben, es nach unten zu beschleunigen.

Geg.:
$v = 1{,}03\cdot 10^6$ m/s; $l = 0{,}05$ m; $s = 0{,}02$ m; $m_e = 9{,}1\cdot 10^{-31}$ kg

Ges.:
E

Lsg.:

$$t=\frac{l}{v};\; t=\frac{0{,}05m}{1{,}03\cdot 10^6\,{}^{m}/_{s}}=4{,}85\cdot 10^{-8}s$$

Dann berechnet man die Beschleunigung und damit die Kraft, die für das Überwinden einer Strecke $s = 0{,}02$ m in $t = 4{,}85\cdot 10^{-8}$ s notwendig ist.

$$s(t)=\frac{1}{2}a\cdot t^2;\; a=2\frac{s(t)}{t^2}$$

$$a=2\frac{0{,}02m}{(4{,}85\cdot 10^{-8}s)^2}=8{,}5\cdot 10^{12}\,{}^{m}/_{s^2}$$

$$F=m\cdot a;\; F=9{,}1\cdot 10^{-31}kg\cdot 8{,}5\cdot 10^{12}\,{}^{m}/_{s^2}=7{,}74\cdot 10^{-18}N$$

$$E=\frac{F}{q};\; E=\frac{7{,}74\cdot 10^{-18}N}{1{,}602\cdot 10^{-19}C}=48{,}31{}^{V}/_{m}$$

Die Feldstärke muss 48,31 V/m betragen. Die untere Platte muss positiv geladen sein, um das Elektron anzuziehen. Damit wäre auch die Richtung des Vektors Feldstärke klar.

Lösungen II

2.3

Damit die Kugel schwebt, muss die Kraft des elektrischen Feldes die Gewichtskraft kompensieren: $F_g = F_{el}$.

Geg.:

m = 0,0015 g; q = 10 µC; d = 0,05 m;

Ges.:

U

Lsg.:

$$E = \frac{U}{d};\ E = \frac{F_{El}}{q};\ F_{El} = F_g$$

$$q \cdot E = m \cdot g;\ q \cdot \frac{U}{d} = m \cdot g$$

$$U = \frac{m \cdot g \cdot d}{q};\ U = \frac{0{,}0015g \cdot 9{,}81 \,{}^{m}/_{s^2} \cdot 0{,}05m}{10 \cdot 10^{-6}C} = 73{,}58V$$

2.4

Zuerst muss man den Gesamtwiderstand berechnen. Dazu muss man die verschiedenen Kombinationen von Parallel- und Reihenschaltungen auseinanderwursteln:

R_5 und R_6 sind parallel geschaltet. Es gilt für ihren Gesamtwiderstand $R_{5,6}$ also

$$R_{5,6} = \frac{1}{\frac{1}{R_5} + \frac{1}{R_6}} = \frac{1}{\frac{1}{3k\Omega} + \frac{1}{600\Omega}} = 500\Omega$$

$R_{5,6}$ ist jetzt mit R_4 in Reihe, genauso wie R_2 und R_3.

$$R_{4,5,6} = R_4 + R_{5,6} = 72\Omega + 500\Omega = 572\Omega$$

Analog gilt: $R_{2,3}$ = 1010 Ω

$R_{4,5,6}$ und $R_{2,3}$ sind wiederum parallel zueinander, es ergibt sich $R_{2,3,4,5,6}$ = 365 Ω

$R_{2,3,4,5,6}$ ist parallel zu R_1, also beträgt der Gesamtwiderstand der Schaltung $R_{1,2,3,4,5,6}$ = 205,5 Ω.

Also gilt:

$$I = \frac{U}{R_{1,2,3,4,5,6}} = \frac{12V}{205{,}5\Omega} = 0{,}058A$$

2.5

Hier muss man mit Knoten- und Maschenregel arbeiten. Es geht letztlich um den Spannungsabfall an R_4. Aufgrund der Maschenregel herrscht entlang dem Ast R_1, dem Ast $R_2 + R_3$ und entlang dem Ast $R_4 + R_5 + R_6$ jeweils die Spannung 12 V. Die Spannung teilt sich auf unter R_4 und R_5+R_6. Ihr Ersatzwiderstand beträgt 500 Ω (s. o.). Der Gesamtwiderstand $R_{4,5,6}$ beträgt 572 Ω. Es gilt für den Spannungsabfall U_4 an R_4 und den Spannungsabfall $U_{5,6}$ an $R_{5,6}$

$\frac{U_4}{R_4} = \frac{U_{5,6}}{R_{5,6}}$ (Knotenregel) und $U = U_4 + U_{5,6}$ (Maschenregel)

daraus folgt:

$$U_4 = \frac{U}{1 + \frac{R_{5,6}}{R_4}} = U \cdot \frac{R_4}{R_{4,5,6}} = 12V \cdot \frac{72\Omega}{572\Omega} = 1{,}51V$$

Er zeigt also 1,51 V an.

2.6

Geg.:

W = 200 J; I = 14 A; t = 20 · 10^{-3} s;

Ges.:

U;

Lsg.:

$$W = U \cdot I \cdot t$$

$$U = \frac{W}{I \cdot t};\ U = \frac{200J}{14A \cdot 20 \cdot 10^{-3}s} = 714{,}3V$$

2.7

Geg.:

A = 30 cm² = 3 · 10^{-3} m²; d = 10^{-4} m; U = 12 V; R = 10 Ω;

Ges.:

$t_{1/10}$

Lsg.:

$$C = \varepsilon_0 \cdot \varepsilon_R \cdot \frac{A}{d};\ C = 8{,}8542 \cdot 10^{-12} \,{}^{C}/_{Vm} \cdot \frac{3 \cdot 10^{-3}m^2}{10^{-4}m} = 2{,}66 \cdot 10^{-10}F$$

I(t) muss 0,01 · I_0 betragen; Da das Minus vor dem I_0 in der Formel nur etwas über die Stromrichtung und nicht über den Verlauf aussagt, und sich außerdem mit dem Logarithmus nicht verträgt, lassen wir es weg.

$$I(t) = I_0 \cdot e^{-\frac{1}{RC} \cdot t};\ 0{,}01 \cdot I_0 = I_0 \cdot e^{-\frac{1}{RC} \cdot t};\ 0{,}01 = e^{-\frac{1}{RC} \cdot t}$$

$$\ln 0{,}01 = -\frac{1}{R \cdot C} \cdot t;\ t = -R \cdot C \cdot \ln 0{,}01$$

$$t = -10k\Omega \cdot 2{,}66 \cdot 10^{-10}F \cdot \ln 0{,}01 = 1{,}23 \cdot 10^{-5}s$$

2.8

Geg.:

ε_R = 81; C_{alt} = 2,66 · 10^{-10} F; U = 12 V;

Ges.:

Q

Lsg.:

Die neue Kapazität beträgt: $C_{neu} = \varepsilon_R \cdot C_{alt}$

$$C_{neu} = 81 \cdot 2{,}66 \cdot 10^{-10}F = 2{,}15 \cdot 10^{-8}F$$

$$Q = C \cdot U;\ Q = 2{,}15 \cdot 10^{-10}F \cdot 12V = 2{,}58 \cdot 10^{-7}C$$

2.9

Geg.:

$[Na]_{intrazell}$ = 10 mmol/l; $[Na]_{extrazell}$ = 140 mmol/l; T = 310 K; R = 8,3 ${}^{J}/_{K \cdot mol}$; F = 96 500 ${}^{A \cdot s}/_{mol}$)

Ges.:

E

Lsg.:

$$E = \frac{R \cdot T}{z \cdot F} \cdot \ln \frac{[Na]_{intrazell}}{[Na]_{extrazell}}$$

$$E=\frac{8{,}3\,{}^{J}/_{K\cdot mol}\cdot 310K}{1\cdot 96500\,{}^{As}/_{mol}}\cdot \ln\frac{10\,{}^{mmol}/_{l}}{140\,{}^{mmol}/_{l}}=-0{,}070V$$

Das Na-Gleichgewichtspotential beträgt etwa –70 mV. Natrium wird stets versuchen, so zu strömen, dass sein Gleichgewichtspotential erreicht wird.

2.10

Geg.:
I = 0,5 A; l = 1 m; B = 3 T

Ges.:
F

Lsg.:
$F=I\cdot l\cdot B$; $F=0{,}5A\cdot 1m\cdot 3T=1{,}5N$

2.11

Geg.:
I = 100 A; r = 5 m;

Ges.:
B

Lsg.:
$B=\mu_0\cdot\mu_R\cdot\frac{I}{2\pi\cdot r}$; $B=1{,}257\cdot 10^{-6}\,{}^{Vs}/_{Am}\cdot\frac{100A}{2\pi\cdot 5m}=3{,}94\cdot 10^{-3}T$

2.12

Geg.:
n = 100; $A_0 = 5\cdot 10^{-3}\,m^2$; B = 0,2 T; f = 20 Hz;

Ges.:
U(t); U_0

Lsg.:
Der Teil von A_0, der zu B senkrecht ist, zählt für die Induktion. Er beträgt $A_0\cdot\cos\alpha$, wir nennen ihn A. Wichtig für das Spannungs-Zeit-Gesetz ist die zeitliche Änderung von α. Sie ist die Kreisfrequenz ω. Da B hier konstant ist, kann man es aus der Ableitung ausschließen:

$$U_{Ind}(t)=-n\cdot\dot{\Phi}(t)=-n\cdot B\cdot\dot{A}(t)=-n\cdot B\cdot A_0\cdot\cos(\omega\cdot t)$$

Das Spannungs-Zeit-Gesetz lautet also:

$$U_{Ind}(t)=-0{,}1V\cdot\cos(125{,}6\,{}^{1}/_{s}\cdot t)$$

Der Spitzenwert der Spannung beträgt damit 100 mV.

2.13

Es gilt Folgendes:

- Bei steigender Frequenz steigt die Impedanz der Spule und sinkt die des Kondensators.
- Bei fallender Frequenz sinkt die Impedanz der Spule und steigt die des Kondensators.
- In einer Parallelschaltung ist der Widerstand (und Impedanz ist eine Art Widerstand) dann am geringsten, wenn beide Widerstände gleich sind. Sind sie ungleich, steigt der Widerstand.

Also folgt: Die Impedanz der Parallelschaltung ist mit geringerer Frequenz hoch, fällt ab, wenn sie sich der Frequenz nähert, für die Spulenimpedanz und Kondensatorimpedanz gleich sind, und steigt danach wieder an.

Schwingungen und Wellen

3.1

Geg.:
$T_1 = 2{,}3$ s; $T_2 = 2$ s; $\Delta l = l_1 - l_2 = 0{,}32$ m

Ges.:
g

Lsg.:

$$T_1^2=4\pi^2\cdot\frac{l_1}{g};\quad T_2^2=4\pi^2\cdot\frac{l_2}{g}$$

$$T_1^2-T_2^2=4\pi^2\cdot\frac{l_1}{g}-4\pi^2\cdot\frac{l_2}{g};\quad g=4\cdot\pi^2\cdot\frac{l_1-l_2}{T_1^2-T_2^2}$$

$$g=4\cdot\pi^2\cdot\frac{0{,}32m}{5{,}29s^2-4s^2}=9{,}79\,{}^{m}/_{s^2}$$

3.2

Man wird nur einen weißen Streifen am oberen Bildschirmrand sehen. Da der Schallwiderstand des Ultraschallkopfes gering und der von Luft hoch ist, kommt es zur fast vollständigen Reflexion des Schalls. Verwendet man zwischen Ultraschallkopf und Körper (durch den hohen Wassergehalt ebenfalls geringer Schallwiderstand) Ultraschallgel mit geringem Schallwiderstand, ist der Übergang fast verlustfrei möglich.

3.3

Geg.:
c = 1500 m/s; f = 1 MHz

Ges.:
λ

Lsg.:
$c=\lambda\cdot f$; $\lambda=\frac{1500\,{}^{m}/_{s}}{1\cdot 10^{6}Hz}=1{,}5\cdot 10^{-3}m$

Da Objekte mindestens etwa so groß wie die Wellenlänge sein müssen, um Reflexionen zu verursachen, liegt die Mindestgröße bei etwa 1,5 mm.

Optik

4.1

Geg.:
$\lambda = 5{,}4\cdot 10^{-7}$ m

Ges.:
E

Lsg.:
$E=h\cdot f=\frac{h\cdot c}{\lambda}$ also: $E=\frac{6{,}6261\cdot 10^{-34}Js\cdot 3\cdot 10^{8}\,{}^{m}/_{s}}{5{,}4\cdot 10^{-7}m}\approx 3{,}7\cdot 10^{-19}J$

4.2

Geg.:
t = 4,3 a

Ges.:
s

Lsg.:
t sollte hier in Sek. umgerechnet werden – mit a = 360 d gilt:
$t=4{,}3\cdot 360\cdot 24\cdot 60\cdot 60\approx 133747200s$

$c=\frac{s}{t}\rightarrow s=c\cdot t$ also: $s=3\cdot10^{8}\,m/s\cdot133747200s\approx4{,}0\cdot10^{13}m$

4.3

a) Nach dem Reflexionsgesetz gilt: $\alpha_e = \alpha_r$. Also weist der Reflexionswinkel auch 35° auf.

b) **Geg.:**

$\alpha = 25°$; $n_{wasser} = 1{,}33$; $n_{Luft} = 1$

Ges.:

β

Lsg.:

Nach dem Brechungsgesetz gilt: $\frac{\sin\alpha}{\sin\beta}=\frac{n_2}{n_1}$

$$\frac{\sin25^0}{\sin\beta}=\frac{1{,}33}{1}\rightarrow\sin\beta=\frac{\sin25^0}{1{,}33}\rightarrow\beta=18{,}5^0$$

c) **Geg.:**

$n_{wasser} = 1{,}33$

Ges.:

c

Lsg.:

$$n=\frac{c_0}{c}\rightarrow c=\frac{c_0}{n}$$

$$c=\frac{3\cdot10^{8}\,m/s}{1{,}33}\approx2{,}26\cdot10^{8}\,m/s$$

4.4

Geg.:

$n_1 = 1{,}46$, $n_2 = 1$

Ges.:

α_T

Lsg.:

Beim Grenzwinkel α_T muss der Brechungswinkel $\beta = 90°$ betragen, denn dann läuft der gebrochene Strahl genau parallel zur Grenzfläche zwischen Quarzglas und Luft. Nach dem Brechungsgesetz muss demnach gelten:

$\frac{\sin\alpha_T}{\sin90^0}=\frac{n_2}{n_1}$ weil sin 90° = 1 folgt: $\sin\alpha_T=\frac{n_2}{n_1}$

$$\sin\alpha_T=\frac{1}{1{,}46}=0{,}685\rightarrow\alpha_T=43{,}23^0$$

4.5

Geg.:

G = 0,05 m; f = 0,04 m; b = 2 m

Ges.:

B

Lsg.:

$$\frac{1}{g}+\frac{1}{b}=\frac{1}{f}\rightarrow\frac{1}{g}=\frac{1}{f}-\frac{1}{b}=\frac{b-f}{f\cdot b}\rightarrow g=\frac{f\cdot b}{b-f}$$

$$g=\frac{0{,}04m\cdot2m}{2m-0{,}04m}\approx0{,}04m$$

$\frac{B}{G}=\frac{b}{g}\rightarrow B=\frac{b}{g}\cdot G$ hier also: $B=\frac{2m}{g}\cdot0{,}05m=2{,}45m$

Die Bildgröße beträgt also 2,45 m. Beachte: Zur genauen Berechnung darf hier nur mit dem genauen (nicht mit dem gerundeten) Wert von g weitergerechnet werden.

4.6

Geg.:

$f_1 = 5$ cm und $f_2 = 8$ cm

Ges.:

D_{gesamt}

Lsg.:

$$D_{gesamt}=\frac{1}{f_{gesamt}}=\frac{1}{f_1}+\frac{1}{f_2}$$

$$D_{gesamt}=\frac{1}{0{,}05m}+\frac{1}{0{,}08m}=32{,}5dpt$$

4.7

Bei einem Gitterspektrometer nutzt man die Welleneigenschaften von Licht, um „weißes" Licht in seine spektralen Anteile (Wellenlängen) zu zerlegen. Licht ist hierbei als elektromagnetische Welle unterschiedlicher Wellenlänge aufzufassen. An ausreichend engen Spalten treten daher Beugungseffekte auf, d. h. Licht ändert beim Durchtritt durch den Spalt seine Ausbreitungsrichtung um einen Beugungswinkel α. Entscheidendes Element des Gitterspektrometers ist nun ein optisches Gitter, das eine Vielzahl solch enger, äquidistanter Spalte aufweist, an denen überall Beugung auftritt. Da der Beugungswinkel α je nach Wellenlänge des einfallenden Lichtes unterschiedliche Werte annimmt, kann man auf diese Weise, ähnlich der Dispersion an einem Prisma, die voneinander getrennten Wellenlängen (Spektralfarben) auf einem Schirm sichtbar machen.

4.8

Die Abkürzung „N.A." steht für Numerische Apertur. Das Objektiv des Mikroskops stellt eine Sammellinse dar.

Geg.:

$A = 0{,}65$; $V_L = 20$; $\lambda = 589 \cdot 10^{-9}$ m

Ges.:

f und Auflösungsvermögen

Lsg.:

$$V_L=\frac{g_0}{f}\rightarrow f=\frac{g_0}{V_L}=\frac{0{,}25m}{20}=0{,}0125m=1{,}25cm$$

$$A=n\cdot\sin\alpha\rightarrow d=\frac{\lambda}{n\cdot\sin\alpha}=\frac{\lambda}{A}=\frac{589\cdot10^{-9}m}{0{,}65}\approx9{,}06\cdot10^{-7}m$$

$$Auflösungsvermögen=\frac{1}{d}\approx1{,}10\cdot10^{6}\,1/m$$

Wärmelehre

6.1

Geg.:
$l_0 = 1{,}500\ m; T_0 = 288\ K; T' = 368\ K; \alpha = 16{,}8 \cdot 10^{-6}\ \frac{1}{K}$

Ges.:
l

Lsg.:
$$\Delta T = T' - T_0 = 368K - 288K = 80K$$

$$l = l_0 + \Delta l = l_0 \cdot (1 + \alpha \cdot \Delta T) = 1{,}500m \cdot (1 + 16{,}8 \cdot 10^{-6}\ \tfrac{1}{K} \cdot 80K) = 1{,}502m$$

Der Kupferdraht dehnt sich auf die Länge 1,502 m aus.

6.2

Geg.:
$\rho_0 = 13{,}55\ \frac{g}{cm^3};\ \gamma = 0{,}182 \cdot 10^{-3}\ \frac{1}{K};\ T_0 = 293\ K;\ T' = 353\ K$

Ges.:
ρ'

Lsg.:
$$\Delta T = T' - T_0 = 353K - 293K = 60K$$

$$\rho' = \frac{\rho_0}{1 + \gamma \cdot \Delta T} = \frac{13{,}55\ \frac{g}{cm^3}}{1 + 0{,}182 \cdot 10^{-3}\ \frac{1}{K} \cdot 60K} = 13{,}40\ \tfrac{g}{cm^3}$$

$$\Delta\rho = \rho_0 - \rho' = (13{,}55 - 13{,}40)\ \tfrac{g}{cm^3} = 0{,}15\ \tfrac{g}{cm^3}$$

$$\frac{0{,}15}{13{,}55} = 0{,}01 = 1\%$$

Die Dichte von Quecksilber hat um 1% abgenommen.

6.3

Geg.:
$m_1 = 500\ g;\ T_1 = 20°C;\ m_2 = 200\ g;\ T_2 = 85°C;\ c_{Wasser} = 4{,}2\ \frac{J}{g \cdot K}$

Ges.:
T_M

Lsg.:
Da man hier mit Temperaturdifferenzen rechnet, kann man auf die Umrechnung in Kelvin verzichten. Aufgrund der Energieerhaltung gilt: Die vom heißen Wasser abgegebenen Energie ist gleich der vom kalten Wasser aufgenommenen Energie:

$$c_{Wasser} \cdot m_1 \cdot T_1 + c_{Wasser} \cdot m_2 \cdot T_2 = c_{Wasser} \cdot (m_1 + m_2) \cdot T_m$$

Die spezifische Wärmekapazität von Wasser lässt sich kürzen.

$$T_M = \frac{m_1 \cdot T_1 + m_2 \cdot T_2}{m_1 + m_2} = \frac{500g \cdot 20^0 C + 200g \cdot 85^0 C}{500g + 200g} = 38^0 C$$

6.4

Geg.:
$m_{Wasser} = 1500\ g;\ T_1 = 15°C;\ P = 250\ W;\ t = 10\ min = 600\ s;$
$c_{Wasser} = 4{,}2\ \frac{J}{g \cdot K};\ m_{Wasserwert} = 250\ g$

Ges.:
T_2

Lsg.:
Die vom Tauchsieder stammende Energie wird sowohl an das Wasser als auch an das Gefäß abgegeben. Zur Vereinfachung gibt man oft anstatt der Wärmekapazität des Gefäßes dessen scheinbare Wassermasse an, den Wasserwert des Isoliergefäßes.

$$W_{Gerät} = P \cdot t = 250W \cdot 600s = 150000J$$

Aufgrund der Energieerhaltung gilt:

$$W_{Gerät} = c_{Wasser} \cdot (m_{Wasser} + m_{Wasserwert}) \cdot (T_2 - T_1)$$

$$T_2 - T_1 = \frac{W_{Gerät}}{c_{Wasser} \cdot (m_{Wasser} + m_{Wasserwert})} = \frac{150000J}{4{,}2\ \frac{J}{gK} \cdot 1750g} = 204K$$

$$T_2 = 20{,}4K + 288K = 308{,}4K = 35{,}4\ °C$$

6.5

Geg.:
$T_1 = 30°C = 303\ K;\ T_2 = 90°C = 363\ K;\ V_1 = 1{,}2\ l;\ p = konst.$

Ges.:
V_2

Lsg.:
für p = konst. gilt: $\frac{V_1}{T_1} = \frac{V_2}{T_2} \rightarrow V_2 = \frac{V_1 \cdot T_2}{T_1}$

Demnach: $V_2 = \frac{1{,}2l \cdot 363K}{303K} \approx 1{,}4l$

$$\Delta V = V_2 - V_1 = 1{,}4l - 1{,}2l = 0{,}2l$$

6.6

Geg.:
$T_1 = 100°C = 373\ K;\ T_2 = 20°C = 293\ K$

Lsg.:
Es gilt: Strahlungsleistung ~ T^4

Folglich: $\frac{(T_2)^4}{(T_1)^4} = \frac{(293K)^4}{(373K)^4} = 0{,}38 \rightarrow 1 - 0{,}38 = 0{,}62$

Die Wärmestrahlung ist um 62% gesunken.

6.7

Geg.:
$T_{Wasser} = 85°C = 358\ K;\ T_{Eis} = -15°C = 258\ K;\ m_{Wasser} = 2000\ g;$
$m_{Eis} = 200\ g$; spezif. Schmelzenergie von Eis = 334 J/g; $c_{Wasser} = 4{,}2\ \frac{J}{g \cdot K};\ c_{Eis} = 2{,}0\ \frac{J}{g \cdot K}$

Ges.:
T_{Misch}

Lsg.:
$$W = c \cdot m \cdot \Delta T$$

Nötige Energie zur Erwärmung des Eises auf 0 °C:

$$W_E = 2\ \tfrac{J}{g \cdot K} \cdot 200g \cdot 15K = 6000J$$

Nötige Schmelzenergie:

$$W_S = 334\ \tfrac{J}{g} \cdot 200g = 66800J$$

Dadurch bedingte Abkühlung des heißen Wassers:

$$\Delta T = \frac{W_E + W_s}{c_{Wasser} \cdot m_{Wasser}} = \frac{6000J + 66800J}{4{,}2\,{}^{J}/_{g \cdot K} \cdot 2000g} \approx 8{,}7K \rightarrow T_W = 358K - 8{,}7K = 349{,}3K$$

Cave: Dies ist noch nicht das Endergebnis! Für die Mischtemperatur gilt:

$$T_M = \frac{m_E \cdot T_E + m_W \cdot T_W}{m_E + m_W} = \frac{200g \cdot 273K + 2000g \cdot 349{,}3K}{200g + 2000g} = 342{,}4K = 69{,}4^0C$$

6.8

Pro mol gelöstes Teilchen erhält man eine Gefrierpunktserniedrigung von 1,86K:
Um also eine Erniedrigung um 9,3K zu erhalten gilt:

$$1mol = 1{,}86K$$
$$xmol = 9{,}3K \rightarrow Dreisatz \Rightarrow 5mol$$

Cave: NaCl dissoziiert in Lösung in Na^+ und Cl^-. Deswegen sind 2,5 mol NaCl (= 5 mol Teilchen) ausreichend.

a) Für b als Molalität gilt: $b = \frac{n}{m} \rightarrow b = \frac{2{,}5molNaCl}{1kgH_2O} = 2{,}5\,{}^{mol}/_{kg}$
b) M(NaCl) = 58,5 g/mol

$$m = M \cdot n = 58{,}5\,{}^{g}/_{mol} \cdot 2{,}5mol = 146{,}25g$$

6.9

Geg.:
T = 30°C = 303 K; c/V = 0,4 mol/Liter; R = 8,31 J/K · mol

Ges.:
p_{osm}

Lsg.:

$$p_{osm} = \frac{n}{V} \cdot R \cdot T \rightarrow p_{osm} = 0{,}4\,{}^{mol}/_{l} \cdot 8{,}31\,{}^{J}/_{K \cdot mol} \cdot 303K = 1007Pa \approx 1{,}0kPa$$

Ionisierende Strahlung

7.1

a) $A = \frac{N}{t} = \frac{9 \cdot 10^{14}}{18 \cdot 60}\frac{1}{s} \approx 8{,}3 \cdot 10^{11}Bq$

b) $T_{1/2} = \frac{\ln 2}{\lambda}$ und $A = \frac{N}{t} = \lambda \cdot N$

Folglich ist $\lambda = \frac{A}{N} = \frac{8{,}3 \cdot 10^{11}}{2 \cdot 10^{20}}s^{-1} \approx 4{,}1 \cdot 10^{-9}s^{-1}$ und

$$T_{1/2} = \frac{\ln 2}{\lambda} = \frac{\ln 2}{4{,}1 \cdot 10^{-9}} = 167140800\,s$$

Umgerechnet in Jahre: $\frac{167140800}{365 \cdot 3600 \cdot 24} = 5{,}3a$

c) $A(t) = A_0 \cdot e^{-\lambda t}$

Bei Abnahme auf 75% gilt:

$$A(t) = 0{,}75 \cdot A_0$$

Folglich gilt $0{,}75 \cdot A_0 = A_0 \cdot e^{-\lambda t}$

Durch Kürzen von A_0 erhält man: $0{,}75 = e^{-\lambda t}$

Daraus erhält man: $-\lambda t = \ln 0{,}75$;

$$t = \frac{-\ln 0{,}75}{\lambda} = T_{1/2} \cdot \frac{-\ln 0{,}75}{\ln 2} = 5{,}3a\frac{-\ln 0{,}75}{\ln 2} \approx 2{,}2a$$

7.2

Geg.:
U = 119 kV

Ges.:
E; λ_{min}

Lsg.:
a) $E = e \cdot U = e \cdot 110kV = 110keV$

b) $\lambda_{min} = \frac{h \cdot c}{e \cdot U}$

Wichtig ist hierbei h in der Einheit eVs zu verwenden, da sich e dann einfach kürzen lässt.

$$\lambda_{min} = \frac{h \cdot c}{e \cdot U} = \frac{(4{,}1357 \cdot 10^{-15}eVs) \cdot (3 \cdot 10^8 \frac{m}{s})}{e \cdot (110 \cdot 10^3 V)} \approx 1{,}13 \cdot 10^{-11}m$$

7.3

Nach 75 LJ gilt: 0,2 mSv/a · 75 a = 15 mSv

$$\frac{7mSv}{15mSv} = 0{,}4\overline{6}$$

Als Mediziner sollte man sich dieser Zahlen und den damit verbundenen Wirkungen bewusst sein!

7.4

Geg.:
λ = 434 nm; W_A = 2,25 eV

Ges.:
$E_{kin\,(e)}$

Lsg.:
$h \cdot f = W_A + E_{Kin} \rightarrow E_{Kin} = h \cdot f - W_A$

Hierbei gilt: $f = \frac{c}{\lambda}$; 1 eV = 1,6 · 10^{-19} J folgt
W_A = 2,25 · 1,6 · 10^{-19} J; h = 6,6261 · 10^{-34}Js

Folglich: $E_{Kin} = 6{,}6261 \cdot 10^{-34}Js \cdot \frac{3 \cdot 10^8\,{}^{m}/_{s}}{434 \cdot 10^{-9}m} - 2{,}25 \cdot 1{,}6 \cdot 10^{-19}J = 9{,}8 \cdot 10^{-20}J$

Quellenverzeichnis

1. Bannwarth, Kremer, Schulz: Basiswissen Physik, Chemie und Biochemie; Springer-Verlag Berlin Heidelberg 2007.
2. Barth Andreas: Physik Kurzlehrbuch und Prüfungsfragen mit Kommentaren für Pharmazeuten; 7. Auflage. Deutscher Apotheker Verlag Stuttgart 1999.
3. Buchta, Mark, D. Höper, A. Sönnichsen: Das Erste, 3. Aufl. Urban & Fischer, München, Jena 2003.
4. Buchta, Mark, A. Sönnichsen: Das Physikum. Urban & Fischer, München, Jena 2003.
5. Deetjen, Peter, E.-J. Speckmann, J. Hescheler: Physiologie, 4. Auflage. Elsevier Urban & Fischer, München, Jena 2005.
6. Erbrecht, Rüdiger, H. König, K. Martin, W. Pfeil, W. Wörstenfeld: Das Tafelwerk. Cornelsen Verlag Berlin 2002.
7. Feuerlein, Rainer, H. Näpfel, H. Schäflein: Physik, 3. Auflage. Bayerischer Schulbuch-Verlag, München 1994.
8. Gascha Heinz: Physik Formeln & Gesetze, Sonderausgabe. Compact Verlag, München 1999.
9. Grehn, Joachim, J. Krause (Hrsg.): Metzler Physik, 3. Auflage. Schroedel Verlag GmbH, Hannover 1998.
10. Haas Ulrich: Physik für Pharmazeuten und Mediziner, 6. Auflage. Wissenschaftliche Verlagsgesellschaft GmbH Stuttgart 2002.
11. Hammer, Hammer: Physikalische Formeln und Tabellen, 7. Auflage. J. Lindauer Verlag (Schaefer), München 2001.
12. Harms Volker: Physik für Mediziner und Pharmazeuten, 17. Auflage. Harms Verlag, Lindhöft 2006.
13. Harten Ulrich: Physik für Mediziner, 12. Auflage. Springer Medizin Verlag, Heidelberg 2007.
14. Hellenthal Wolfgang: Physik für Mediziner und Biologen, 8. Auflage. Wissenschaftliche Verlagsgesellschaft mbH Stuttgart 2007.
15. Heymann, Paul, H. Sauerwein (Hrsg.): Elektrotechnik. Kieser Verlag Neusäß 1998.
16. Jung Walther: Abiturwissen Physik, überarbeitete Neuausgabe, Weltbild Verlag GmbH, Augsburg 2000.
17. Kauffmann, Moser, Sauer: Radiologie, 3. Aufl., Urban & Fischer, München, Jena 2006.
18. Leopold, Zins: Physik 10", C.C. Buchners Verlag, Bamberg 1984.
19. Renz-Polster, Herbert, S. Krautzig: Basislehrbuch Innere Medizin, 4. Auflage. Elsevier Urban & Fischer, München, Jena 2008.
20. Sauer R: Strahlentherapie und Onkologie, 4. Aufl.; Urban & Fischer, München, Jena, 2003.
21. Schmidt, Robert, F. Lang, G. Thews: Physiologie, 29. Auflage. Springer Medizin Verlag, Heidelberg 2004.
22. Sektion Physik der Ludwig-Maximilians-Universität München: Arbeitsunterlagen Physik Mediziner, München, WiSe 2006/2007.
23. Trautwein, Kreibig, Hüttermann: Physik für Mediziner, Biologen, Pharmazeuten; 6. Auflage. Walther de Gruyter GmbH & Co. KG Berlin 2004.
24. Wenisch Thomas: Kurzlehrbuch Physik Chemie Biologie. Elsevier Urban & Fischer, München, Jena 2005.
25. Wicke: Atlas der Röntgenanatomie, 7. Auflage. Elsevier Urban & Fischer, München, Jena 2005.

J Register

Register

Register

N

O

P

Q

R

S

Register

T

U

V

W